深圳技术大学建设项目（一期）工程管理实践

曾维迪　主　编

郎灏川　柏永春　黄正宇　傅楚光　张艺源　副主编

中国建筑工业出版社

图书在版编目（CIP）数据

深圳技术大学建设项目（一期）工程管理实践/曾维迪主编；郎灏川等副主编．—北京：中国建筑工业出版社，2022.12
ISBN 978-7-112-27824-4

Ⅰ.①深… Ⅱ.①曾…②郎… Ⅲ.①深圳技术大学-教育建筑-工程项目管理-概况 Ⅳ.①TU244.3

中国版本图书馆CIP数据核字（2022）第156230号

本书针对深圳技术大学建设项目（一期）建设全过程，从管理经验和工艺工法方面进行沉淀，系统地介绍了深圳技术大学建设项目（一期）建设背景、建设内容、建设策划、管理模式、建设工艺、重点难点，归纳总结、提炼了项目组织建设的优秀做法。结合全过程工程咨询管理模式，对项目组织建设过程中发现的问题、技术难点等进行了较强的系统性、知识性、实践性和可操作性研究分析，如：绿色施工与环境管理、BIM技术、海绵城市、钢结构施工、装修工艺等，并且运用了实践与案例进行解释说明。

本书内容丰富，理论与实践相结合，可为同业及大规模教育类综合建筑群在我国的组织建设提供经验参考。

责任编辑：王砾瑶　范业庶
责任校对：姜小莲

深圳技术大学建设项目（一期）工程管理实践
曾维迪　主　编
郎灏川　柏永春　黄正宇　傅楚光　张艺源　副主编
*
中国建筑工业出版社出版、发行（北京海淀三里河路9号）
各地新华书店、建筑书店经销
北京科地亚盟排版公司制版
北京建筑工业印刷厂印刷
*
开本：787毫米×1092毫米　1/16　印张：18¼　字数：345千字
2022年12月第一版　2022年12月第一次印刷
定价：**72.00**元
ISBN 978-7-112-27824-4
（40005）

编 委 会

主　　编　曾维迪

副 主 编　郎灏川　柏永春　黄正宇　傅楚光　张艺源

主要编写人员

深圳市建筑工务署工程教育管理中心　黄正宇　刘天奇　张　宝　张哲清　戚雨峰　吕晓欢

上海建科工程咨询有限公司　郑　毅　甘　霖　李　力　叶秋菲　吕　桥　莫　豪　程　亮　宁丽鹏　卢慧玉　武　爱　许慧岑

深圳市建筑科学研究院股份有限公司　李阳雨　郭楚善　陈妙珑

中国建筑第五工程局有限公司　周　杰　孙金阳　余　勇

中建不二幕墙装饰有限公司　刘国军　谷小惠　戴政鑫

上海建工集团股份有限公司　刘　杰　蔡伟国　邵　晨

上海宝冶集团有限公司　魏海军　胡　鹏　马星桥

中建八局装饰工程有限公司　周　俊　武学亮　杨洪涛

苏州金螳螂建筑装饰股份有限公司　李　虎　张兴文　王　宏

深圳市华剑建设集团股份有限公司　彭康杨　张永鑫　叶左权

深圳市建艺装饰集团股份有限公司　李卫锋　张志杰　曾浩楠

深圳市晶宫建筑装饰集团有限公司　丘远存　孔德赐　彭　刚

深圳市方大建科集团有限公司　刘云飞　夏　阳　李胜伟

浙江亚厦装饰股份有限公司　庄佳阳　袁黎明　张亚东

中国建筑第七工程局有限公司　李向东　李明勤　梁育彰

深圳中绿环境集团有限公司　刘明辉　杨　帆　肖　军

深圳市斯维尔科技股份有限公司　彭　明　张立杰　付　强

校　　对　施静静　张露杨

前言

FOREWORD

深圳技术大学（Shenzhen Technology University）简称“SZTU”，该工程始于2016年，是广东省和深圳市高起点、高水平、高标准建设的本科层次公办普通高等学校，致力于借鉴世界一流应用大学先进办学理念和办学经验，打造国际化、开放式、创新型应用技术大学。

深圳技术大学建设项目位于被兰田路、创景路分割的三个地块，项目具备以下特点：一是建设规模方面：为一次建成、面积大、规模大，且建设工期短；二是结构设计方面：各楼栋单体结构方案不一，同时存在钢结构、核心筒结构、混凝土框架结构等各种结构形式；三是管理模式方面：采用全过程工程咨询管理模式，为项目建设提质增效；四是建设工艺方面：提炼了各专业的优秀工艺工法，产生了大量的创新技术；五是克服难点方面：对地下溶洞处理、大悬挑钢结构吊装等建设难点进行了攻坚克难等。

笔者结合深圳技术大学建设项目（一期）建设全过程，从管理经验和工艺工法方面进行沉淀，分析总结了该项目建设过程中各个模块的关键点和创新点，并在此基础上，提出对于大规模教育类综合建筑群组织建设应用思考和建议，总结提炼了基于深圳技术大学建设项目的优秀做法及创新工艺，期望为同业及大规模教育类综合建筑群在我国的组织建设提供经验参考。

本书在编写时注重理论与实践相结合，系统地介绍了深圳技术大学建设项目（一期）建设背景、建设内容、建设策划、管理模式、建设工艺、重点难点，归纳总结、提炼了项目组织建设的优秀做法。结合全过程工程咨询管理模式，对项目组织建设过程中发现的问题、技术难点等进行了较强的系统性、知识性、实践性和可操作性研究分析，如：绿色施工与环境管理、BIM技术、海绵城市、钢结构施工、装修工艺等。并且运用了实践与案例进行解释说明，得到了诸多人员的理解和支持，在此一并表示感谢。最后，还要感谢出版社领导和编辑等工作人员为本书出版所付出的辛勤劳动。同时，真诚地欢迎广大读者对本书提出修改补充与更新完善的意见。

目录

CONTENTS

第一篇
项目基本信息

第1章
区域及项目重要性

1.1 项目背景

2010年7月，《国家中长期教育改革和发展规划纲要（2010—2020年）》（以下简称《规划纲要》）正式发布，提出要"适应国家和区域经济社会发展需要，建立动态调整机制，不断优化高等教育结构"，要"重点扩大应用型、复合型、技能型人才培养规模"，要"建立高校分类体系，实行分类管理。发挥政策指导和资源配置的作用，引导高校合理定位，克服同质化倾向，形成各自的办学理念和风格，在不同层次、不同领域办出特色，争创一流"。

《规划纲要》的出台为地方本科高校科学定位和设置中国特色应用技术大学提供了制度保障，为地方本科高校的人才培养指明了方向，成为我国深入推进高等教育结构调整、加快应用技术人才培养、提升高校服务社会能力、促进高校特色发展的重要举措。

2013年1月，教育部启动地方本科高校转型发展和应用技术大学改革试点战略研究工作，探索地方高校转型发展的方向和路径及现代职业教育体系建设问题，全国有13个省（自治区、直辖市）的33所地方本科院校和多个科研院所参与项目研究工作。通过研究，地方本科高校转型发展方向逐渐明确，以转型发展为战略切入点，建设现代职业教育体系、推动高等教育结构战略性调整的发展蓝图也逐渐明确。

2013年6月，为引导地方本科高校向应用技术类型高校转型发展，加快现代职业教育体系建设，促进高等教育结构调整和高校分类管理，国内35所定位为应用技术型的地方本科高校成立应用技术大学（学院）联盟。至此，地方本科高校转型发展和现代职业教育体系建设走向组织化。

2014 年 2 月，李克强总理在国务院常务会上部署加快发展现代职业教育，提出“引导一批普通本科高校向应用技术类型高校建设转型”。

2014 年 6 月，国务院正式印发《关于加快发展现代职业教育的决定》，全面部署加快发展现代职业教育，强调“采取试点推动、示范引领等方式，引导一批普通本科高等学校向应用技术类型高等学校转型，重点举办本科职业教育”。

随后，教育部等六部门印发《现代职业教育体系建设规划（2014—2020 年）》，明确应用技术大学（学院）的地位：“应用技术类型高等学校是高等教育体系的重要组成部分，与其他普通本科学校具有平等地位”。并且，鼓励举办应用技术类型高校，将其建设成为直接服务区域经济社会发展，以举办本科职业教育为重点，融职业教育、高等教育和继续教育于一体的新型大学。经教育部批准设立，深圳技术大学是深圳市委市政府筹建，广东省人民政府管理的应用型公办本科层次普通高等学校，是广东省和深圳市高起点、高水平、高标准建设的本科层次公办普通高等学校，承载着新时代深圳高等教育事业的新希望、新高度，在深圳市高等教育史上具有特殊的历史意义。

1.2 项目背景特点

应用技术型大学是以应用技术类人才培养为办学定位的地方本科和专科院校。我国应用技术型大学具有以下几个特点：

1）历史较短。20 世纪 90 年代，我国的市场经济制度才正式确立起来，为适应社会经济的变化，国家决定对部分高校实行调整，建设应用技术大学，因此技术大学发展历史较短。

2）面向大众。随着我国高校扩招政策的逐步展开，我国高等教育入学率逐年上升，实现了教育大众化。其中，应用技术大学所承担的教育工作，更为体现面向大众的特点。

3）服务地方。应用技术大学定位为“面向区域，服务地方”，具有很强的地区特色。

4）应用为本。应用技术大学和学术型大学的区别在于，更加注重与地方社会经济接轨，根据地区发展产业类别、产业人才需求作为考虑的重要问题，适应地区发展产业需要，突出其功能性和实用性。

5）实践教学。应用技术大学的教学模式更加注重发挥“双师型”教师的作用，与当地企业展开合作，实现产、学、研的有机结合。

1.3 项目重要性

1.3.1 深圳市创新驱动发展战略和产业转型升级的需要

产业优化升级是实现深圳城市经济社会发展战略目标的必由之路。根据《深圳现代产业体系总体规划》，深圳未来的产业发展将以构筑优势产业链条为核心，打造通信等八大优势产业链，培育壮大生物医药产业群、新材料新能源产业群等高新技术产业和先进制造业集群。《珠江三角洲地区改革发展规划纲要（2008—2020年）》提出，到2020年，珠三角地区要建设以现代服务业和先进制造业双轮驱动的主体产业群，形成产业结构高级化、产业发展集聚化、产业竞争力高端化的现代产业体系。

2014年，深圳高级技能人才缺口约30万人。市人力资源保障局发布的《2015年深圳技能人才紧缺职业目录》，有164个职业被列入“紧缺类”。深圳单纯依靠深圳职业技术学院、深圳信息职业技术学院技师学院、新安职业技术学院3所专科高职院校及深圳技师学院、第二高级技校培养的技能人才及从外地引进的人才，层次和数量已远不能满足需求。《国务院关于加快发展现代职业教育的决定》（国发〔2014〕19号）提出，要探索发展本科层次职业教育，但明确专科高职院校不能升格为本科院校。深圳目前尚无一所本科层次的应用技术大学。因此，急需抓住国家大力发展应用技术大学的机遇，加快新建深圳技术大学，培养本科及以上层次应用型技术技能型人才，为经济结构调整和产业优化升级提供有力的人才支撑，增强深圳经济发展后劲和城市竞争力。

1.3.2 深圳经济和社会发展培养专业人才的需要

深圳经济的飞速发展主要靠高新技术产业、物流业、金融业和文化产业四大支柱产业的发展作为支撑。近年来，高新技术产业发展迅速，自主创新能力不断增强。物流业持续增长，物流中心地位日益巩固。金融继续发挥对经济发展的重要支持作用，文化产业成为发展的新亮点。

深圳技术大学是本科及以上层次的高水平应用技术大学，面向高端制造业发展需求，培养本科、专业硕士层次的高水平工程师、设计师，努力建成具有中国特色和国际知名度的开放式、创新型、国际化应用技术大学。

深圳作为常住人口超过千万的城市，户籍子女就读本市本科大学的意愿强烈，但深圳本科高校能为户籍子女提供的学位仅为需求的 1/5。随着国家异地高考政策的逐步推行，将有更多的深圳常住人口子女选择入读本市本科大学。

创办深圳技术大学，有利于优化深圳高等教育结构，满足深圳市民子女就读本科的强烈需求。由于本市市民子女毕业后能就地就业，一般会和家人居住在一起，其个人的工作与生活成本会低于外地毕业生来本市就业的工作与生活成本。这些应用技术型、研究型人才不仅有利于降低企业用工成本，提高企业竞争力，也有利于社会结构调整与社会稳定。

1.3.3　落实我国实施制造强国战略第一个十年的行动纲领的举措

全球产业竞争格局正在发生重大调整，我国在新一轮发展中面临巨大挑战。国际金融危机发生后，发达国家纷纷实施“再工业化”战略，重塑制造业竞争新优势，加速推进新一轮全球贸易投资新格局。一些发展中国家也在加快谋划和布局，积极参与全球产业再分工，承接产业及资本转移，拓展国际市场空间。

我国制造业面临发达国家和其他发展中国家“双向挤压”的严峻挑战，必须放眼全球，加紧战略部署，着眼建设制造强国，固本培元，化挑战为机遇，抢占制造业新一轮竞争制高点。

面对新一轮科技革命和产业变革，立足我国转变经济发展方式的实际需要，围绕创新驱动、智能转型、强化基础、绿色发展、人才为本等关键环节，以及先进制造、高端装备等重点领域，《中国制造 2025》提出了加快制造业转型升级、提质增效的重大战略任务和重大政策举措。中国计划到 2020 年，基本实现工业化；2025 年，制造业整体素质大幅提升，力争从制造大国迈入制造强国行列；2035 年，我国制造业整体达到世界制造强国阵营中等水平。而新中国成立一百年时，制造业大国地位更加巩固，综合实力进入世界制造强国前列。

项目建设以《中国制造 2025》为行动指南，结合深圳战略新兴产业发展的趋势，建立以高层次、急需紧缺专业技术人才和创新型人才为重点，实施专业技术人才知识更新工程和先进制造卓越工程师培养计划，在高等学校建设一批工程创新训练中心，打造高素质专业技术人才队伍，是落实我国实施制造强国战略第一个十年的行动纲领的重要举措。

1.3.4 落实《〈中国制造2025〉深圳行动计划》发展战略的需要

2015年5月8日，国务院正式印发《中国制造2025》，提出大力推动包括新一代信息技术产业、高档数控机床和机器人、航空航天装备、海洋工程装备及高技术船舶、先进轨道交通装备、节能与新能源汽车、电力装备、农机装备、新材料、生物医药及高性能医疗器械10个重点领域的突破发展。

依据《中国制造2025》战略目标，对接深圳支柱产业、战略性新兴产业及未来产业发展需求，以深圳先进制造业急需专业为重点发展方向，聚焦《〈中国制造2025〉深圳行动计划》确定的数字化网络设备、新型显示、集成电路、新型元器件与零部件、机器人、精密制造装备、新型材料、新能源汽车、航空航天、海洋工程装备及基因工程装备11个战略重点领域。

本项目在学科设置上，借鉴德国、瑞士、荷兰等国应用技术大学专业设置经验，紧密结合经济社会发展，对接深圳支柱产业、战略性新兴产业及未来产业发展需求，前期设置六个学院，分别是：中德智能制造学院、互联网与大数据学院、城市交通与物流学院、新材料与新能源学院、健康与环境工程学院和创意设计学院。深圳技术大学的专业设置，以工科专业为主，开展专业设置，形成特色专业集群。本项目中各学院所设置的学科与国家和深圳的产业发展方向相同。因此，本项目是落实《〈中国制造2025〉深圳行动计划》发展战略的需要。

1.3.5 优化深圳市高等教育体系结构的有益探索

本科及以上层次的职业教育在我国尚属新生事物。国家、广东省都正积极倡导加快地方本科院校转型为应用技术大学，要求新建本科高校原则上定位为应用技术大学。深圳技术大学可充分整合深圳现有高校资源，借鉴国际成功经验，发挥深圳改革创新优势和产业优势，创新体制机制，创办新型的本科层次应用技术大学，为国家、广东省建设技术大学、建设现代职业教育体系探索经验。

《高等职业教育创新发展行动计划（2015—2018年）》指出，根据区域发展规划和产业转型升级需要优化院校布局和专业结构，将高等职业院校建设成为区域内技术技能积累的重要资源集聚地。重点服务中国制造2025，主动适应数字化网络化智能化制造需要，围绕强化工业基础、提升产品质量、发展制造业相关的生产性服务业调整专业、培养人才。优先保证新一代信息技术产业、高档数控机床和机器人、航空航天装备、海洋工程装备及高技术船舶、先进轨道交通装备、节能与新能源汽车、电力装备、农机装备、新材料、生物医药及高性能医疗器械产业相关专业的布局与发展。加强现代服务业急需人才培养，加快满足社会建设和社会管理人才需求。

因此，创办深圳技术大学，有利于提升深圳职业教育的“重心”，打破原来职业教育“断头路、终结性”的格局，构建从中职、专科、本科到专业学位研究生各个层次的应用型技术技能型人才培养体系，搭建职业教育与普通教育、学历教育与非学历教育相互沟通的人才培养“立交桥”。

第2章 定位与规模信息

2.1 项目定位

深圳技术大学面向高端产业发展需求，以强化工程能力和实践创新能力为导向，致力于培养高水平工程师、设计师等极具“工匠特色”的高端应用技术型人才。如德国应用技术大学工科专业培养的特许工程师，不仅能胜任多岗位，还能完成新的科研与技术项目的研发以及新方法、新工艺的引进和使用。

1. 办学发展方向

根据《中国制造2025》和《〈中国制造2025〉深圳行动计划》，参照德国工业4.0、美国制造伙伴计划确立的新工业革命目标，按照国家“卓越工程师教育培养计划”，结合深圳经济结构调整和产业优化升级的需要，以先进制造业急需专业为重点发展方向，与研究型大学形成“错位竞争”。

2. 培养模式

探索“学历教育＋企业实训＋工程项目”的培养模式。按照就业导向、服务需求的应用型技术技能型人才培养原则，做到“五个对接”，即专业设置与产业需求对接，课程内容与职业标准对接，教学过程与生产过程对接，毕业证书与职业资格证书对接，职业教育与终身学习对接。

打破传统的人才培养理念，全方位推进校企合作。参照德国应用技术大学模式，进一步强化实习、实训在人才培养体系中的比重，安排一至两个学期为“实习学期”。

开设大量的实践性课程，强调培养学生应用理论知识解决实际问题的能力。采用项目化教学方式，要求学生在学习期间完成至少一个项目作业，时间一般为一学期，由5～8名学生组成项目小组共同完成。

实行完全学分制，设立专门的实践学分、创业学分、创新学分，培养学生的操作能力和创新创业能力。

2.2 项目规模信息

深圳技术大学建设项目（一期）位于深圳市坪山区石井街道田头片区，项目用地面积约 59 万 m^2，总建筑面积约 96 万 m^2，概算批复投资约 80.8 亿元，累计 19 栋单体。该项目是全国范围内率先推行的全过程工程咨询项目之一。

根据项目前期策划，本项目划分为四个标段组织建设。为配合项目快速建造，基坑土石方和边坡支护工程先行招标并组织施工，并已于 2018 年 12 月竣工。四个标段通过公开招标选择实力雄厚的施工总承包单位（分别为中建一局发展、中建五局、上海建工和上海宝冶）承担相应的施工内容，其中施工总承包Ⅰ标（总建筑面积约 27.5 万 m^2，含公共教学与网络中心（B/C/E/F 区）、北区宿舍、北区食堂、校医院、留学生与外籍教师综合楼、北区宿舍 A 栋和留学生与外籍教师综合楼等单体）；施工总承包Ⅱ标（总建筑面积约 18 万 m^2，含图书馆、体育馆、大数据与互联网学院、公交首末站等单体）、施工总承包Ⅲ标（总建筑面积约 23.1 万 m^2，含创意设计学院、新材料与新能源学院、先进材料测试中心、学术交流中心、会堂、校行政与公共服务中心等单体）和施工总承包Ⅳ标（总建筑面积约 26.9 万 m^2，含南区宿舍和食堂、健康与环境工程学院、城市交通与物流学院、中德智能制造学院等单体）。

2.2.1 规划建设目标

深圳技术大学校区按功能，可基本分为公共区、学院区、生活体育区等。依据校园用地特点，沿东西向布置六大学院，形成科技轴；沿南北布置生活体育区，形成景观生活轴；在两轴交汇处布置公共区，形成校园核心，如图 2-1 所示。

通过对技术大学教育模式的研究，避免目前传统大学灌输式的教育模式，规划应充分体现开放、互动和交流的教育理念。通过引入外部要素来活跃校园氛围，增加校园的偶然性与趣味性，避免形成沉闷的校园空间。利用基地内的坪山河，将自然空间引入到校园腹地，为学生创造优美的校园环境。

2.2.2 设计理念

深圳技术大学建设项目（一期）规划位于项目选址位于竹坑地区、田心田头法定

图 2-1　深圳技术大学建设项目（一期）科技轴与景观轴

图则，创景路沿南北向穿过校区，金田路，兰田路以及坪山河分别沿东西向穿过校区，将校区建设用地分为六大区块，割裂严重。未来规划的轨道 16 号线沿兰田路穿过校区，在创景路与兰田路交汇处设置地铁站点。为了在这错综复杂的地块中建一所对标国际一流的高水平应用技术大学，校园规划设计方案历经数次研讨修改，最终确定了“空中大学”的总体设计。该设计方案不仅能集约用地，与外部市政道路有机结合，而且能有效保障师生出行安全与便利。“空中大学”即以图书馆、行政办公楼等功能区为核心，以“科技轴”和“景观轴”为纵、横轴线，“科技轴”连接健康与环境工程学院、创意设计学院、新材料与新能源学院、大数据与互联网学院、城市交通与物流学院、中德智能制造学院六大学院教学楼，“景观轴”连接学生宿舍楼、人工湖等生态景观区域，打造一个 7m 高双层步行体系，全程近 10km 长，利用“空中连廊”连接整座校园。而“空中连廊”下方市政道路“毫发无损”，车辆畅通无阻，如图 2-2 所示。

图 2-2　深圳技术大学建设项目（一期）空中连廊

2.2.3 设计原则

直面校园用地被多条市政机动车道分割为多块不完整土地的现实，以土地集约利用为基本策略，结合当代高等教育教学科研新模式的探索，提出“空中大学”的解决方案——向空中发展空间，形成立体化的校园空间体系以解放底层空间，彻底实现人车分流。一起步就有独创的校园特征。

1. 两轴一心的规划结构

沿科技轴展开教学实训空间，沿景观轴展开生活运动空间；明晰的功能分区，界定教学，实训科研与生活区域；尊重场地内现有山体绿化与水系，充分利用坪山河自然景观资源。

2. 建立可持续发展校园，坚持低碳校园规划，鼓励绿色建筑设计

3. 单体设计特征

1）打破传统教学空间较为封闭刻板的空间布局形态，在封闭空间与开放空间寻找一种平衡，从而创造一种适应新的教学模式的新型教学空间；

2）采用建筑综合体的方式，在三维的空间体系下对复杂、交叉的功能进行整合，从而打破各个建筑团块分立并置的局面；

3）充分考虑到大规模人群集中时段交通的安全性，将大尺度的教学空间布置在24m标高以下的空间，便于安全、便捷地疏散，将会发生的拥堵可能性及拥堵影响减少到最小；

4）要有“前瞻意识”，在满足近期使用要求的同时，设计理念应具有超前性，符合可持续发展的原则。要结合学校学科建设、事业发展的需要，同时兼顾社会发展的态势，面向现代化、面向世界、面向未来；要有“特色意识”，应符合城市规划和校园总体规划的要求，并具有岭南沿海特色，结合地形、地貌，使建筑物与校园周围环境相协调，创造出舒适、优美的校园空间和理工科特色的人文景观；要有“环保意识”，要坚持校园建设和环境建设的同步发展，构建“绿色校园”“生态校园”“文明校园”。建筑物要兼顾四个方向的美观，同时结合绿化、小品、铺装设计，创造舒适宜人的内外部空间环境。

4. 教学设施

沿东西布置六大学院：中德智能制造学院、互联网与大数据学院、城市交通与物流学院、新材料与新能源学院、健康与环境工程学院和创意设计学院，形成校园的科技轴。

5. 生活设施

生活设施布置于校园的南北两侧，分为南北两块用地，分别服务于位于西侧的新能源、新材料，创意设计学院和东侧的中德智能制造学院，互联网大数据学院。学生宿舍采用高层的布局方式，以尽可能获得良好的景观。

6. 公共设施

图书馆、公共教学等公共设施设置在科技轴、生活轴交汇处，结合自然环境，形成校园展示、交流、学习的公共平台，并向南北辐射，具有较好的服务半径。

7. 体育设施

结合南北生活区布置主体育场和体育馆，便于学生参与健身活动。

第 3 章
项目概况

3.1 项目提出过程及理由

1）为贯彻落实《国务院关于加快发展现代职业教育的管理规定》（国发〔2014〕19 号）、《教育部国家发展改革委财政部关于引导部分地方普通本科高校向应用型转变的指导意见》（教发〔2015〕7 号）和《中国制造 2025》（国发〔2015〕28 号）等精神，《深圳市教育发展“十二五”规划》提出设立深圳技术大学的要求。

2）2015 年 10 月，深圳大学向深圳市教育局提请《深圳应用技术大学筹建方案》。12 月 30 日下午，召开市政府六届二十一次常务会议，会议审议并原则通过《关于呈报〈深圳技术大学筹建方案〉的请示》。

3）2016 年 1 月 31 日晚，召开市委六届第二十四次常委会议，会议讨论并原则通过了市政府党组提交的《深圳技术大学筹建方案（送审稿）》。市委市政府对其筹办工作予以坚决支持。

4）2016 年 3 月 30 日，深圳市发展改革委出具了《深圳市发展改革委关于对深圳技术大学（筹）项目建议书批复事宜的复函》。复函指出，深圳技术大学（筹）项目已纳入《深圳市国民经济和社会发展第十三个五年规划纲要》。据前述规定，等同于已批复项目建议书（已立项）。

5）市规划国土委坪山管理局开展了技术大学校园建设的相关前期工作，加快推进校园建设，落实市政府要求 2016 年 12 月 28 日正式开工的建设目标。市规划国土委坪山管理局于 2016 年 3 月 30 日核发了深圳技术大学项目预选址（深规土坪函〔2016〕402 号）。根据市政府要求，调整了总用地面积后又于 2016 年 4 月 12 日重新核发了该项目预选址（深规土坪函〔2016〕458 号），预选址用地位于坪山新区石井、田头片区，绿梓大道以东、坪河南路以南，初步核定总用地面积约 253hm^2。

6）2016 年 7 月 29 日，深圳市规划和国土资源委员会坪山管理局出具《关于明确深圳技术大学（筹）项目一期总用地范围的函》（深规土坪函〔2016〕1049 号），明确了学校选址用地。

7）2016 年 8 月 17 日，《深圳市发展和改革委员会关于深圳技术大学建设规模事宜意见的复函》（深发改函〔2016〕2129 号）提出深圳技术大学校舍总建筑面积（不含架空层和地下室）暂按 100 万 m^2 控制。

3.2 项目基本信息

3.2.1 项目建设地点

深圳技术大学校址位于深圳市坪山新区石井、田头片区，坪山环境园以西，绿梓大道以东，南坪快速（三期）以北，金牛路以南。

3.2.2 项目建设目标

结合深圳产业优势，借鉴发达国家应用技术大学先进办学经验，在全国率先探索本科及以上层次职业教育，着力在职业教育重要领域和关键环节进行深入探索及创新，打造本市高等教育新亮点，增创新优势，带动全市职业教育整体水平的提升，推动本市加快构建现代职业教育体系，支撑深圳经济结构调整和产业的优化升级。

3.2.3 学科设置与办学规模

1. 学科设置

本项目在学科设置上，以未来人才市场需求和深圳市产业发展需求为导向，学习和借鉴德国、瑞士应用技术大学专业设置经验，创新深圳技术大学的学科与专业设置。

2. 办学规模

本项目学生规模为全日制在校生 2.8 万人。其中，本科生 2.2 万人，专业硕士 3000 人，留学生 3000 人（均为本科生）。

项目分二期实施建设。其中，一期学生规模计划为全日制在校生 1.9 万人，本科生 15000 人，专业硕士 1900 人，留学生 2100 人。项目二期学生规模新增 9000 人，其中本科生 7000 人，专业硕士 1100 人，留学生 900 人。

3.2.4 项目建设内容与规模

1. 总建设内容与规模

项目办学规模28000人，根据《普通高等学校建筑面积指标》（2009年报批稿）、《高等职业院校建设标准》（2013征求意见稿）等标准和规范，结合深圳技术大学学科设置及用房实际需求，得出项目主要建设内容为教室、实验室、图书馆、会堂、体育用房等。

2. 一期建设内容与规模

深圳技术大学建设项目（一期）位于深圳市坪山区。学校以"空中大学"为总体设计理念，通过科技轴、景观轴、中央图书馆和行政楼构成公共中心，形成"两轴一中心"的设计策略，如图3-1所示。

图3-1 深圳技术大学建设项目一期"两轴一中心"策略

项目共分三个地块（分别为地块一、二和三），总用地面积约59万m^2，总建筑面积约96万m^2，概算批复金额约80.8亿元。项目以1（基坑）+4（总包）+7（精装修）+6（幕墙）+2（弱电和消防电）+2（室外铺贴+园林绿化）建设。

3.2.5 建筑主要特征及规划

项目一期规划建筑19栋，包括北区宿舍、食堂、留学生楼、体育馆、中德智能制造学院、互联网与大数据学院、城市交通与物流学院、健康与环境工程学院、新材料与新能源学院、创意设计学院、会堂、学术交流中心、公共教学楼、综合楼等功能建筑单体（表3-1）。

项目单体规划及主要特征　　表3-1

序号	项目	栋数	层数（地上/地下）	高度（m）	面积（m^2）
一	一期				963586
1	南区宿舍、食堂	1	20/0	77.4	地上72880
2	健康与环境工程学院	1	7/1	40.35	地上40627 地下15564
3	创意设计学院	1	7/2	40.35	地上32560 地下5532
4	新材料与新能源学院	1	17/1	95.85	地上46328 4、5栋地下20977

续表

序号	项目	栋数	层数（地上/地下）	高度（m）	面积（m^2）
5	学术交流中心	1	12/1	52.85	地上 13240 4、5 栋地下 20977
6	先进材料测试中心	1	4/1	22.15	地上 6291 地下 5460
7	图书馆	1	6/1	38.95	地上 54270 7、8 栋地下 20799
8	互联网与大数据学院	1	18/1	94.85	地上 40340 7、8 栋地下 20799
9	校行政与公共服务中心综合楼	1	16/1	78.85	地上 27130 9、10 栋地下 29850
10	会堂	1	3/1	23.9	地上 7700 9、10 栋地下 29850
11	公共教学与网络中心	1	5/1	31.1	地上 50640 地下 1190
12	公共教学与网络中心 A	1	5/1	29.7	地上 23922 地下 1098
13	城市交通与物流学院	1	9/1	49.7	地上 56300 地下 21830
14	中德智能制造学院	1	18/1	93.55	地上 46060 地下 10001
15	体育馆	1	4/1	23.7	地上 35150 地下 10160
16	校医院	1	2/0	11.15	地上 3880
17	北区食堂	1	4/0	23.55	地上 13831
18	北区宿舍 A	1	18/0	70.15	地上 79694
19	北区宿舍 B	1	18/0	70.15	地上 52511
20	留学生与外籍教师综合楼	1	25/1	88.65	地上 70524 地下 8775
21	公交首末站	1	1/1	5	地上 195 地下 4300
22	大平台	1	1/0	4.3	地上 36000
总计		22			

3.2.6 规划主要技术经济指标

项目一期规划主要技术经济指标表 **表 3-2**

<table>
<tr><th colspan="2">总用地面积</th><th colspan="2">59 万 m^2</th></tr>
<tr><td rowspan="6">总建筑面积约 96 万 m^2</td><td rowspan="4">计规定容积率建筑面积 824055m^2</td><td rowspan="2">计容规定容积率建筑面积 702080m^2</td><td>地上规定建筑面积 690375m^2</td></tr>
<tr><td>地下规定建筑面积 11705m^2</td></tr>
<tr><td rowspan="2">地上核增建筑面积 121975m^2</td><td>城市公共交通道、架空绿化休闲 85975m^2</td></tr>
<tr><td>二层平台 36000m^2</td></tr>
<tr><td rowspan="2">不计容积率建筑面积 139531m^2</td><td>地下规定建筑面积 0m^2</td><td>—</td></tr>
<tr><td>地下核增建筑面积 139531m^2</td><td>设备房、车库</td></tr>
</table>

续表

总用地面积		59万 m²	
容积率/规定容积率	1.39/1.18	停车位（地上/下）	0/3037 辆
绿地面积/折算绿地面积（m²）	178129	绿化覆盖率	30%
单体数量	19 栋单体及连廊平台	最大层数（地上/下）	25层/1层
		最高高度	95.85m
总概算批复	80.8亿元	办学规模（一期）	19000人
建设目标	建设高水平、应用型、以工为主、特色鲜明的多学科性本科院校		

3.2.7　投资估算与资金筹措

1. 项目投资估算

项目一期工程投资 808467 万元，其中建安费 727080.6 万元，工程建设其他费 42888.17 万元，基本预备费 38498.23 万元，综合单价 7545 元/m²。

2. 资金筹措

项目属于高等教育设施建设，所需资金由深圳市政府投资。

3.2.8　进度计划与安排

深圳技术大学建设项目（一期）占地区域广、项目种类多、功能需求多、单体数量多、参与单位多、管理任务重，为典型项目群管理。项目群的高度复杂性使得项目群的计划管理存在多重性和不确定性等特点。如何对项目群的资源、场地、建设时序等进行系统的分解，是决定项目群计划管理成功的关键因素之一。项目一期建设，计划分批次交付，计划在 2016 年 6 月开工建设，2019 年 8 月完成交付一期先行教学工程，2021 年 8 月交付大部分楼栋，2022 年 6 月完成 1、6 栋楼栋工程。

3.2.9　项目建设目标

1. 质量控制目标

验收合格率 100%，根据建设方要求，满足业主有关奖项要求。

本工程质量目标争创"鲁班奖"，根据对鲁班奖评奖标准的理解，按照分部分项对工程的质量目标进行了合理的分解，具体如下：

1）总体质量控制目标

在符合《建筑工程施工质量验收统一标准》GB 50300—2013 的基础上，同时各分部分项工程符合工程建设国家“施工质量验收标准”。确保质量验收一次合格率100%，争创“鲁班奖”。

2）质量控制目标的分解

工程参照“鲁班奖”的评奖要求，结合深圳当地特色，对质量控制目标按5大方面、18个分部分项进行分解，并提出单项工程所需达到的质量目标，最终达到工程一次验收合格率100%。

2. 进度控制目标

按建设单位要求的工期完成施工节点目标，确保在规定的总工期内完成竣工备案程序。

3. 安全生产监督管理目标

确保工程无重大安全责任事故以及无人身伤亡事故。

4. 社会服务达标目标

社会方、建设方、使用方重大投诉为零，让安全监理管理工作做到三方满意，即社会满意、建设单位满意、施工单位满意。

5. 投资控制目标

严格控制工程投资，档案、实物和造价相吻合，将工程投资控制在批准的概算范围内。

6. 合同管理目标

保证整个工程合同的签订和实施过程符合法律的要求。

7. 信息管理目标

提供齐全的各类项目管理报表、变更单、签证单，督促施工单位整理好工程技术资料归档。

第二篇
管理经验沉淀

第4章 项目策划管理

4.1 建设目标策划

深圳技术大学建设项目是一个典型的特色高校类项目群，在项目策划、设计管理、招标采购、施工管理、验收及移交等方面都有诸多管理或技术难点。基于对项目特点、功能需求、项目目标体系及建设条件的分析，运用项目总控（Project Controlling）的思路和方法，从项目整体的高度对本项目的建设实施进行策划，以达到统筹全局的作用。通过总结项目建设过程，重点从以下10个方面对深圳技术大学建设项目（一期）进行项目层面的整体策划。

4.1.1 整体目标分解

本项目参建单位及参建人员众多，涉及的建设管理工作十分繁杂，项目的目标分解工作必须做到层层递进、不留死角，最终让每个参建人员不仅要了解本项目建设的整体“大目标”，更要深刻领会自身职责范围内的“小目标”。基于项目前期工作调研过程中明确的项目目标体系，分析细化并制定各管理模块（如报批报建、招标采购等）的专项目标。并在专项目标的基础上，进一步细化成各个片区或标段、各个参建单位的工作目标。

4.1.2 质量管理策划

由于本项目是典型的大型项目群，每幢建筑单体的结构形式和使用功能也各不相同，而且由于参建单位和施工人员众多且水平参差不齐，很容易因为某个环节的管理不善而造成质量缺陷甚至事故的发生。因此，加强质量管理是保证校园建设品质的重中之重。全过程工程咨询单位在详细分析本项目特点、建设目标、建设内容和使用功能的基础上，结合以往大型项目群（尤其是高校类项目群）的建设管理经验，拟对本项目的质量管理做以下策划：

在确立基础质量目标的前提下，根据各建筑物的使用功能要求制定质量分目标。质量目标的确立为各参建单位提供了其在质量方面关注的焦点和工作的重点；同时，质量目标对提高产品质量、改进作业效果有重要的作用。由于本项目建筑类型和使用功能不尽相同，因此，可以先依据法律法规、工程惯例等制定通用的基础质量目标，如工程质量一次验收合格率100%；再根据各建筑物的功能要求、结构形式等，有针对性地制订质量分目标，如中德智能制造学院基础加工实训车间等承重大的建筑，可要求施工单位必须获得深圳市优质结构工程奖。

建设单位和全过程工程咨询单位制订全过程质量管理制度和流程，以指导各参建单位建立完整的质量管理体系。建筑产品质量的形成始终伴随着项目建设的全过程，而且由于本项目建筑单体多、总建筑面积大、结构形式多样、参建单位多，如果没有统一、严谨的质量管理制度和流程去管控各参建单位全过程的建设质量，将很有可能造成建设过程中质量管理的混乱。

全过程质量管理制度及流程：全过程工程咨询单位进场会，根据对本项目各阶段的特点和重点的分析，与建设单位共同制定针对不同阶段的质量管理制度，如：

1）培训及考试制度：对参建单位管理人员进行技能和管理制度等的培训和考试；

2）材料品牌报审制度：控制材料品牌的使用范围，以督促施工单位使用质量可靠的优质品牌材料；

3）材料封样制度：将材料样品封存，如对现场材料有争议时可取出对比；

4）样板引路及联合验收制度：对较为复杂或重要的工序/工艺实行样板引路，并通过对样板的联合验收让参建各方一目了然地理解现场施工质量标准；

5）质量审计制度：通过内部质量审计查明各参建单位质量管理的不足之处，并督促其及时改进；

6）缺陷整改销项制度：对质量缺陷进行持续跟踪，督促施工单位及时整改销项；

7）质量事故报告制度：针对质量事故的处理制度等。

在针对整个项目的质量管理制度和流程制定完毕后，全过程工程咨询单位将要求各参建单位都按照此制度和流程、相关法律法规及管理要求等，针对本项目建立其自身的质量管理体系，以形成多层级的质量管控系统。处于第1～4层级的各参建单位，都应确保各自质量管理体系的有效运行，以实现既定的质量管理目标；第 5 层级的单位主要负责其他各参建单位质量管控情况的监督与检查，如图 4-1 所示。

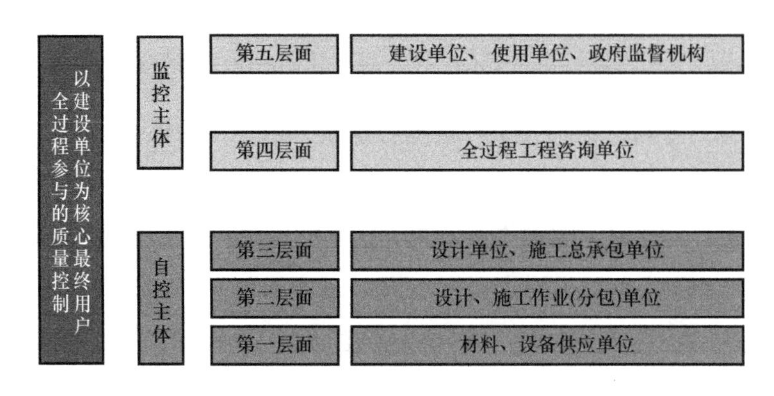

图 4-1　质量控制五层级责任管理体系

指导并督促各参建单位建立多道设防的质量管理组织机构。全过程工程咨询单位将指导并要求各参建单位安排专职质量管理人员成立专门的质量管理机构，并要求各参建单位质量管理部门同样指导并督促下属的专业分包单位或工作班组建立专门的质量检查小组，以形成多道设防的质量管理组织机构，达到人人管质量、人人保质量的目标。

运用质量管理工具及相关信息化软件提高质量管理水平。本工程为园区类建设项目，区域多、面积大，工作内容相对较复杂，常常会由于信息量很大或质量问题较分散等原因，造成质量问题记录凌乱且处理不及时，从而无法让建设单位及时获得准确的质量信息，因此，在本项目建设期间，全过程工程咨询单位运用质量管理的常用工具（如直方图、排列图、检查表等），对现场质量状况进行记录、分析和反馈。同时，使用深圳市建筑工务署管理平台、E 工务质量安全 APP 等先进工具辅助日常质量管理工作。还将建议建设单位使用其他专业管理软件（如 BIM360 等）辅助质量管理，以达到事半功倍的效果。

开展质量管理执行效果的交叉检查，并依据检查反馈改进质量管理制度。对于建设过程中质量管理制度、程序、体系运行等的执行效果，制订专门的检查表格，定期或不定期组织各片区或标段进行交叉检查，并将检查记录汇总，编制质量管理执行效果运行检查报告。同时，全过程工程咨询单位定期对各片区或标段的现场质量管理情况进行考核评比，对表现较好的参建单位进行表彰，对表现较差的单位进行处罚，并要求其提交改善方案，经审批后实施现场整改，然后再进行核查。

4.1.3　项目进度策划

本项目 2016 年开工建设，总建筑面积超过 96 万 m^2，主要建设内容包括满足

19000名学生教学和生活需求的教室、实验室、宿舍、食堂、院系办公用房、后勤附属用房、师生活动用房、教职工宿舍、留学生及外籍教师生活用房、学术交流中心、室外体育场地等；同时，还需建设全部图书馆、室内体育馆、会堂、校行政用房。另外，本项目还涉及深基坑、架空层、公共交通平台、海绵城市装配式建筑、绿色建筑、人工湖等诸多专业工程或技术难点。如此大规模且较高技术难度的项目群，在有限的时间内，如何在保证质量安全的前提下按期完成是一个非常严峻的挑战。因此，在详细分析本项目特点的基础上，对本项目的建设进度做以下策划：

分析地下空间、地上建筑物以及各建筑单体之间的架空层及联系交通平台、市政配套、人工湖等工程的建设时序与相互影响，提出针对项目整体的包含勘察、设计、施工等的技术控制要求与关键控制节点。

1）分析各个片区或标段涉及的工程范围、规模及技术难点，进而分析片区或标段之间的建设时序与相互影响，提出针对片区或标段的包含勘察、设计、施工等的技术控制要求与关键控制节点，同时提出各片区或标段之间施工界面的具体划分；

2）分析各个片区或标段内部的各个建筑单体或各个专业工程之间的建设时序与相互影响，提出针对片区或标段内部的包含勘察、设计、施工等的技术控制要求与关键控制节点，同时提出施工总承包单位与各专业分包单位、材料设备供应商等协调配合的总体要求。在完成上述分析之后，编制本项目的建设进度总体策划报告，提出建设开发的里程碑节点及关键线路，并在此基础上建立项目群三级进度计划和控制体系。在项目群实施过程中，编制进度执行月报，并根据现场实际情况动态调整开发建设总时序及节点。

3）为实现本项目的进度目标，响应工程快速建造体系实施要点，要求总承包单位统筹各平行发包单位的施工工序及作业面，进行工期的统一策划，从高效建设、工期合理的角度做到策划先行，针对组织机构、场地整体部署、质量管理、施工措施等方面制定穿插施工方案，指导现场的相关单位有序地进行穿插施工。以17A/B栋学生宿舍施工工序为例，将建筑结构机电装饰细分为主要的14道室内工序，在整个18层的楼面里采取分专业和分部位的全穿插施工。在宿舍楼外立面，自主体结构的爬架施工，到拆模清理、外窗窗框和防水施工、腻子和防水涂料施工、幕墙龙骨施工等多道工序，也进行了立体交叉的工序策划。

4）为方便土石方及边坡支护工程、桩基和主体工程实施的现场交通组织，提升施工效率和安全文明施工形象。本项目结合基坑布置情况及场地标高等因素，将项目现阶段可实施的部分校园道路（注：仅限于车行道并施工至混凝土层）纳入土石方及边坡支护工程招标范围内进行建设。此举可缩短后续室外总体的施工工期，同时为项目顺利交付创造便利条件；为确保本项目总体进度目标的实现，需在场平工程完工后尽快开展后续施工工作。

4.1.4 安全文明施工管理策划

由于本项目建设规模大，建设周期长，参建单位及人员众多，技术难点及安全风险因素较多，而不同参建单位（尤其是施工单位）的安全文明施工管理能力和水平又参差不齐，这给本项目的平稳推进增加了不确定性，因此，为了在确保安全的前提下使本项目能如期竣工和交付，全过程工程咨询单位对本项目的安全文明施工管理进行统一策划。

以风险理念贯穿整个项目的安全文明施工管理，以提升整体安全文明施工管理水平。全过程工程咨询单位采用全过程全方位的安全风险管理模式，提升安全文明施工管理水平：

1）对工程建设的一般风险、重大危险源、施工界面风险等事先进行全面分析与识别，制定相应的预控措施。

2）对各参建单位（尤其是施工总承包单位）的管理风险进行分析，通过制度保证各单位的合同履行情况，以达到制约管理风险、降低工程风险的目的。

3）制定整个项目统一的安全文明施工管理标准化体系，落实安全文明施工管理措施。全过程工程咨询单位结合本项目的实际情况制定《深圳技术大学建设项目（一期）安全生产管理办法》《深圳技术大学建设项目（一期）安全文明施工管理手册》等多项安全文明施工管理制度，通过建章立制，落实各项安全文明施工管理工作。

4）在安全文明施工管理的组织机构设置及管理职责划分方面，实行总体部署、分区落实的网格化管理方式。

5）针对本项目建设范围广、参建单位多的特点，施工现场实施网格化的安全文明施工管理。指将项目区域按照一定的标准划分为单元网络，通过加强单元网络的控制，进而实现各部门之间的有效管理。其优势是能够明晰不同单位/部门对各单元的职责和权限，将被动、分散的管理转变为主动、系统的管理。

6）安全文明施工管理的网格化，就是把施工作业区划分成几个区域，然后分派专职人员进行针对性的安全文明施工管理。指派在该施工区域的分包及总包单位的专职安全员协助监理单位及项目管理单位的安全员做好该区域的安全文明施工管理工作，这样就自下而上地形成了整个施工区域的网络化安全文明施工管理。

7）制定高风险事件的应急预案，并定期组织演练。为有效地降低风险事件发生而产生的影响，在施工前期，全过程工程咨询单位根据施工中可能出现的风险编制相应的安全应急预案，并成立相应的应急小组，定期组织应急预案的演练，以保障本工程建设的顺利进行。拟编制的主要应急预案有：

（1）高空坠落事故应急处理与救援预案；

（2）触电事故应急处理与救援预案；

（3）中毒事故应急处理与救援预案；

（4）重大环境污染事故应急处理与救援预案；

（5）地质灾害事故应急处理与救援预案；

（6）台风、汛潮事故应急处理与救援预案，等等。

8）定期检查，提高安全防范意识和安全文明施工管理水平。全过程工程咨询单位组织各参建单位学习现有的安全文明施工规章制度，并加强教育与培训。同时，会同有关政府部门和参建单位定期组织开展有针对性的安全生产大检查活动，通过安全大检查，有针对性地制定更为详细的安全文明施工管理规范，不断改进安全文明施工管理工作。

9）加强安全文明施工教育培训与考核，提高安全文明施工能力水平。安全文明施工教育和培训的重点是管理人员的安全生产意识与安全文明施工管理水平及施工操作人员的遵章守纪、自我保护和事故防范能力。在施工过程中，坚持未经过安全生产培训的人员不得上岗作业。根据本项目的特点，全过程工程咨询单位重点从施工管理人员的安全专业技能、岗位安全技术操作规程、施工现场安全文明施工规章制度、特种作业人员的安全技术操作规程等方面，加强教育和培训工作。

10）建立安全风险金抵押制度等安全奖惩制度，以经济手段保障施工安全。将相关的安全文明施工奖惩制度列入施工单位的招标文件及合同内，并根据每个月的安全文明施工情况确定奖罚金额，与施工单位的进度款支付直接挂钩；针对施工管理人员及工人的安全风险抵押金，制定专门的管理办法。

11）吸收先进管理理念，引入施工场地“6S”管理，6S管理强调全员参与，调动施工现场每位员工的积极性，通过宣传教育，提高对6S管理的认识并付诸实践；采用目视化管理，对于6S各类清单中所述具体内容，在现场各处采取目视化、不同颜色等级的区分化管理。尤其是在材料、机械、场地等方面推行。施工现场推行6S管理样板先行，采用好的示范进行推广，样板做法不断收集、提升。全过程工程咨询单位的项目管理部做好施工现场6S管理手段的宏观策划，监理部监督施工现场执行，最终全面提升本项目施工形象，从根源上做好施工现场的安全文明管理。

4.1.5 投资控制策划

本项目的投资控制主要目标为使项目建设各阶段费用支出有计划、有控制，提高项目资金的使用效益，确保本项目的建设总投资控制在批准的预算范围之内。为确保投资控制主要目标的实现，本项目的投资控制工作策划包括以下几方面：

1. 进行限额设计，控制总投资

该项目一期包含 6 大学院，共有 19 栋建筑群，形成不同的功能分区，如公共区、学院区和生活体育区等。各个单体的功能及建筑标准不同，如学生宿舍、食堂、体育馆、信息中心等，都涉及不同的专业工程，各单体的经济造价会有较大的差异，扩初设计应在方案设计的基础上，根据各单体建筑的单位经济造价控制指标，深化各单体建筑的每楼层房间的空间布局及功能，不同的布局会影响装饰装修及设备的配备、安装等投资。扩初设计在限额的控制下，寻求各单体建筑的经济最优布局。要实现限额设计的目的，必须注重以下几个方面的审核：

总平面设计：

1）功能分区：深圳技术大学分为六大学院，三个功能区。合理的功能分区既可以使建筑物的各项功能充分发挥，又可以使总平面布置紧凑、安全，避免大挖大填，减少土石方量和节约用地，降低工程造价。

2）运输线路与运输方式：一期施工场地比较开阔，但应合理布置线路，力求缩短运输和管线输送距离；运距最短、运费低、载运量大、迅速灵活。

2. 合理审核初步设计概算，充分考虑投资风险

深圳技术大学批准的工程可行性研究报告是编制初步设计的基础，初步设计上报文件中编制的概算在批准后，成为建筑安装工程施工招标投标的最高标准，所以在深圳技术大学一期项目的初步设计文件编制完成，并上报深圳市发展和改革委员会之前，应由建设单位、全过程工程咨询单位进行详细审核。

初步设计概算审核的要点：

1）一类费用的充分及全面性

一类费用主要涉及建筑安装工程费及设备工器具费用。一类费用应审查所有分部分项工程，列项应全面，避免缺项、漏项。

2）二类费用列项及取费标准的准确性

二类费用，同样应审查费用列项是否齐全，计费标准是否正确。

3）不可预见费的标准

一般基本预备费按建安费及工程建设其他费用之和的5%计，但考虑到深圳技术大学项目的规模及特殊性，应适当提高比例并考虑一定比例的涨价预备费。

3. 强化招标工程量清单审核，提高施工图招标的准确性

深圳技术大学（一期）项目规模较大，可按单体建筑分布的校区划分为多个合同标段，每个标段可进行单独招标；而招标的前提是有高质量、编制准确全面的工程量清单，进而构成清晰、准确的招标投标文件。

工程量清单的基础是准确的施工图预算。在进行施工图预算时，应认真核对不同专业图纸中的尺寸及标注的工程量，避免因图纸的质量差，内容充满各种漏、错和矛盾而在施工中全面暴露，从而引发大量的设计变更和现场变更。

本项目引入了多个第三方造价咨询机构，所以在项目实施过程中，应加强对第三方造价咨询机构的协调、联系和沟通，组织、监督造价咨询机构对工程量清单的内容进行审核。

招标工程量清单的审核需要与技术资料相结合，审核清单子目是否有遗漏；主要工程量是否与类似工程指标相符；项目特征、工作内容描述与招标图纸是否吻合；主要材料设备的规格、品牌一览表是否详尽；总体措施费的子目罗列是否全面等进行审核，切勿遗漏“投标单位自行增加措施项目”子目，以便费用包干。

4. 平衡资金使用计划，保证资金使用安全

深圳技术大学一期项目的各个单体，投资额大都在1亿元以上，且工期将延续两年左右，对于工程款的审核及支付非常重要。工程款支付包括工程预付款支付和工程进度款支付。

5. 建立变更签证审核制度，动态控制总投资

由于深圳技术大学建设项目（一期）拥有众多建筑单体，将由多个总承包人同时进行施工，而每栋单体在施工过程中又有多个专业交叉作业，如设备安装、消防、弱电、暖通、电气、给水排水、电梯等，加上设计文件会由于种种原因存在不足、冲突或矛盾，最终在施工过程中暴露出来，就会出现变更及索赔。

工程变更审核：重点审核变更方案前后费用变化情况，并进行价值工程分析，变更的原因是否满足价值工程原理，是否存在突破投资总盘控制的风险。

工程签证审核：重点审核签证产生的原因是否为招标文件与合同文件的允许范围，现场影像资料及签证依据是否匹配、齐全。

4.1.6 风险管理策划

本项目建设规模大，建设周期长，风险源较多，包括自然风险、社会风险、技术风险和管理风险等诸多方面。而每一类风险源包括的风险因素有很多，如何做好各项风险因素的管控，关系到本项目建设目标的最终实现。因此，根据本项目的实际特点，结合以往大型项目群风险管控的丰富经验，对本项目的风险管理进行统一策划。

1）确定本项目的风险管理总体思路，即以降低项目总体风险、确保工程平稳推进为目标，通过科学、合理的风险分析和评估技术，进行实时风险监控与管理，构建风险管理标准体系，根据差异化管理原则，利用先进的信息化手段，实现项目风险评估与管理的标准化、差异化和信息化。

2）建议建设单位采用多种先进风险管理工具（如风险评估及管理信息系统、基于BIM技术的风险评估及管理软件）进行本项目的风险管理。

3）按片区或标段识别本项目的所有风险因素，建立初始风险清单，且清单中要初步判定各风险因素的发生概率、相应后果及风险等级（1～5级）。

4）与建设单位等共同确定本项目需重点管控的风险因素，如社会稳定风险、进度风险、新技术风险等，并对这些重点风险因素分别制定有针对性的应对策略。

(1) 社会稳定风险：全过程工程咨询单位根据本项目的实际情况及建设单位需求，对可能影响社会稳定的风险因素开展系统的调查（如：已完成征地拆迁并正在进行场地平整，社会稳定风险将主要集中在施工阶段，包括但不限于可能出现的施工噪声扰民、对周边环境及交通的影响、拖欠工人工资等），科学地预测、分析和评估，制定风险应对策略和预案，有效规避、预防、控制项目建设过程中可能产生的社会稳定风险。“安全重于泰山，稳定压倒一切”，因此，在本项目实施过程中，应杜绝群体性事件及重大突发性事件，坚决维护好与周边居民或企业的关系，协调好不同专业单位之间的关系，共同合作维护好项目实施过程中的社会稳定，确保本项目的顺利实施。

(2) 进度风险：高校类项目的进度控制要求较一般项目更为严格，全过程工程咨询单位进场后，在建设时序策划及总进度计划编制的基础上，全面分析本项目各个片区及标段的进度风险因素，包括前期报批报建进度风险因素、设计进度风险因素、招标采购进度风险因素、施工进度风险因素、验收及移交进度风险因素等，并对每一项进度风险因素制定针对性的应对措施，通过挣值法、BIM进度模拟等技术对施工进度进行全方位管控，确保本项目能如期竣工和交付使用。

（3）新技术风险：本项目涉及绿色建筑、工业化建筑、海绵城市、“空中大学”等诸多新技术，技术性风险较一般项目大。全过程工程咨询单位在分析本项目建设时序的基础上，全面梳理项目建设过程中可能存在于项目群内部及项目群与外部之间的技术性风险，并在设计阶段即组织有关单位进行协调，化风险于前期，以减少不必要的投入。另外，将建议建设单位借助课题研究及先进的信息化手段，增加风险的预先把控程度。

（4）做好建设过程中的风险动态控制，包括风险跟踪、检查、反馈和应对（转移、消除、接收等）。有关参建单位进场后，全过程工程咨询单位向他们进行必要的风险交底，并组织和督促相关单位按要求做好建设过程的风险动态管控，及时汇报各片区或标段的风险管理情况，确保有关风险管理的信息及时、通畅。

与建设单位共同商定本项目的工程保险方案。因本项目建设规模大、周期长，参建单位和人员多，且存在一定的技术难度，各类风险因素较多，全过程工程咨询单位与建设单位共同商定本项目的工程保险投保方案，以避免或减少因某些风险因素失控而造成的经济损失。

4.2 全过程工程咨询组织策划

4.2.1 管理界面策划

建设方采用全过程工程咨询模式最首要的工作是明确组织架构，进行管理界面策划。全过程工程咨询单位进场后，应深入总结建设方既有工程项目管理方式下的经验和不足，充分把握行业发展趋势和地方特征，精简工作界面、明晰管理层级，充分发挥建设方“总控督导”的定位，明晰工程咨询单位“自主实施”的定位，并形成下图“金字塔”管理职能定位的模型。在该定位下，建设方将站位在“金字塔”顶端，工作重点面向工程项目使用单位及有关政府行政部门，明确总体需求，制定总体目标，总体监督和控制建设项目前期与施工阶段管理工作，充分发挥“决策、监督、保障、技术支撑”四大总控督导职能；全过程工程咨询方受建设方委托，全面组织开展工程项目管理组织行为（包括部分专业咨询工作的实施，如招标代理，工程监理等），根据总体需求及建设目标，具体开展前期策划、设计管理、招标与采购管理、施工监管、工程监理、实验室工艺咨询等工作，组织管理好勘察单位、设计单位、施工单位、材料设备供货商等，如图 4-2 所示。

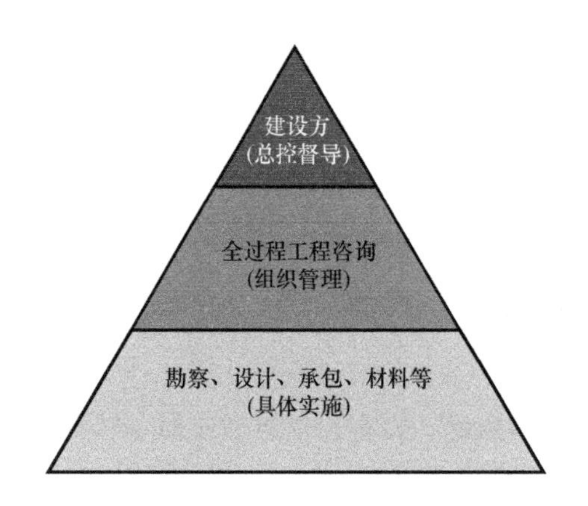

图 4-2　全过程工程咨询模式下“金字塔”管理定位模型

深圳技术大学建设项目（一期）的组织架构设计以实现本项目的各项建设目标为导向，结合以往大型项目群建设管理经验，针对本项目设置“工程咨询领导班子（4 人）＋职能部门（5 个）”的工程咨询组织机构，共委派驻场人员 113 名。其中，项目管理人员 53 名，工程监理人员 60 名。

1. 成立工程咨询服务指挥部，确保项目资源落实

为保障工程咨询服务质量，成立以上海建科工程咨询有限公司总经理为总指挥、深圳建科经理为副总指挥的工程咨询服务指挥部，调配两家公司资源，确保本项目资源配置满足建设管理需要。

2. 组建合理的工程咨询领导班子，配备完善的职能管理部门

考虑到整个校区建设的片区化管理需要，为便于统筹和提高效率，特成立“1 名项目经理、2 名项目副经理、1 名技术负责人”组成的工程咨询领导班子。除招标文件明示的综合管理部、规划设计部、造价合约部、施工监理部以外，考虑到项目建设阶段技术管理及现场管理需要，特增加工程管理部。

3. 专业配套齐全，确保项目科学管理

深圳技术大学建设项目（一期）工程技术难度大、质量要求高，在工程咨询和技术服务实施过程中对项目团队要求高，因此在进行人员配备时根据项目实施及专业技术要求设置齐全的专业工程师；同时，根据工程的进展和新技术应用，可以进行专业工程师的适时调配，确保工程咨询和技术服务的顺利开展。

4. 依托公司专家咨询组，确保有效技术支撑

深圳技术大学建设项目（一期）建设要求高、新技术应用多，全咨团队积极参与项目技术管理和统一协调工作，依托上海市建筑科学研究院专家资源，成立以上海建科集团专家顾问组，组建工程管理、建筑、结构、机电、节能、钢结构、幕墙、园林景观、工程经济等专家组，为本工程提供及时、可靠、合理的全面咨询支持。

4.2.2　任务分解及岗位职责

1. 任务分解

根据工程咨询服务工作内容以及人员配置，对工作任务进行分解，具体见表 4-1。

项目任务分解一览表　　**表 4-1**

工作职责：D—批准；E—执行；S—支持；J—参与		工作职责划分				
序号	工作职责内容	建设单位	全咨项管	全咨监理	其他咨询单位	施工单位
1	项目启动阶段					
1.1	总体管理					
1.1.1	组建项目管理组织机构	D	E	—	—	—
1.1.2	明确管理目标	D	E	—	—	—
1.1.3	编制项目管理规划	D	E	—	—	—
1.1.4	编制项目进度规划	D	E	—	—	—
1.1.5	编制管理工作手册	D	E	—	—	—
1.1.6	编制管理实施手册	D	E	—	—	—
1.2	进度管理					
1.2.1	编制项目总进度计划	D	E	—	—	—
1.2.2	进度计划的管理	D	E	—	J	—
1.3	行政配套管理					
1.3.1	政府报批报建	D	E	—	J/S	—
1.4	设计管理					
1.4.1	编制设计需求/任务书	D	E	—	J/S	—
1.4.2	组织概念方案征集	D	E	—	J/S	—
1.4.3	组织概念方案评审	D	E	—	J/S	—
1.5	采购合约管理					
1.5.1	制定招标策略	D	J	—	E/S	—
1.5.2	招标文件编制	D	J	—	E/S	—
1.5.3	组织招标工作	D. J	E	—	J/S	—
1.5.4	合同执行管理	D	E	—	J/S	—
1.5.5	非公开招标投标竞争性谈判	D. J	E	—	J/S	—
1.5.6	建立项目投资控制体系	D	E	—	J/S	—
1.5.7	组织专项投资报告编制	D	E	—	J/S	—
1.5.8	支付管理	D	E	—	J/S	—
1.6	信息与行政管理					
1.6.1	信息沟通管理	S	D. E	J/S	J/S	S
1.6.2	建立文档管理制度	S	D. E	J/S	J/S	S
2	项目设计阶段					
2.1	总体管理					
2.1.1	召开项目管理例会	D	E	—	J/S	—
2.1.2	召开设计例会	D	E	—	J/S	—
2.1.3	召开专题会	D	E	—	—	—
2.2	进度管理					
2.2.1	编制设计进度计划	D	E	—	J/S	—
2.2.2	编制审批进度计划	D	E	—	J/S	—
2.2.3	编制采购进度计划	D	E	—	—	—

续表

序号	工作职责内容	建设单位	全咨项管	全咨监理	其他咨询单位	施工单位
2.2.4	进度计划的管理	D	E	—	J/S	—
2.3	行政配套管理					
2.3.1	行政许可审批	D	E	—	—	—
2.3.2	配套申请	D	E	—	—	—
2.4	设计管理					
2.4.1	方案设计协调	D	E	—	J/S	—
2.4.2	初步设计协调	D	E	—	J/S	—
2.4.3	施工图设计送审	D	E	—	J/S	—
2.4.4	设计成果技术咨询	D	E	—	J/S	—
2.5	采购合约管理					
2.5.1	制定招标策略	D	J	—	E/S	—
2.5.2	招标文件编制	D	J	—	E/S	—
2.5.3	组织招标工作	D. J	E	—	J/S	—
2.5.4	合同执行管理	D	E	—	J/S	—
2.5.5	非公开招标投标竞争性谈判	D. J	E	—	J/S	—
2.5.6	建立项目投资控制体系	D	E	—	J/S	—
2.5.7	组织专项投资报告编制	D	E	—	J/S	—
2.5.8	支付管理	D	E	—	J/S	—
2.6	信息与行政管理					
2.6.1	信息沟通管理	S	D. E	J/S	J/S	S
2.6.2	文档档案管理	S	D. E	J/S	J/S	S
3	项目施工阶段					
3.1	总体管理					
3.1.1	组织召开工程例会、专题例会	S	D. E	J/S	J/S	S
3.1.2	负责项目的进度、质量、安全、投资监控	D	E	J/S	J/S	S
3.2	进度管理					
3.2.1	审核施工单位的实施进度计划	S	D. E	S	—	S
3.2.2	监督并落实施工单位的工程进度计划	S	D. E	S	—	S
3.2.3	工程综合协调（含外围等社会环境管理）	D. S	E	S	—	S
3.3	行政配套管理					
3.3.1	政府办证过程协助	S	D	S	—	E
3.4	设计管理					
3.4.1	图纸会审及设计交底	S	D. E	J/S	J/S	J
3.4.2	深化设计协调管理	S	D. E	J/S	J/S	J
3.4.3	设计变更管理	D	E	J/S	J/S	S
3.4.4	技术核定	D	E	J/S	J/S	S
3.5	采购合约管理					
3.5.1	招标文件编制（材料设备采购、专业分包）	D	J	S	E/S	S
3.5.2	组织招标工作（材料设备采购、专业分包）	S	D. E	S	J/S	S

续表

序号	工作职责内容	建设单位	全咨项管	全咨监理	其他咨询单位	施工单位
3.5.3	合同执行管理（材料设备采购、专业分包）	D	E	S	J/S	S
3.5.4	支付管理	D	E	S	J/S	—
3.5.5	变更管理	D	E	S	J/S	—
3.5.6	投资控制	D. S	E	S	J/S	—
3.6	施工管理					
3.6.1	施工质量管理	S	D	E	J/S	E
3.6.2	工程技术管理	S	D	E	J/S	E
3.6.3	施工界面协调管理	S	D	E	J/S	E
3.6.4	HSE 管理	S	D	E	J/S	E
3.6.5	工程中间验收管理	S	D	E	J/S	E
3.7	信息与行政管理					
3.7.1	工程档案管理	S	D	E	S	E
3.7.2	文件发放管理	S	D	E	S	E
4	项目收尾阶段					
4.1	总体管理					
4.1.1	组织召开竣工验收专题会	J	D. E	S	S	S
4.1.2	组织召开档案馆交底会	S	D. E	S	S	S
4.1.3	组织参建方制定总体、单体验收计划	S	D. E	S	J	S
4.2	进度管理					
4.2.1	管理竣工验收、备案以及实体移交进度	S	D. E	J	J	J
4.2.2	收尾工作进度协调的管理	S	D. E	J	J	J
4.3	行政配套管理					
4.3.1	配合办理各专项公用事业配套接入	S	D. E	S	J	S
4.3.2	竣工验收管理	S	D. E	S	S	S
4.4	设计管理					
4.4.1	竣工图管理	S	D. E	S	S	S
4.5	采购合约管理					
4.5.1	质保期合同管理	S	D. E	S	S	S
4.5.2	审核工程竣工结算	D	E	S	J/S	S
4.6	施工管理					
4.6.1	缺陷整改	S	D	S	S	E
4.6.2	组织运营培训	S	D. E	S	S	S
4.6.3	组织完成项目竣工验收	S	D. E	S	S	S
4.6.4	组织完成项目交付工作	S	D. E	S	—	S
4.6.5	项目 HSE 管理工作总结，评价	S	D. E	J	J	J
4.6.6	协助建设单位制定项目运营期 HSE 管理规划	S	D. E	J	J	J
4.7	信息与行政管理					
4.7.1	编制项目管理总结报告	S	D. E	J	J	J
主要工作职责动作定义						

续表

执行（E）：本方案中系指对于某方面或者某项工作任务，由执行方负责对该任务需要何时开始、怎样实施、如何管控等进行整体策划（包括拟定策划方案、编制管控计划等说明性文件）并组织召开任务启动会议，确定任务方案，然后依照任务方案、合同等指令、指导性文件，组织该任务的具体实施开展，并负责过程管理
批准（D）：本方案中系指对于某方面或者某项工作任务，由批准方负责对任务成果进行审批及最终批准，其他方必须在获得批准后才能开展与此相关的任务工作
支持（S）：本方案中系指对于某方面或者某项工作任务，由支持方负责按照批准方、执行方、发起方为完成任务的实际需求，提供资料准备、关系协调或者咨询建议等帮助，以便协助任务的完成
参与（J）：本方案中系指对于某方面或者某项工作任务，由参与方按照批准方、发起方、执行方为完成任务的要求，出席参加相关会议或工作任务，获取对完成工作任务具有参考价值的信息
图例说明："—"表示本阶段该参建单位暂未进场；"•"表示该项工作有两项管理动作；"/"表示该项工作管理动作根据项目情况二选一
注：1. 本表分工是根据对招标文件的理解初步拟定，中标后和招标人另行协商确定
2. 建设方拥有对任一项工作任务的工作过程、阶段成果、最终成果的检查和审核的权力。目的是督促该项工作的落实并及时纠偏，可以根据需要和实际情况，采取定期审查或者不定期的专项审查两种方式进行
3. 全过程工程咨询单位项目管理部：招标人本次采购拟选定的单位，包括项目管理工作服务
4. 咨询单位：包括设计单位、顾问单位、造价咨询单位、勘察单位等，为项目提供技术服务支持的咨询类单位

2. 岗位职责

1）指挥部及专家顾问组

上海建科工程咨询有限公司总经理领导的工程咨询指挥部负责本工程项目部、专家顾问组资源配置、工作全面、到位的协调和保障。公司总工率领的专家顾问组，提供高层次的咨询意见和技术支撑，负责组织对工程实施中重大技术方案的审定、技术难题和重大质量问题等的决策处理，定期或根据现场工作的需要及时赴工地指导监理工作，解决重大技术问题。

2）项目经理

项目经理为项目提供驻场服务，主要负责项目现场工作整体的安排调度、项目人员的配置等。主要对工程报批报建管理、设计管理、招标采购管理、进度控制、投资控制、造价咨询管理、合同管理、BIM实施管理、工程监理管理、档案信息管理以及竣工验收移交等工作进行整体把控，确保项目管理总体策划的方案予以有效落实实施，同时及时响应招标人对于本项目的各项工作要求。

3）项目技术负责人

协助项目经理分管项目的技术管理工作。主要对关键工程的设计方案进行讨论、优化，负责审查重大工程变更的技术、工艺方案，以及召开专家咨询会、上级审查会等相关工作，参与审核设计变更、计量支付工作。

4）项目副经理

配合项目经理分管授权片区内的项目现场工作整体的安排调度。主要对片区内工程报批报建管理、设计管理、招标采购管理、进度控制、投资控制、造价咨询管理、合同管理、BIM实施管理、工程监理管理、档案信息管理以及竣工验收移交等工作进行整体把控。

5）综合管理负责人

组建综合管理团队，对项目进度控制、档案信息管理、项目外围工作协调管理等工作进行整体把控，并协助项目经理做好项目人员的调配工作。

6）规划设计管理负责人

组建规划设计咨询管理团队，对项目设计各阶段（方案设计、初步设计、施工图设计）计划统筹及总体管理，对设计进度、设计质量、设计投资进行管理，对设计方案、材料设备选用、设计变更进行管理，管理BIM、工业化建筑、实验室工艺、地下综合管廊及海绵城市等专业专项设计，负责与设计相关的调研、确认、审查、管理以及其他工作，负责报建报批管理、竣工验收及移交管理工作。

7）造价合约管理负责人

组建造价合约管理团队，招标采购管理、合同管理、造价管理、投资管理、设计变更及现场签证管理、报表统计、工程结算以及与项目综合商务管理相关的其他工作，配合规划设计部做好报建报批管理、竣工验收及移交管理工作。

8）工程管理负责人

组建工程管理团队，负责项目各标段的施工质量、安全生产管理、环境及文明施工管理、工程监理管理工作，配合综合管理部做好进度控制、档案信息管理工作。

9）总监理工程师

组建项目工程监理团队，对项目各标段的施工准备阶段、施工阶段、保修及后续服务阶段监理，以及与工程监理相关的其他工作，对工程监理工作全面负责。

4.2.3　管理界面

1. 建设方与全咨团队的界面

项目组和全过程工程咨询单位：项目组行使决策、监督、保障、协调、支撑职能，全过程工程咨询单位则是项目建设过程中组织和实施的主体，项目组应参加由全过程工程咨询单位组织的重要会议，保障和支撑全过程工程咨询单位在施工阶段有效地进行管理工作。

1）项目组和全过程工程项目管理：与传统模式相比（无全过程工程项目管理），全寿命周期项目管理工作由全过程工程项目管理承担，包括不限于项目策划、招标管理、设计管理和现场管理，同时包括各类汇报材料的准备，工务署体制内各类管理文件的编制（包括上会资料的准备）。

2）全过程工程项目管理和监理：全过程工程项目管理负责项目策划、招标及设计管理类的组织和管理，负责项目质量、安全、进度和投资控制的宏观统筹管理工作，负责管理流程和制度的确定，是项目整体宏观管控的责任方。

3）全过程工程监理则是施工阶段质量、安全、进度和投资管控的组织与实施主体，负责施工单位按照国家规范、标准及工务署要求的执行和落地，在工务署管控体制下，组织施工单位迎检工作［主要指第三方检查单位（瑞捷和必维）］。在传统模式下，施工现场的变更管理由监理负责，而在深圳技术大学项目，设计变更图纸则由全过程工程项目管理（设计管理和造价部门）负责跟进，监理应加强同该部门的协同，共同推进变更与签证工作。

2. 全咨团队内部界面划分

1）全过程工程项目管理：与项目组形成合力，全面控制施工质量、进度和投资，做好安全文明施工。在工务署的管理体系下，建立管理制度，做好项目策划，履行管理程序，通过精细化管理实现项目建设目标。全过程工程项目管理与全过程工程监理应划分管理界面，在项目实施中互相支撑。在施工阶段全过程，工程项目管理应负责以下内容的管理：

2）报批报建：办理平行发包施工许可证，管理施工阶段可能涉及的报建工作（开路口、占绿地等手续）。

3）招标管理：配合施工总承包单位的进度，完成平行发包及战略合作单位的招标至合同签订工作。

4）综合管理：对内优化文件流转流程，做好项目管理资料的传阅、整理与归档；对外建立制度，要求监理和施工单位做好施工阶段资料的制作、整理、上传 EIM 平台及竣工资料的归档。完成履约评价管理。

5）设计管理：配合招标阶段的设计管理（设计图纸的审核、方案的优化等，主要工作集中在精装修的招标）。施工阶段的设计管理，主要涉及设计图纸的管理，技术问题的解决，设计图纸变更的管理，深化设计的管理及竣工图的管理等。

6）造价管理及合同管理：招标阶段的造价管理和施工阶段的变更管理，与监理造价部通过合院办公充分融合，提升管理效率，有效控制投资。同时，做好对造价咨询公司的管理做好变更与签证的审价工作［大于50万元，造价咨询公司提前介入（较为重大的变更）］。施工图预算和工程结算审核。

7）现场管理：分土建和机电两个大专业进行统筹，做好策划管理，对监理的现场质量、安全文明的监督工作进行管理，对现场的变更与签证、信息管理全面统筹。现场管理的责任主管作为唯一的出口，对标段经理及项目组的各专业工程师负责。

8）BIM管理：对BIM咨询实施管理并利用BIM指导现场施工，与现场管理共同完成BIM的统筹管理工作。

9）标段经理：所有条线的统筹管理、流程管理、制度管理和策划管理。

10）全过程工程监理：按国家及深圳市有关法律、法规、规范及沪深建科与深圳市建筑工务署教育工程管理中心签订的工程咨询合同履行监理职责，包括本项目各地块（或标段）的施工准备阶段、施工阶段、保修及后续服务阶段的监理工作，以及与工程监理相关的其他工作。

3. 全过程工程监理与全过程工程项目管理

应划分管理界面，在项目实施中互相支撑。施工过程中的质量、进度控制和安全生产监督，进行投资控制及工程信息的管理。

4. 质量、进度控制及安全生产监理管理

主要工作内容：

1）编制监理规划和监理细则，组织图纸会审，参加技术交底等；

2）督促、检查承包人严格执行工程施工承包合同和国家工程技术规范、标准，协调对外关系；

3）做好审核承包人提出的施工组织设计、施工技术方案、施工进度计划、施工质量保证措施等监理日常管理工作；

4）审核施工总承包人提交的工程变更申请，必要时会同管理公司设计管理部组织设计专题协调会；

5）控制工程进度、质量，督促、检查承包人落实施工质量、安全保证措施；

6）组织分部分项工程和隐蔽工程的检查、验收；

7）协助业主和项目管理团队组织工程竣工验收。

4.2.4　署咨合院办公策划

全过程工程咨询团队进驻现场后，分析建设方与全咨方内部组织架构的特点，提出组织融合的构想。全咨团队在进驻现场后，建设方的管理架构也随之变化，通过将全咨团队植入建设方管理团队，合院办公，共同推进项目，实现项目管理目标，如图 4-3 所示。

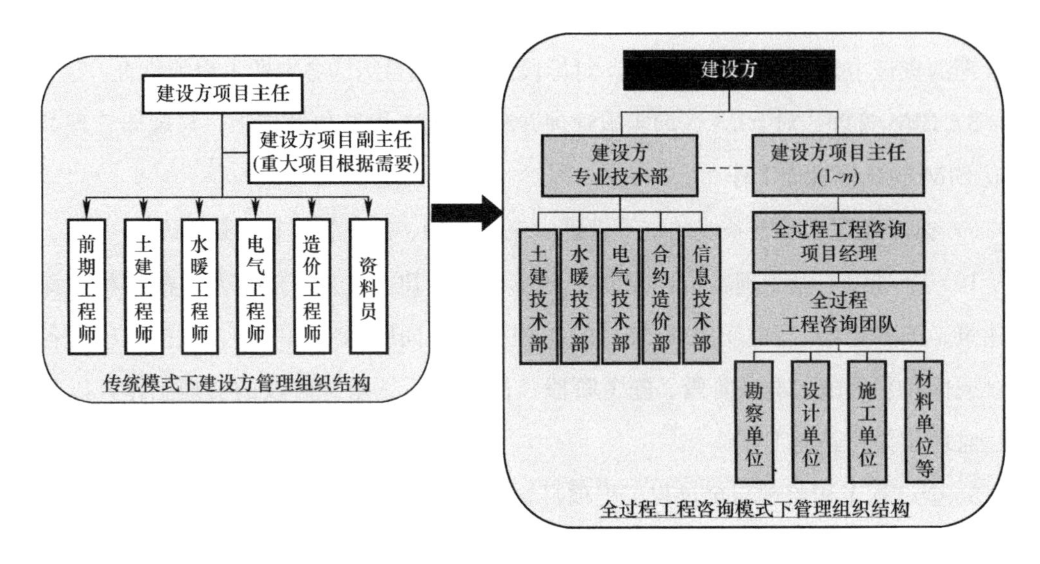

图 4-3　建设方与全过程工程咨询单位组织结构的融合

传统模式下，建设方管理团队从项目决策阶段至运营维护阶段实施全方面和全过程的管理，即直接对所有专业咨询服务单位、施工单位、材料供应单位等进行管理。既是管理组织实施层，也是管理决策层。全咨模式下，全咨项目管理团队代替项目组“组织实施”功能，对全咨项下、非项下专业咨询单位、施工单位、材料供应单位等进行管理，决策则仍由建设方完成。

4.3 项目重难点分析及对策

4.3.1 管理策划及实施面广，多维化的管理项目建设

1. 重难点分析

深圳技术大学建设项目（一期）总建筑面积约 96 万 m^2，涉及 19 栋建筑单体，总土方量约 130 万 m^3，最大建筑高度近 98m，工程量较为庞大。且本项目涉及装配式建筑（包括混凝土结构及钢结构）、绿色三星建筑、海绵城市建设、BIM 建设等诸多新兴领域。上海建科工程咨询有限公司作为本项目的全过程工程咨询机构，需要完成项目统筹及总体管理、报批报建管理、设计管理、招标采购及合同管理、投资管理、工程

技术管理、施工管理、BIM管理、工程监理等多个方面的管理内容，相应需要管理和协调的单位包括深圳市建筑工务署、深圳市教育工程管理中心、深圳技术大学、施工总包单位、专业工程承包单位、勘察设计单位、各类专业咨询单位（含造价咨询单位、BIM咨询单位等）、材料供应商等多家参建单位（经统计累计约90家参建单位），管理内容十分广泛。加之，本项目包含了1个场地平整标、1个基础工程标、4个施工总承包标及多个专业工程和战略合作的采购包，形成了非常复杂的项目组织系统，导致本项目工程管理面广、点多、协调量大，具体体现在以下三个方面：多个建设维度的协调管理，包括公共建筑建设维度、立体空间建设维度、指标平衡控制维度等的协调管理；多个建设分层的协调管理，包括有各建筑单体建设层、校区内公共配套建设层、外部市政配套建设层等的协调管理；多个参建各方的协调管理，包括对各参建方的建设目标、建设标准、参建人员、安全文明等的协调管理。

2. 管理对策

针对上述难点，采取相应的管理对策。不同建设维度，采用不同管控手段；不同建设分层，实施不同建设方式；不同参建各方，采取统一集成管理。具体实施方式如下：

1）制定管理制度、办法及细则，实现有章可依、有规可循。编制项目群管理规程，明确单体项目与校区建设规划、建设目标、经济指标、技术参数等有关的准则；制定单项目建设与校区整体安全文明、围挡宣传、临时管网等有关的统一施工策划文件。

2）组建各项目参建方在内的联席构架，保证融洽的建设环境。形成各管理板块的工作小组（如设计管理模块、进度管理模块、投资管理模块、质量管理模块、HSE管理模块等），组建各参建方管理高层的推进小组；召开不同小组的定期例会、专题研讨、经验分享等沟通活动。

3）采用信息化管理手段，实现高效、准确的传递效果。在规章制度、沟通活动的同时，通过信息化工具（如：基于BIM技术的项目协同工作平台、质量安全监管APP等），实现快速的信息互通和问题响应机制，使各项深化活动、优化活动、策划活动、变更活动等能形成整个校区范围内的反应机制，满足校区的统一开发建设要求及需求，如装修深化设计风格、建筑防水工艺优化、工程创优策划、室外管道标高变更等事项，需要在整个校区范围内做到联动。

4.3.2 综合进度及运营需求，建设时序的规划是关键

1. 重难点分析

深圳技术大学建设项目（一期）为深圳市重大项目，为配合2019年深圳技术大学

顺利招生办学，施工总承包Ⅰ标计划于2019年8月18日前及2019年12月31日前先行交付校方，将正常情况下两年半的工期压缩为一年半。而其他所有单体均需在2020年12月31日前全部竣工交付。由此可见，本项目的进度十分紧张。另外，由于本项目规模较大，将划分成4个施工总承包标段实施建设，设计、招标采购、报批报建等工作也相应拆分成几个部分，这也无形之中增加了大量的管理工作。这些工作是否能如期完成，直接影响着施工能否如期开始，进而直接影响着本项目的竣工交付。因此，如何统筹协调各个标段的设计、招标采购、报批报建等工作，确保各个标段的相应工作能有序进行，是本项目的一大难点。

2. 管理对策

1）分析各公共建筑特点，推演各项目的建设周期。对于专项设计、专项施工、专项招标、定向加工等内容多的项目，其协调任务多，建议先行启动建设；对于体量大、功能设置复杂的项目，其建设周期长，建议先行启动建设；对于地下室体量大、基坑深的项目，遵循先深后浅的原则，建议先行启动建设。

2）依据各项目建设周期，策划配套服务建设时序。配套服务建设包括校区内及校区外的道路交通及各类能源（水、电、煤气）项目，各公共配套服务项目的设计启动时间应满足园区总体指标及功能需求，施工启动时间应满足各单体的单机调试及系统调试。

3）综合交通及场布环境，模拟校区关键过程工况。关注校区内公共交通层（下沉层、路面层、架空层）的整体策划、施工管理，建议采取统一规划、统一设计、统一施工的方法，保证各建筑单体的施工衔接可行性；关注先行项目的成品、半成品保护，充分考虑实施分阶段、工艺分阶段的建设理念。

4.3.3 质量管理目标要求高，多层次的质量控制体系

1. 重难点分析

深圳技术大学建设项目（一期）定位高，致力于精英职业教育。大学校园是大型公共设施，其质量社会关注度高。根据招标文件，鲁班奖是本工程建设的目标之一。要获得鲁班奖，意味着同时应获得广东省内建筑工程的各项奖项。工程创优目标高，对精细化质量控制工作带来了较大的挑战，需要对每个细节的质量控制严格把关，以打造精品样板工程。

2. 管理对策

1）建立多层次的质量控制网络

为确保工程质量，创精品工程，建立由全过程工程咨询单位、设计单位、施工单

位、材料供货单位等组成的多道设防的质量控制网络，环环相扣，组成了一整套质量控制网络体系。

2）制定“样板引路、方案先行”的质量方针

建立“样板引路、方案先行”的质量方针，规定每一项工程大面积施工前，必须专项施工方案编制审核完成，且先做一“样板段”，以使每一个施工人员明确该工程的施工工艺流程、质量验收标准、安全注意事项等。

3）综合考评与竞赛的奖惩激励措施

广泛开展工程质量检查和评比工作，定期组织召开质量讲评会，对工程质量评定指标进行量化考核。组织开展竞赛活动，增强建设者的质量安全意识，精心管理、精心操作，提高工程管理素质。

4.3.4　安全生产影响因素多，动态化监督管理相结合

1. 重难点分析

深圳技术大学建设项目（一期）工程规模庞大，呈现施工人员多、大型机械设备多、风险点多、施工风险高、作业过程复杂等特点（如：施工高峰阶段作业人员可能超过万人；工程桩基、塔式起重机、移动式起重机、人货电梯数量众多；深基坑开挖、高支模、大型设备吊装等高风险作业多；预应力结构、特色实验室设备组装等施工作业复杂），安全生产过程始终处于动态变化中。而且，人与机械的垂直立体交叉作业组成复杂，存在不同程度的安全风险，安保体系覆盖面广，实施安全管理难度大。

2. 管理对策

1）引入风险管理思想

项目部在日常工作中，引入风险管理思想，运用风险管理技术，加强风险识别工作，针对深基坑开挖、高大模板施工、钢结构高空吊装、幕墙构件安装、大型机械设备使用管理、群塔交叉作业、动火作业、危险品堆放、防火、防高空坠落等关键风险进行识别和分析，提出风险应对计划。

2）重点关注危大工程

同时，将重点关注危险性较大工程专项施工方案的审查和方案实施全程的监督，重视施工荷载与结构安全的关系，将安全质量标准化作为重要抓手，促进施工单位完善自身的安全管理保证体系，确保安全管理的有效性。

3）动态管理现场安全

加强对施工区域划分、材料堆放、人员管理、流动施工机械等的动态检查考核，

督促施工单位全面推进工地现场文明施工标准化管理，确保工程建设安全。

4.3.5　场地高差大挖填区域多，需综合考虑土方平衡

1. 重难点分析

项目用地局部高差约 25m，需要进行土方工程作业，根据建筑布局、道路广场而进行土方挖掘和回填作业。本项目挖方量总计约 180 万 m^3，填方量总计约 50 万 m^3，外运土方约 130 万 m^3，基本能够维持项目用地内部土方平衡。但如何做好本工程的土方平衡，对于工程的投资控制、进度控制、交通组织、场地部署等，都有着重大的意义。

2. 管理对策

1）由建设单位、全过程工程咨询单位、设计单位、施工单位等参建单位共同对本工程的土方平衡做好专题研究，制定详细的土方平衡方案（包括标高测量、开挖及回填计算、土方平衡设计、堆放及运输、质量保证、安全文明施工等内容），并且严格按此方案执行。其中，在进行土方开挖及回填计算时，可应用 BIM 技术计算土方量，以提高计算的精准度。

2）采用无人机遥感技术，对校区建设阶段的整体面貌进行动画视频追踪，频率为每周，能够实现自动化、智能化、专用化快速获取项目群形象进度信息。

3）本工程范围内场地清表、明浜清淤、暗浜开挖，将带来大量土方。如果能将该土方用于本工程的场地平整，将大大减少土方的需求量。故可将产出大量土方的施工抓紧进行，使场地开挖与回填施工有机结合，尽可能多地利用本工程开挖的土方。总之，原则是尽量使土方能够在本工程中消化，减少外运。这样，既有利于控制工程造价，又有利于工程进度的推进。

4）在进行土方调配工作时，结合当地地形及施工条件，合理设计施工顺序及运输路线，使土方施工无对流及乱流现象，同时便于机械化施工。

5）在确定施工边界的时候，结合周围地形情况与环境情况，合理科学扩大施工边界，减少施工过程中因施工边界产生的纠纷。

4.3.6　钢结构外观观感要求高，加工安装工艺把控严

1. 重难点分析

深圳技术大学建设项目（一期）体育馆、图书馆、会堂为大空间的建筑单体，这些单位工程采用大跨度结构体系且这些钢结构体系均为外露钢结构。除了钢结构本身

的安装质量及结构安全进行把控外，钢结构观感质量及加工工艺的精度控制也尤为重要。施工过程中存在钢构件质量大、构件板厚较厚、焊接和构件制作技术要求高、吊装高度高难度大、悬挑端形状复杂，结构体系受力分析困难等特点。

2. 管理对策

1）在钢结构设计中，结构形式的选型是体型效果、功能完善实现的重要保证。在项目设计阶段，应结合项目使用功能需求、项目投资特点，进行结构形式的经济与技术比选。通过技术比选及专家评选等形式，有效保证项目结构选型兼顾经济、外观、功能的优选方案。

2）在钢结构施工中，深化设计起着至关重要的作用。如预埋件的设置方法、梁柱节点的设置方法、现场连接形式、超长悬挑钢结构卸载转换施工等问题，都需要深化设计单位根据现场施工工艺、设备起吊能力、构件运输能力、现场拼接的可实施性等方面，综合考虑设计。好的深化设计可以给钢结构制作、安装带来很大便利，且容易控制质量。

3）受到构件尺寸和重量的限制以及吊装空间的影响，大型构件基本以散件运输、现场拼装的施工工艺为主。这样，现场拼接点多，作业量大，增加大量的连接节点。通过BIM建模深化，应用BIM技术，对工程钢结构的稳定性和强度、节点承载力、焊缝尺寸等进行计算分析，优化结构用钢量，实现可视化协同设计。

4）施工过程各阶段各工况仿真模拟，包括构件的起拱与预变位；结构构件的预拼装模拟；卸载过程模拟。通过仿真计算分析，能预先充分发现施工过程中的薄弱环节和重点控制部位，能直观实现对结构整个施工过程的控制，并最终保证正确的形状尺寸。

5）在结构布置上，强调钢结构及其下部支撑结构的质量、刚度分布均衡，确保结构的整体性和传力明确。优先采用空间传力体系，避免局部削弱或突变的薄弱部位；结构布置宜避免因局部削弱或突变形成薄弱部位，产生过大的内力、变形集中。

4.3.7　幕墙专业多衔接复杂，需统筹管理各界面施工

1. 重难点分析

本工程幕墙工程量大，各学院楼、综合楼、公共教学楼、会堂、图书馆等单位工程外立面围护大部分采用幕墙形式，有玻璃幕墙、石材幕墙、铝板幕墙等，可能有多家幕墙专业单位同时进行施工，多家幕墙分包的协调管理将是本工程幕墙管理工作的重点。同时，不同幕墙形式的交接处节点处理复杂，生产安装工艺复杂，施工质量控

制难度大。在既定的时间内，如何通过合理的深化设计、严密的施工组织与管理来保证幕墙工程质量和进度，是工程管理的重点与难点。

2. 管理对策

1）各单位间交叉施工应服从全咨项目部的统一协调和指挥，根据施工进度计划，做好相互工种的交叉施工配合。上道工种完工时，做好自检、互检和质检工作，并对下道工种做好交底；下道工序对上道工序做好验收记录，同时对上道完工的成品做好保护工作。

2）本工程工作量大，各工种间存在着几个施工区，各施工区又存在着几个施工段，各施工段间也存在着交叉施工配合。施工班组在施工处主任的协调下，做好交叉收口区域的施工配合，同时明确职责分工。原则上确保重点、难点，上部施工先于下部施工，结构施工先于饰面施工。关键线路工种先于非关键线路工种。

3）幕墙加工制作由于量大、精度要求高，对于加工制作的过程必须实施严格的控制手段，以便确保加工制作能够满足实际吊装的需求，实现一次吊装成形。幕墙加工制作方面，必须对以下关键点进行严格控制：对厂内制作的全过程进行旁站跟踪检查，铝型材截料前应进行校直调整，横梁、立柱的长度、端头斜度、孔位、孔距等的允许偏差必须符合规范要求，截料端头不应有加工变形，并应去除毛刺。型材构件的槽口、豁口、榫头尺寸允许偏差符合规范要求，弯加工后的构件表面应光滑，不得有皱褶、凹凸、裂纹。玻璃尺寸允许偏差符合规范要求。

4.4 招标与采购管理策划

4.4.1 策划背景

在本项目招标采购策划之初尚处于方案设计阶段，设计方案尚未确定。另外，根据本项目建设要求，2019年暑期开学之前必须完成一部分的工程建设内容移交使用单位投入教学使用，满足学校师生先期教学和生活的基本要求，余下部分计划于2020年全部移交。除预留学校一定的办公准备时间，先期交付部分须于2019年7月31日前全部完工。

4.4.2 标段划分

1. 先行交付要求（即标段Ⅰ）

使用单位、建设单位、全咨单位与设计单位等有关单位共同讨论和协商，确定将满足前期教学、食宿、就医且无地下室或仅一层地下室的建筑单体先行设计（注：此部分建筑单体设计周期相对较短）、招标和施工，以满足学校 2019 年的实际使用需求。上述各方在认真研究建筑单体功能后，决议将上述需求涉及的建筑单体确定为：

1）地块二中的公共教学与网络中心（B、C、E、F 栋），以满足先期教学要求；

2）地块三中的留学生与外籍教师综合楼、北区宿舍，以满足教师学生先期住宿要求；

3）地块三中的北区食堂、校医院，满足先期教师学生的生活和就医要求；

4）上述建设内容即为标段Ⅰ的工程建设内容，具体技术及经济指标如图 4-4 所示。

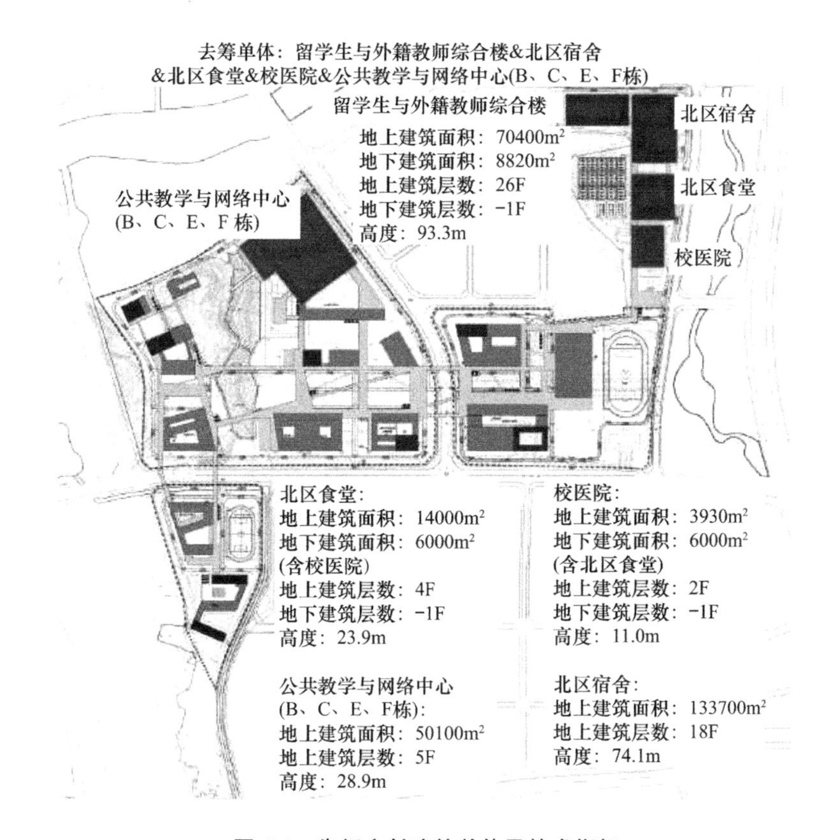

图 4-4　先行交付建筑单体及技术指标

2. 标段Ⅱ、Ⅲ、Ⅳ

因本项目建设规模大，需基于以下原则将其划分成若干个施工总承包标段：

1）统一规划，分区实施，先行交付及关键线路优先；

2）合理平衡各标段规模，以利于市场竞争；

3）力争创优；

4）合理划分合同及施工界面，以利于现场管理；

5）利用既有市政道路（兰田路、创景路）划分标段，利于施工组织；

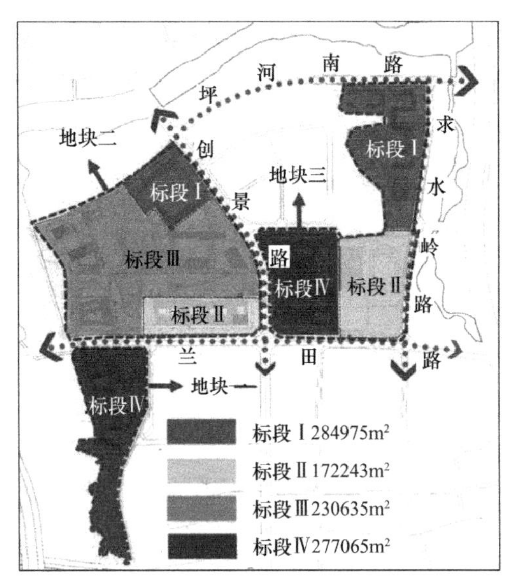

图 4-5 基于各项原则统筹划分标段示意图

基于上述原则，建设单位及全咨单位经过筹划，确定如下标段划分，如图 4-5 所示；

6）标段Ⅰ：先行交付要求，必须于 2019 年 7 月份移交学校使用，此部分内容须先行设计、招标和施工；

7）标段Ⅱ：为了体现和突出本项目的建设特点和亮点，以争取获得中国钢结构金奖、鲁班奖等含金量较高的工程奖项，建设单位及全咨单位会同设计院针对前期设计方案各建筑单体的形式特点进行分析，将跨度较大、结构较为复杂的 7 栋大数据与互联网学院、8 栋图书馆、14 栋体育馆单体单独列出作为标段Ⅱ，并将其设计为全钢结构建筑，在提升项目建设亮点的同时，响应国家及地区对于装配式建筑的呼吁；

8）标段Ⅲ、Ⅳ：利用现有市政道路兰田路及创景路将项目用地进行的天然分割，除去标段Ⅰ、Ⅱ的建设内容，尽量将同地块的工程建设内容划分为一个标段，即地块二的余下建设单位为标段Ⅲ，地块三余下的建设内容为标段Ⅳ，方便现场的交通组织，且总体四个建设规模相差不大，利于市场竞争。

4.4.3 招标总体思路

1. 对工务署现行招标采购政策的理解

目前，国内大型工程项目的施工总承包模式主要有“大总包模式”和“主体施工总承包＋专业工程平行发包”两种情形，两种模式各有优缺点。其中，“大总包模式”有利于减少管理界面，降低协调工作量，但因其对设计和招标前提条件要求相对较高（即为了达到投资控制目标，招标时需有完善的施工图纸及工程量清单）；而“主体施工总承包＋专业工程平行发包”模式则为边设计、边施工创造了条件，更有利于工程进度和投资的控制，但其管理界面相对复杂，协调工作量大。

相关文件显示，工务署内部已经形成各专业工程平行发包或纳入施工总包范围的标准化招标方案及内部审批程序，同时还有部分战略合作或批量采购的相关规定。因此，如需在本项目上采用“大总包模式”，则需要在工务署内部重新议定和批准新的工作流程。加之，其对设计和招标前提条件的高要求，将对整个项目的进度带来较大的不确定性。

另外，通过对工务署以往代建的高校类项目（包括深圳大学南校区、哈尔滨工业大学深圳校区、香港中文大学深圳校区、深圳北理莫斯科大学等）的调查了解，各项目采用的均是“主体施工总承包＋专业工程平行发包”的模式。这也从侧面印证了采用此种模式的必要性和可行性。

2. 对专业工程平行发包政策的理解

如前所述，工务署内部已经形成各专业工程平行发包或纳入施工总包范围的标准化招标方案及内部审批程序。此种专业工程平行发包模式有利于为部分重要专业工程选择更优秀或更适合的承包商，从而有利于专业工程的质量控制及现场的施工管理；同时，因平行发包的专业工程承包商直接与建设单位签订承包合同，通常可获得较施工总承包再行分包模式更理想的合同价格；另外，因各专业工程的开工时间各不相同，设计图纸和招标文件（含工程量清单）的完成时间可视各专业工程的进度计划合理安排，在缓解工期对设计出图压力的同时，也为更完善的设计和招标创造了有利条件，从而有效提升设计质量，降低施工期间工程变更的发生。

3. 对战略合作或批量采购政策的理解

针对部分专业工程（如防水工程、人防工程、电梯工程）或材料设备（如电缆、涂料等），工务署有战略合作伙伴并且与之签订了战略合作协议。此类工程或材料设备不论规模、金额大小，均由工务署直接根据战略合作协议的内容，按批量采购程序进行委托。故此类招标采购模式涉及的专业工程或材料设备均不应纳入施工总承包范围内。

1）对工程变更控制的理解

目前，工务署的施工招标工程量清单中均设置了一定比例的“招标暂列金”（一般为含税建安工程造价的5%～10%）。此项金额主要用于后期的工程变更，且工程变更总金额一般不应超过该暂列金额。因该暂列金额的计算基数是含税建安工程造价，如需严格控制工程变更的总金额，以确保实现工程投资不超概算的目标，则工程量清单需尽可能完整和准确。因此，在工期允许的情况下，不应采用模拟工程量清单或暂估价的形式进行招标；否则，在尔后与施工总包或专业承包商的重新议价过程中，业主方可能处于不利地位。

2）对校方自行采购范围的理解

学校类项目往往涉及大量的教学或实验设施、设备（如移动家具、厨房设备、分体空调、实验设备等）。这些设施、设备多数不属于工程建安费的投资范畴，而是属于开办费的投资范畴，由市财政委审批相关费用，再由校方根据有关规定自行申报和采购。具体采购范围应由校方与工程站等单位在采购前沟通确定，并且就其可能对建筑、结构和机电方面的要求，将在主体设计中综合考虑。

4. 施工招标总体思路

本项目确定的施工招标总体思路为：以运营为导向，按照“整体上去筹先行、平面上市政兼行、立体上基坑土石方先行”的总体原则，采取“基础与主体结构合并招标、主体施工总承包与专业工程平行发包相结合、主体工程施工总承包划分成若干个标段”的招标策略。

1）基坑及土石方先行

基于此严峻的进度目标，为确保本项目先行交付的进度目标及总体进度目标的实现，需在场平工程完工后尽快开展后续施工工作。考虑到设计的实际进度情况，以及雨期对基坑工程施工带来的不利影响，经各方讨论后确定，尽早将基坑土石方及边坡支护工程单独先行招标和施工。已在2018年雨期来临之前完成大部分（尤其是先行交付单体）基坑工程的施工，从而为后续施工单位（拟为桩基和主体结构施工总承包单位）创造工作面（尤其是先行交付部分）。

2）市政（校园道路）兼行

为了方便土石方及边坡支护工程、桩基和主体工程实施的现场交通组织，提升施工效率和安全文明施工形象，结合基坑布置情况及场地标高等因素，将项目现阶段可实施的部分校园道路（注：仅限于车行道并施工至混凝土层）纳入本次土石方及边坡支护工程招标范围内兼行建设。此举可同时缩短后续室外总体的施工工期，但需尽可能将地下管线设计在绿化带（或人行道）下方，以减少后期对已完工道路的挖凿。

3）先行交付先行

如前所述，为配合学校2019年的实际使用需求，拟将地块二中的公共教学与网络中心（B、C、E、F栋）和地块三中的留学生与外籍教师综合楼、北区宿舍、北区食堂、校医院等单体及室外总体所有施工内容，作为单独的一个标段先行实施。主要原因是上述单体能满足教学、食宿及就医的基本需求，且多数没有地下室或仅有一层地下室，单体结构也相对简单，施工周期应较短（其中留学生与外籍教师综合楼、北区宿舍拟采用装配式），因此具备基础及主体结构先行施工、先行交付的前提条件。

4）基础与主体结构合并招标

在本项目基坑土石方及边坡支护工程施工期间，基础及主体结构的施工图设计应能基本完成（其中，先行交付单体的施工图先行完成），工程量清单编制等招标准备工作应有较充裕的时间。因此，为减少施工界面并加速推进后续工程的施工，拟将基础与主体结构合并招标，并通过合理的施工组织穿插于基坑土石方工程的施工当中（即要求基坑土石方施工单位将主体结构工期较长的单体工作面先行交出），从而加快施工节奏，确保总进度目标的实现。

5）主体施工总承包与专业工程平行发包相结合

根据前述对工务署现行招标采购政策的理解，除部分应采用战略合作或批量采购的专业工程及材料设备外，本项目宜采用“主体施工总承包＋专业工程平行发包”模式实施施工招标。既能确保本项目进度、质量和投资目标的实现，又便于工务署及工程站根据成熟的管理流程进行管理。

4.4.4　合同包划分

根据前述施工招标总体思路，本项目的各施工合同包大致包含的工作内容，如表4-2所示。

合同包工作内容策划表　　　　**表4-2**

<table>
<tr><th>序号</th><th>招标项目</th><th>招标范围</th><th>招标内容</th><th>招标模式</th></tr>
<tr><td>1</td><td>基坑土石方及边坡支护工程</td><td>全地块</td><td>基坑土石方、边坡支护、基坑支护、校园道路、临时设施等</td><td>施工图＋工程量清单</td></tr>
<tr><td>2</td><td>施工总承包Ⅰ标</td><td>公共教学与网络中心（B、C、E、F栋）、留学生与外籍教师综合楼、北区宿舍、北区食堂、校医院等</td><td rowspan="3">总承包项：地基基础工程、建筑工程（含普通装修）、主体结构、屋面工程（不含屋面防水工程）、外立面装饰工程、给水排水工程、电气工程、消防工程（不含消防电工程）、通风空调工程、智能化工程（仅含埋管、桥架等）、室外工程（含挡墙，不含园林绿化、景观小品等）；
平行发包项：智能化、消防弱电、幕墙、精装修、景观绿化；
战略合作或批量采购：电梯、人防、外墙涂料、防水、防火门、PVC卷材地板、跑道及球场面层、电缆、变压器、洁具及钢质门</td><td>施工图＋工程量清单</td></tr>
<tr><td rowspan="2">3</td><td rowspan="2">施工总承包Ⅱ、Ⅲ、Ⅳ标</td><td rowspan="2">创意设计学院、新材料与新能源学院、学术交流中心、先进材料测试中心、大数据与互联网学院、公共教学与网络中心（A、D、G栋）、图书馆、会堂、校行政与公共服务中心综合楼、中德智能制造学院、城市交通与物流学院、体育馆、体育场、健康与环境工程学院、南区宿舍等</td><td>施工图＋工程量清单</td></tr>
<tr><td>施工图＋工程量清单</td></tr>
</table>

各总承包标段系统之间有关联的平行招标项目（如弱电等），按一个标考虑；反之，在空间和物理上无关联的平行招标项目（含战略合作），与总包标段划分一致（即划分4个标段）。

第 5 章
设计与报建管理

5.1 报建失误复盘

5.1.1 公交首末站事项总结

1. 背景分析

深圳技术大学建设项目（一期）项目投资数额大，建筑规模大，建设持续时间长，区域性的影响也较大。为保证本项目顺利落地，根据《深规土坪函〔2017〕912 号》坪山规土委依职权主动启动用地法定图则个案调整工作，其中将［竹坑地区］09-07，面积为 4200m^2 的地块由公交场站用地调整为教育设施用地。应坪山规土委托坪山区规划国土事务中心编制的《坪山区深圳技术大学交通影响评价》要求，须在本项目参照原公交场站用地规模配建交首末站。2019 年 12 月，启动公交首末站方案申报，需要申报至深圳市交通运输局，12 月准备材料报文，2020 年 6 月取得批复。多次反复与交委沟通，交委提出新需求且其内部审批流程繁杂，导致审批时间延后，影响项目顺利实施，造成工期延误。

2. 具体做法

最初申报时，市交通运输局提出较多问题，工作人员积极加强与市交通运输局协审中心沟通，技术人员配合解决问题。其中，市交通运输局经审查，主要提出意见为以下：

1）建议站内车辆运营区净高增加至不小于 4.8m。

处理结果：经校方去函，项目组领导沟通，由于场地内各项工程施工已全面展开，已不具备调整条件，站内车辆运营区净高需保持原设计净高 3.8m。并且，得到市交通运输局的支持与理解。

2）根据审查单位意见优化站务用房与车辆运营区面积比例，调整蓄车位，夜间蓄车位数量。

3）利用 Autoturn 软件，优化公交车行车轨迹。

3. 总结提升

本项目分为若干子项目同时进行，在行政审批上审批文件多，涉及部门多，审批文件之间的衔接较多，因而行政审批时间长短很难控制；如果在项目群计划阶段不严格控制行政审批的时间，很有可能会影响项目群顺利实施，造成工期延误。因此，为了保证项目报批报建管理工作的有序进行，将按照以下思路开展工作：需求收集一分析理解一形成计划一执行计划一监督反馈。

加强方案阶段与各个部门的沟通，把问题放在前期解决。解决问题时，多方途径同步进行，避免浪费时间。及时了解政府部门的审批动态，政府改革影响项目报批报建计划变动较大，区级报建系统未能及时更新，未与市级报建系统同步，导致部分报建事项停滞不前，影响项目推进；流程先后顺序有所变动，报建部门部分调整，以至影响项目报批报建计划编排。目前，仍有部分部门在改革中。项目管理团队需要随时掌握深圳市以及坪山区的行政审批流程的改革动向，并熟悉各行政审批部门新印发的文件，减少政府改革因素对项目报批报建工作的影响，确保项目报批报建工作按期完成。

积极参加政府各项审批事宜的培训，及时掌握报建动态。作为报批报建工作人员，既需要与政府部门人员沟通，也需要协调各参建部门，从项目立项到项目结束需经常与政府部门人员保持联系，掌握充足的政府资源，以便报建工作在必要时可以请审批人员开通绿色通道。

5.1.2 *DN*800 污水管迁改复盘

1. 背景分析

田头河污水干管（技术大学段）位于深圳技术大学建设项目（一期）红线范围内，穿越北区食堂和校医院等建筑单体，管径 *DN*800。该干管在项目管线物探等前期资料中均未反映，且在项目报建时，政府部门提供的资料中亦无此管道信息，属于未知地下管线。本项目在组织桩基施工时，该污水干管被破坏，引起上游沿河截污管堵塞，污水溢流至河道，生态环境受到影响。

2. 具体做法

工程站项目组充分认识到生态环境是民生基础，社会责任重大，立即组建应急工程管理小组，紧急开展污水干管迁改工作。为保证迁改工作顺利，本次污水干管迁改仍在红线范围内进行。综合多种不利因素，制定了“分段策划”“分段交付”“快速通水”的总体实施策略。2018年10月19日，组织污水干管迁改工作第一次专家咨询会，*DN*800截污管采用钢筋混凝土污水管，上、下游均连接现状田头河*DN*800沿河污水管，连接处均设检查井。第一次迁改施工区段约140m，截污管基坑东侧离现状*DN*300中压燃气管最近仅2m，沿线地层主要为填土、粉质黏土、卵石及强风化泥质粉砂岩。截污管采用明挖铺管方案，基坑深度6～8m，设计采用ϕ600高压旋喷桩+ϕ160钢管微型桩支护。

2018年10月25日，组织污水干管迁改工作第二次专家咨询会，确定污水干管迁改第一段（C28～C30段）使用拉森钢板桩先行施工，C26～C28段因距离燃气管仅1.5m，基坑采用钢板桩支护方案有一定风险，专家建议采用顶管施工。同日，坪山区副区长主持召开了污水干管（技术大学段）迁改方案汇报会，原则同意了此次污水干管迁改分段实施的方案，同意本次污水干管迁改施工单位为中建一局发展，迁改费用纳入技术大学建设费用中，并要求第一段（C28～C30段）迁改工作须于2018年11月30日前完成并顺利通水。2018年11月16日，领导视察现场施工进度后，要求第一段迁改工作须提前于2018年11月23日中午前通水。最终，在2018年11月22日，第一段迁改工程顺利完成并通水。

3. 总结提升

本项目占地面积大，红线内外各类市政管线繁多，有中压燃气管道、10kV高压电缆，也有大量的市政消防管、市政给水排水管等。针对此情况，应在前期做好充分的勘察工作，并与相关部门提前沟通，确认管线是否可废除、可迁移，或必须采取保护措施等。这些因素都会对后期的设计、施工组织方案等有相当深远的重大影响。

田头河污水干管在项目前期属于完全无人知晓的状态，导致施工期间直接打爆。究其原因，一方面物探人员不够细致，遗漏了地块内管径如此大的污水干管的测绘；另一方面，前期收集项目管线资料方面还需进一步加强。据悉，此管道一直未正式移交水务局，故正式市政管线资料中并不包含，但是在区位相关的一些零碎管线施工图中却有体现，但水务局此区域前后两任负责人在交接资料时遗漏了该图纸，最终导致了此事故的出现。

在今后的大型项目前期，应尽可能多部门、多途径获取项目内及项目周边的市政管线资料，勘察单位应加强责任心，建议增加一定的惩罚制度，迫使物探人员提高自己物探成果的准确性和全面性。为设计、为项目决策提供一个相对可靠、准确的依据。管线应迁改的尽早完成迁改，该保护的在施工过程中一定要有相应的保护措施，避免此类事故的重演。

5.1.3　田头农庄雨水提升泵站

1. 背景分析

本项目场平阶段前期，在地块三红线范围内发现有用途不明的排水渠道。经向各相关部门征询、收集资料并现场实地踏勘发现，竹岭三路西段红线范围外市政雨水在马鞍岭村村口处排入此渠道。途经渠道后，流入竹岭三路东段红线范围内雨水管并最终排入求水岭路。因建设需求，红线范围内所有渠道及市政管线基本均需要全部废除，故项目组于 2017 年 8 月 25 日去函坪山区水务局，征询如何处置以上设施。2017 年 9 月 11 日，水务局回函要求项目组迁改此排洪渠。后经项目组联合各参建单位谨慎探讨多轮后决定，于马鞍岭村村口新建雨水提升泵站，将上游市政雨水均提升抽排至下游，绕开原排水渠及需废除的雨水管。

2. 具体做法

根据水务局批复意见，项目组进一步收集了竹岭三路上游市政雨水的相关资料，如汇水面积、现状雨水管管径、埋深等。作为设计资料提资设计院后，经过多轮的设计优化，最终于 2018 年 6 月设计院出具了雨水提升泵站及需配套新建的雨水管道最终变更图纸。

相关单位在收到变更图纸后，对新建此雨水提升泵站顾虑重重，迟迟未有明确的施工方案。故 2018 年 7 月 17 日，监理组织参建各方召开雨水提升泵站变更洽商会，会上有单位认为雨水提升泵站费时、费力，对泵站后期的运行维护及迁改问题表示担忧，不建议增设，希望能找出可行的其他处置方案。同时，建议临时雨水管起端改为接至竹岭一路地势较高处的市政雨水井，与下游排出口形成较高的高差，为直接重力流排走竹岭一路市政雨水创造条件。

会上各方针对所提建议进行了全方位的讨论认为，此方案等同于新建的临时雨水管起端以管中心约 32.85m 标高直接接入目前马鞍岭路 2Y114 雨水井（井底标高 29.35m，地面标高 34.02m），即采用溢流排水将雨水排至求水岭路。此方案避免了新建临时雨水提升泵站，也可顺利将竹岭三路上游雨水引流排至求水岭路。同样，作为临时措施，可达成一样的排水效果。各方均认为基本可行，原则上同意按此方案执行。后又提交了采用溢流排水的方案联系单和方案图，深化后现场予以实施。而后，马鞍岭村村口市政雨水排水问题得到妥善解决，2018 年及 2019 年雨季此处均未有过大面积积水。2020 年上半年，水务局相关工作人员向项目组反映，表示项目组未按照 2017 年水务局的批复意见新建临时雨水提升泵站，需抓紧补建。但作为临时排水措施，本着以尽量少的资金解决问题的原则，项目组认为无需再新建临时泵站，双方意见不一。后经商讨会议决定，水务局需结合马鞍岭片区正本清源的规划需求，出具此临时泵站的技术方案及图纸，由技术大学项目施工单位负责实施。待技术大学项目全面竣工后，此泵站交由水务局运维管理。

2020 年 5 月 28 日，项目组应水务局委托的技术服务单位市政院的要求，在项目现场召开专题会，讨论马鞍岭村村口雨水提升泵站的设计及施工方案。市政院认为采用玻璃钢外壳的一体化泵站整体实施较省心，较紧凑，节约占地，安装快速，调试时间短，地表基本没有大型构筑物。若采用钢筋混凝土结构外壳加自采购水泵，抗渗较难，安装调试费时、费力，后续运营维护相对麻烦。据了解，一体化泵站目前工艺成熟，采用已很广泛。

3. 总结提升

本项目占地面积大，红线内排水渠道及各类市政管线繁多，接收场地之初，诸多复杂的地表情况并未捋顺，导致场平阶段遭遇重重困难。其中，地块一及地块三均存在排水渠道迁改。原始渠道均承担了周边村子的污水及雨水排水功能，直接废除势必引起民生问题，影响重大。故制定妥善而经济、后期又不影响项目施工的解决方案，是对项目组的重大考验。

回望事情的整个心路历程，在商讨解决方案之初，各方可以突破常规思维，认识到此方案是临时方案，不管是材料、做法、施工工艺及施工措施，都应按照“临时”二字涉及使用年限和使用工况做有针对性的调整优化及设计。在此情境下，诸多永久设施无法采用的做法或许均可尝试，如此在满足安全性的前提下，经济性也可得到较好的兼顾。

5.2 回填土变更分析

5.2.1 背景分析

本项目施工总承包Ⅱ、Ⅲ、Ⅳ标段原设计地下室顶板回填层平均深度约为 1.35m，考虑到轻质混凝土表观密度低、强度高，而且可采用管路泵送的方式现浇，可在狭小的空间浇筑，自流平、自硬化，无需碾压或振捣，无需汽车运输，具有良好的施工性能，故原设计地下室顶板室内区域均采用轻质混凝土回填。但轻质混凝土成本较高，且结合已交付使用的项目经验，大体量的轻质混凝土回填容易形成海绵体蓄水，造成强度下降，埋下质量隐患。为确保本项目各区域的回填材料合理、经济、耐用，工程站及管理公司组织各参建单位进行地下室顶板回填方案讨论会，优化原设计回填方案。

5.2.2　具体做法

一般建设项目地下室顶板回填通常采用普通覆土回填，但普通覆土回填对夯实度要求较高，需进行反复夯实才可到达设计要求。若夯实度不足，易产生不均匀沉降，造成地面开裂。为尽量避免上述问题，参建各方提出可对普通覆土回填进行改性处理（如掺石灰、砂石等），并由设计单位对改性土提出要求如下：压实系数不小于93%，最大表观密度不超过2g/cm^3。同时，为确保改性土能够满足设计要求，工程站及管理公司要求施工单位根据上述要求提出回填土改性方案，并于现场实施样板进行检测。

2020年7月10日，施工单位完成改性回填土样板的检测试验，提供的方案为普通覆土掺15%的生石灰并分层夯实。

报告显示其改性回填土的压实系数最小为93.7%，最大湿密度为1.91/cm^3，满足设计要求。改性土方案经试验证明能够满足设计要求，原设计轻质混凝土回填修改为改性土回填，不仅能够节约大量造价，也能避免普通覆土回填易发生沉降的问题。

方案验证后，设计院出具各个标段相关的设计变更。原设计人防地下室顶板室内区域均采用轻质混凝土回填，总回填量约为90140.65m^3，总造价约为5321万元，变更后共减少金额1246万。

5.2.3　总结提升

本项目占地面积大，学校人员众多，导致人防地下工程量大，而人防地下室有覆土要求，导致项目覆土量很大，费用巨大。针对此情况，应在前期做好充分的勘察工作，做好土方平衡计算，确认土方外运量，哪些土方能场内周转。建议对于大型场地，必须建立细致的三维模型，精确计算土方体积。这些都会对后期的设计、施工组织方案、投资控制等有重大影响。

技术大学项目组本着实事求是、勇于探索的精神，领导各参建方，就施工中遇到的问题进行深入探讨，多次召开技术讨论会，并对讨论的方案进行试验验证，形成技术成果。

在今后的大型项目管理中，应积极推动技术方案论证，并加以实践检验。整合参建单位的资源力量，发挥各自的技术优势。

5.3 精装修灯具修改

5.3.1 背景分析

本项目精装修范围包括公共走道、教室、办公室、图书馆、实验室、报告厅、体育馆等，功能种类较多，各功能房间布置特点不同，对灯具照明的要求也各有差异。所以，本项目精装修范围内的灯具照明设计工作较为烦琐、复杂。而且，本项目有6家精装修单位，其采购的灯具厂家各不相同，灯具参数、形式、深化设计各有不同。本着样板先行的原则，各精装单位在不同的功能房间均按照模拟照明设计、样板间试行，实测照度数据的流程进行深化设计和施工。在样板间完成验收时，经过实测照度数据，发现实测照度数据与原照明设计值存在差距，部分房间照度过高或过低，部分房间灯具布置与风口、喷淋等冲突。项目组多次组织设计院、精装修施工单位、灯具厂家进行讨论，复核，调整相关图纸。

5.3.2 具体做法

本项目教室、办公室、实验室、走道等区域，同一类型的房间较多，但各栋精装修单位不同。为保证同一功能房间，灯具布置统一，本项目从设计、施工、验收各阶段都严格把控。

1. 从设计源头把控质量

在进行室内照明的设计时，设计院考虑以下几方面的因素：

1）光照环境质量因素。合理控制光照度，使工作面照度达到规定的要求，避免光线过强和照度不足两个极端。

2）体验舒适度因素。灯具的布置、颜色等与室内装修相互协调，室内空间布局，家具陈设与照明系统相互融合，同时考虑照明效果对视觉工作者造成的心理反应以及在构图、色彩、空间感、明暗、动静以及方向性等方面是否达到视觉上的满意、舒适和愉悦。

3）经济管理因素。考虑照明系统的投资和运行费用，以及是否符合照明节能的要求和规定，考虑设备系统管理维护的便利性，以保证照明系统正常、高效运行。

2. 强调深化设计

项目组组织各精装修承包商召开灯具照明专题会议，提出深化设计要求。

3. 设备选型参数

需满足设计要求，提供照度计算书。

4. 各灯具厂家进行软件照明模拟，复核设计参数是否满足规范要求

如与规范有出入，需反馈设计院进行调整。灯具与其他专业设备（如烟感、喷淋头、风口等）综合布置，做到美观、统一。为节省造价及后期维护方便，灯具选用非定制产品。

1）样板先行。每栋各功能房间均选一间作为样板间，样板间要做到完全和交付标准一致，包括吊顶、墙面、地板等。只有这样才能反映最终的效果，达到样板先行的目的。

2）项目组组织设计、监理、精装修单位、灯具厂家、管理公司对样板间进行验收，对不符合要求的，查原因，分清责任，落实整改。样板间合格后方可进行大面积的施工，避免造成大面积返工。

5.3.3　总结提升

本项目虽然提前制定了严格的灯具设计与施工制度、流程，但在实施过程中仍然出现了许多问题，设计院仍有大量的灯具修改变更，精装修单位也出现了返工现象。项目组总结经验教训，有以下几方面需改进，在往后的项目中引以为戒。

1. 设计各专业之间配合度不够

室内装饰设计专业过于追求整体效果，在灯具选型中没有与电气工程师深度沟通，造成照度过高或过低。室内装饰设计师需要综合各专业的图纸，与各专业设计师反复沟通，确保最终图纸既能满足各专业规范要求，又达到整体装饰效果。

2. 施工缺乏整体组织协调

施工管理需协调空调、灯具、喷淋、烟感等各家施工单位，明确施工先后顺序，合理组织工序，规划施工工期。

5.4　实验室空调与通风变更

5.4.1　背景分析

本项目作为理工科大学，其教学及科研工作对实验室的需求强烈，实验室的硬件水平必须满足一流大学的水平，故各种专业实验室是本项目的必选项。而各种专业的实验室，其对建筑布置、载荷需求、用电需求、用水需求、温度需求、湿度需求、空气洁净度需求、特种气体需求等均不一致。且各个技术课题对实验室工艺也有相应的

技术要求，导致实验室的建设需要按相应的工艺需求进行。技术大学立项初期，学校教学团队没有全部落实，导致部分实验室工艺需求无法一一确认，后期经实验室工艺咨询团队介入，确认了相关的工艺参数，但此时施工图已经完成，项目已经开始施工，导致了实验室产生大额的变更。以空调与通风专业为例，4 栋新材料新能源学院的暖通变更：暖修—4-012，变更金额为 397 万元；6 栋先进材料测试中心的暖通变更：暖修—6-001，变更金额为 398 万元；12 栋城市交通与物流学院的暖通变更：暖修—12-006，变更金额为 469 万元；13 栋中德智能制造学院的暖通变更：暖修—13-009，变更金额为 187 万元；实验室暖通四个大额变更合计金额 1451 万元。

5.4.2 具体做法

工程站项目组充分认识到实验室在技术大学项目建设中的重要性，在项目初期与学校领导进行了充分的沟通，双方达成了重点实验室的建设移交标准，形成文件《深圳技术大学（筹）关于我校一期建设项目装修及设备投资界面划分的函》。

本项目的实验室集中于 2 栋、3 栋、4 栋、6 栋、12 栋、13 栋单体建筑内，分别对应施工总承包 3 标和 4 标。在 3 标、4 标总承包开始施工期间，为了保证项目建设后，建筑内各个功能更贴近实际使用需求，工程站于 2018 年 10 月和 2019 年 3 月公开招标了 3 家实验室工艺咨询单位，分别为深圳甲骨文智慧实验室建设有限公司（以下简称甲骨文）、深圳市华测实验室技术服务有限公司（以下简称华测）和中国科学院上海光学精密机械研究所（简称光机所）。其中，光机所负责 6 栋实验室咨询工作，华测负责 12 栋发动机实验室咨询工作，其余实验室均为甲骨文咨询范围，并于 2019 年 9 月出具实验室工艺参数手册形成咨询文件成果。在此期间，学校陆续完善了师资力量，同时在实验室咨询沟通期间，学校老师们也更清晰、更准确地提出自己的需求，并陆续通过邮件、来函、会议纪要等形式反馈给项目组。设计根据相关的反馈信息对招标施工图纸做出相应调整，并发出预变更。

其中，4 栋新材料新能源学院根据学校来函，对部分楼层的建筑布局及设备工艺进行调整，暖通专业变更“暖修—4-012”，变更主要内容是调整新风空调参数，调整空调新风管、水管布置，调整工艺排风设备参数，调整工艺排风风管布置。变更初期，总包估算金额较大，估算金额超过 500 万元。后经各方沟通，在满足实验需求的前提下，将大部分不锈钢工艺排风管改为 PP 风管，最后变更金额确定为 397 万元。

6 栋先进材料测试中心为技术大学最先进的实验室，规格要求最高。学校在光机所的咨询报告基础上，提出了更高的要求。6 栋建筑由此方案一直未得到确认，导致其基坑施工后项目处于停滞状态，到开工时间延后至 2021 年 3 月方案才得到校方明确，4 月施工图纸重新通过三审审查。由此，暖通专业产生变更“暖修－6-001”，变更的主要内容为调整制冷主机数量及形式，跟随建筑布局调整修改空调末端等。

12 栋城市交通与物流学院发动机实验室，进行施工图设计时，学校老师参考了汽车工厂的实验室，进行了提资后又对实验室的参数进行了更深一步的细化，同时也简化了一部分内容。根据咨询报告，设计变更后，调整了空调主机等设备容量参数，调整了排风排烟系统的布置。

13 栋中德智能制造学院的暖通变更“暖修－13-009”，最大的变化是根据咨询报告，其实验室为恒温恒湿洁净室，同时有空调冷冻水及热水的需求，故将单冷主机改为冷热水主机。同时，空调水系统由两管改为四管，相应增加膨胀水箱等设备。

5.4.3　总结提升

本项目实验室面积占比地较大，实验室需求繁多，由于客观原因前期需求并不一定都能一一落实。这会对后期的设计、施工组织方案、投资控制等有着相当深远的重大影响。

从以上四个实验室空调与通风变更来看，变更主要来自于两个方面：一是学校来函要求变更；二是根据实验室工艺咨询报告调整设计。其归根结底都是实验室使用需求变动引起的。我们根据本项目的经验教训，认为应该从三个阶段对其进行控制。一是前期阶段，包括可研立项、方案设计、初步设计、施工图设计等阶段，实验室工艺需求应该尽早明确，越早越好。如学校因师资力量等原因无法明确，应该尽早完成实验室工艺咨询单位招标，设计单位与咨询单位密切配合，将实验室的施工图进行最大程度的完善，减少后面发生变更的情况。二是施工阶段，如迫不得已产生变更，则需协调各方通力合作，在各个变动方案中寻找最优解，如前文中提到的 4 栋变更，在满足使用需求的前提下，将不锈钢工艺排风管改为 PP 风管，既满足设计要求，同时也降低造价。三是项目后期，应认真总结经验，不单单是单个项目进行总结，应对相同类型项目进行归类总结，得出实验室建造的经验教训，为后面科教类建筑项目作出正确指引。

5.5　精装修预留点位前期统筹

5.5.1　背景分析

本项目位于深圳市坪山新区石井、田头片区，项目占地面积广，楼栋多，主要包含有教学楼、宿舍楼、办公楼、实验楼、食堂、校园、图书馆、体育馆、公交首末站等功能。

本项目施工单位众多，标段划分也比较细，共计四家施工总承包单位、两家智能化施工单位、一家消防弱电施工单位以及装饰、园林景观、幕墙等专业施工单位，由此带来的管理难度提升。

5.5.2 具体做法

本项目工程主要包含有教学楼、宿舍楼、食堂、校医院等几大功能主体建筑，于2017年下半年开工建设。建设初期，由于装修工程是在施工总承包单位施工后期进场，前期机电各专业如喷淋、风口、强弱电信息插座、消防报警探测器等的管路预埋已基本完成，后期精装修图根据使用单位的需求也在陆续调整图纸，最终导致了各专业不同程度的调整，对已预埋完成的点位产生了一系列的变动。

针对此类情况，项目组及时采取了一系列措施，比如及时组织专题会讨论机电各类点位的统一排布及制定原则，制定样板间，督促精装修施工单位深化点位图，最终建设方组织各参建方会审签字，交至现场执行等。

5.5.3 总结提升

说起机电点位图，其实与综合顶棚图是异曲同工的，都是机电设备末端在装饰面上的体现，出现在吊顶面上的便是综合顶棚图，在立面、家具及地坪上的就是机电点位图了。所有点位要有安装方式说明，要有定位尺寸标注、高度标注。

机电点位图基本都与电气（含弱电）、喷淋、消火栓、风口、消防等设计有关，但电气（含弱电）内容很多。在这里，我要把电气和消防分开说，因为消防内容是很重要的，从设计到施工又都是相对独立的。而电气又分为强电和弱电。通俗理解，强电就是可致人死亡的220V电源。从专业方面区分，一般电压在36V以上则为强电；弱电，通常的概念就是信息接口之类的，或者36V以下的信号接口电源才称为安全电压。但时至今日，弱电的内容早已被拓展到可以自立门户的地步了，本次针对此类情况也需要单独分析。

以下需要总结的内容分六块——强电、弱电、消防、喷淋、消火栓、风口（含面板）。

1. 强电

强电内容说多不多，说少也不少，主要就是插座、预留电源、开关、配电箱。其中，插座和预留电源是根据功能放置的，需要注意的就是要充分了解项目的设备提资和需求，最好要有相应的设备选型表。如果没有选型，提出需求也行。

举个简单点的例子，有个售楼处的吧台，虽然饰面、样式都已经有了，但还要跟甲方确认吧台上需要放哪些设备、咖啡机、制冰机、软饮机、小冰箱、电磁炉、洗碗机、饮水机、搅拌机、封盖机等。根据设备使用及放置的不同，合理地在图上标注出相应高度及定位尺寸。在此基础上再加一两个备用的。设备尺寸要根据确定的选型预留空间，相应的电源也要根据设备说明预留到准确的位置，便于总包施工时统一规划预留。

假如前期此类设备无法明确但又需要出具施工图，那么就需要设计师根据常规进行各项插座及电源的预留。所预留的点位原则上尽量是在就近的墙面上。需要注意的是，不能全部集中在一处预留，要根据墙面情况合理地均匀设置。这样，即便后期精装修时确定下来各类设备，前期的预留也不会有太多变化；反之，则会大量修改。

2. 弱电

弱电即现在所统称的“智能化系统”。智能化系统的内容很多，比如门禁系统、监控系统、多媒体系统、会议系统、计算机网络系统、BA 系统、抄表系统、停车场管理系统等。项目不同，所选择的系统也有差异。这其中各个系统的末端均会涉及大量的点位预留、预埋工作，而且大部分末端点位还需要同时设置电源插座。这些大量地体现在有办公需求的点位。

3. 视频监控系统

视频监控系统在每个项目都会遇到，因为它是建筑物或管理建筑物的一个重要的技防手段。有了它，我们坐在监控室就可以全面了解所监控范围的一切情况，有些建筑物构造奇特，所设置的监控点位就会很多。有些没有经验的设计师，就会在平面图上设置一堆各种各样的摄像机，这完全是不合理的。设置摄像机，首先需要了解摄像机的功能，最主要是覆盖角度、光照度需求、像素、监控距离等主要参数。只有了解清楚摄像机性能后，才会正确地在平面图上合理的位置布置摄像机。

在摄像机布置时，要清楚地知道这个位置是吊装、挂墙装还是吸顶装，甚至有可能还需要采用立杆安装。只有图上表达清楚了，后期施工的变更才会减少。以及后期根据精装修图调整时，也不会出现大面积变动，这样就对前期总包所做工作基本上没有大的返工作业。

4. 网络系统

本系统是建筑物的核心，承载着各种系统。本次主要以计算机网络系统类介绍总结，与我们联系最紧密的就是我们经常用的办公网络了。每台电脑均需要一个网络点位，也是每个项目都必须要有的最基础设施。但是，末端点位的布置，往往会给设计师带来多次的调整，也会给总包单位带来不断的返工作业。怎样避免反复调整，不光是设计师要考虑的，也是作为项目管理者要重点思考和沟通的环节。

每一个项目，往往是总包单位会在前面，所以施工图也是在总包单位招标的时候要先有。一旦总包进场，基础完工后，基本上就会对相应点位的管路进行一边预埋一边起楼层了。有些设计图纸前期在没有明确需求的情况下，基本都是在每个房间里面集中预留一堆点位；后期又根据精装修家具布置图分散设置，导致前期总包大部分的预埋管废掉重做。作为项目管理者，关于各个房间内点位设置情况，前期一定要与使用单位沟通清楚，确定好一个原则。严禁设计师在图中集中预留点位，必须在四周墙面均匀布置；同时，还需要配置电源，图上要标注安装方式及高度。如墙面安装不了的，可以考虑在进门的左右靠墙的地面处设计地面插座。总之，坚决不能集中预留点位。

当遇上大空间的办公场所，前期该如何考虑预留？这也是一个比较麻烦的事情。根据经验，建议按照办公家具布局要求（人均办公面积 5m^2 考虑），进行均匀布置。地面首选采用小型电缆槽敷设，在预设的卡位处预留管孔外露 0.15m。电源与网络管槽分开。这样，可避免后期家具布置上后没有办法走管的局面。

5. 消防

本系统包含消防电和消防水，与精装修联系最紧密的有报警探测器、声光报警器、火灾手动报警、疏散指示和逃生标志、防火卷帘控制盒、排烟风口及普通风口、喷淋头、手动执行机构、消火栓箱等。大部分项目对诸如此类的点位的重视度不够，导致精装修完成后，墙面的设备安装位置不统一，顶棚的风口位置怪异、喷淋头有些被挡住或者是没办法做而导致大面积调整等一系列变更。

其中，影响最大的就是喷淋头、消火栓箱和风口。因此，前期校审图纸环节一定要注意，图中此类点位的表达一定要清楚。后期配合精装修调整时，机电各专业间也需要及时提资，保证各专业出图同步，避免现场施工出现图纸与现场不符的情况。

关于现场施工的统筹，吊顶及墙面所有点位均要强制定位，防止因点位偏移，影响整体效果。所有风口、检修口均需要采取加固措施，防止后期因维修上人造成开裂。所有开孔、开洞尺寸及位置均需要现场二次确认后实施。所有面层厚度需经二次确认后进行基层施工。开关、插座、灯位盒必须严格按照设计图纸和规范来定位。开关、插座、信息点位测量定位为三个方面，即平面位置、高度、与墙面凹凸距离。同一墙面的箱盒应标高一致。同一房间内的高度不得大于5mm，门边的各类开关一般应在开门的一侧。

5.6　7栋种植屋面做法修改

5.6.1　背景分析

本项目7栋屋面原招标图为种植屋面，草坪种植面积约5132m^2。此部分由室外景观工程完成。后面，根据各方意见，取消种植屋面改为瓷砖铺贴。并且，施工界面由室外景观承包商改为精装修承包商施工完成。此变更费用为49万元。

5.6.2　变更原因分析及具体做法

招标文件中，施工总承包单位与景观绿化施工单位的屋面施工界面为：铺装为总承包单位施工，绿化种植由绿化施工单位完成。表面上看，施工界面很清晰，但却忽略了种植屋面也有部分铺装走道做法及碎石层做法。由于此部分施工界面在招标文件及设计图纸中均未明确说明，各承包商对铺装面以下的回填基层、碎石层的施工界面产生争执。

因工期原因，塔式起重机已经拆除，运输材料十分困难，成本较高，各承包商均不愿意承担7栋屋顶的种植屋面施工。后经各方召开专题会议讨论，设计复核后，决定取消种植回填的做法。直接改为瓷砖铺装，既节约了造价，也避免因界面不清而导致的各承包商之间的界面争执。

5.6.3　总结提升

施工过程中，工程项目的建设往往由多个分包商共同参与，各分包商之间的界面划分及界面澄清是施工管理中的重点。总包与平行分包应互相协调、合作。在编写招标文件时，对分工界面的描述需严谨、全面。施工界面的优质划分体现了整个项目管理团队的综合能力，是总承包管理模式成熟与否的突出表现点。

各承包商进场后需尽快了解图纸，对分工界面不明确的地方提出疑问，上报问题；各承包商需积极了解现场进度，对设备、材料运输尽早安排进度计划。总承包商需起到大总包的责任和义务，积极协调各家的进度，并在工序上协调不同的分包单位。

5.7 14栋防火玻璃经验教训

5.7.1 背景分析

14栋体育馆位于深圳技术大学建设项目（一期）地块三范围内，求水岭路西侧，建筑内有篮球场、羽毛球场、游泳池、乒乓球场等众多室内运动场所，是学校教职工主要的运动场所。其外形美观，是整个校园的亮点之一。

本项目在提交消防设计审查时，消防设计审查部门对体育馆通道两侧幕墙玻璃提出异议。认定通道为人员疏散的主要路线，通道两侧的幕墙玻璃应为防火玻璃。经多次沟通后，设计院按审查意见调整了幕墙玻璃的设计。

5.7.2 具体做法

工程站项目组充分认识到消防安全的重要性，在负责人的带领下，多次到市住房城乡建设局消防设计审查部门进行沟通。在获得消防审查的意见后，第一时间召集参建各方，翻查招标图、施工图，听取设计院的设计意图，对审查意见进行解读。审查意见提出的部位为14栋G～H轴走道，该走道宽11m，为两层通高。二层楼板上有多个采光井，采光井面积约为走道面积的三分之一，设计认为该走道应为室外空间。

由于走道两侧均有房间，而且走道作为消防疏散的主要线路，采光井投影面积也未足够大，故应定义为内走道，走道两侧的玻璃需按相关规范，满足防火要求设置。

因该处结构施工已完成，调整采光井面积已经不可能。为保证项目工作顺利开展，项目组多次召集各方组织设计专题会议，提出修改方案。在综合对比多种修改方案后，本着安全优先、经济实用的原则，确定了最终的设计修改方案，并于2019年9月得到相关部门的认可。由于原设计为大面积玻璃幕墙，若全部改为防火玻璃，变动面积较大，造价较高。故将整面玻璃幕墙改为竖条形幕墙，减少玻璃幕墙及防火玻璃面积。

经优化方案后，需要增加的防火玻璃大量减少，变更最后增加了40万元造价，大幅少于预期。

5.7.3 总结提升

本次设计变更，是由于设计人员对规范条文未细致入微地了解，导致产生该处的设计失误。而设计图纸经三审单位、咨询单位、总承包单位审图后，仍未发现。本项目各个单体建筑有大量的幕墙工程，室内通道也存在大量玻璃窗，防火玻璃使用量特别大，工程造价占比较高。针对此情况，应在前期做好充分的考虑。在保证设计效果时，应减少使用防火玻璃，并应与相关部门提前沟通，确认方案是否满足消防等规范要求，减少后期设计变动，降低工程造价控制的风险。

在今后的大型项目前期，施工图设计招标应考虑有丰富经验、有责任心、实力强的设计院。在设计过程中，应尽可能与各个相关部门提前沟通，多途径获取项目内各方的意见，及时修正调整方案，减少失误。并根据工务署相关的惩罚制度，迫使设计人员提高自己设计成果的准确性和全面性，为设计、为项目提供一份可靠、准确的成果。

第6章
工程现场管理

6.1 质量、安全、进度的全面统筹

6.1.1 进度管理

深圳技术大学建设项目（一期）具有规模庞大、工程结构与工艺技术复杂、建设周期长及参建单位多等项目特点。因此，该项目建设工程的进度受到了诸多场内外因素的影响，从而使进度管控的难度极大增加。基于对本项目管理服务内容的理解，上海建科工程咨询有限公司携深圳市建筑科学研究院股份有限公司组成联合体，强强合作，共同推进管理项目建设进度，解决项目建设过程中遇到的各项问题。

进度管理包括为确保项目按期完成所必需的所有工作过程：确定项目目标、明确组织分工、分析工作问题、调整进度规划、控制项目进度、沟通各方单位。主要意义体现在对设计管理、工程标段、工程界面划分、材料品牌库选定及招标文件编制等方面的技术支撑作用，体现集成效应，溢出经济效益。进度管理的关键在于在满足质量、安全要求的前提下，达成合同关键日期的进度目标，从而使项目各部分逐步有序交付。

为了实现项目总体逐步按时竣工交付的进度目标，经过不断的探索与实践，上海建科管理团队总结了一套卓有成效的进度管控方法。确定进度管理总体目标及节点目标，编制项目进度计划及控制措施，分析影响进度的主要因素，对进度计划的实施进行检查和调整。

1. 管理要点

在明确项目计划取得的成果后，首先应全面了解项目概况，包括工程名称、项目地理位置、工程建设规模、项目建设背景、项目类型、工程特征（结构类型）、项目目标、项目重难点、立项批文、相关招标投标文件、相关合同、建筑场地状态、交通运

输情况、自然地理条件、环境保护以及项目行政主管部门、使用单位、资金来源、目前进展到何地步、介入阶段等。充分地了解项目情况，便于结合项目特征对该项目的管控方式进行深入的组织设计。

在了解项目基本情况的前提下，通过对完成该项目的所有行为，包括前期准备阶段、项目施工阶段、项目竣工阶段、交付使用阶段等时期的施工活动、管理活动等重要事项进行结构分解。分解后的每一工作包对应相应的单项任务，不重、不漏。完成分解后，计列各工作包完成时长；此后，根据工作包之间的逻辑关系来确定工作开展顺序，依照关键线路对工作时长进行预估，同时确定整体项目最重要的若干时间节点（里程碑）。在有明确工期要求的情况下，根据结构分解工作所得到的依据确定人员规模、管理层次、设备材料，给出整体进度方案和目标。基本目标一经确立，原则上在项目开始后不再进行后续调整。

项目的进度目标应分时、分层确立。总体层面上，包含项目的总进度计划和总目标。以总目标为基准，依据不同的时间长度，确定分时进度目标，如年度目标、季度目标、月度目标、周目标等。在项目的不同层级上，将总体目标细分为各地块、各标段、各单体、各工作包的任务预期目标，以便于分时、分级监督管理和总结。

项目目标除成文文件外，还可以通过计划表、里程碑图、前导图、甘特图等形式进行辅助表述，以加强表达的清晰度并方便项目管理人员根据实际进度进行后续调整。项目实施过程中的管控手段和变更申请流程应同步确定，并将其潜在耗时纳入工时考量范畴。

2. 明确组织分工

一般全过程咨询团队的组织架构为项目决策层（项目经理）—项目执行层（职能部门）—项目实施层（勘察、设计、施工）三层架构。

1）管理决策层

为全咨单位项目经理和专家顾问组，负责联系建设单位意见。在深圳技术大学（一期）项目中，建设单位代表为深圳市建筑工务署住宅工程管理站的项目组。

2）管理执行层

由项目副经理和各功能部门组成。设置综合管理部、造价咨询部、设计管理部、行政管理部、工程管理部、采购合约部等部门，对项目进行统筹管理。

因深圳技术大学项目根据实际情况下设了四个标段，进行发包；工程管理部、项目监理部和综合管理部分别同步划分四个标段专门对应的管理人员，即每个标段设标段经理和执行经理、机电工程师、执行经理、综合管理各一名。其中，由标段经理负责所辖标段的土建工程进度质量安全管控和项目进度变更调整，执行经理协助负责土建相关管控，机电工程师负责质量进度管控中设计机电工程的专业部分内容，综合管理负责协助资料流转（如洽商单、联系单、复工申请等），并向建设单位申报工程管理进度规划成果等相关信息。

3）建设实施层

由施工单位、勘察单位、设计单位等组成。全咨单位的管理人员直接对接施工单位的各级项目负责人，负责将信息传达到位。

组织分解结构和各级结构及在深圳技术大学中的应用实例，如图 4.1 所示。明确的组织分工提高了效率，节省了时间，更好地发挥了团队的协调合作能力，对一些重难点问题的解决提供了有力的保证。

3. 明确职责

鉴于该项目规模庞大、管理架构复杂、参建单位众多，全咨单位首先依据法律法规、招标文件和工作合同所列条款划分所有单位的责任、义务。各单位依次将各项工作的责任和义务分层分级分解。此后，建立涵盖设计、施工、监理、供货商的进度管理组织体系，明确每一个管理层次和管理部门的权责范围，将这些责任和义务分层级划分给每个部门，最终落实到每一个个人头上，从而保证项目工作可以有条不紊地运行。各部门、个人的职责和职权必须协调一致。

1）设置节点目标和周期性考评

全咨单位根据项目各阶段不同的目标要求，确定了“先期交付、连廊开通、消防验收”等关键节点目标。同时，为保障关键目标的实现、根据项目实际进度调配相应的人员、设备、材料等资源，采取综合性的统筹管理措施。对节点目标的优先度进行分级处理，根据实际施工进度灵活调整工作安排，确保目标实现。在规划完成高优先级节点目标时，可以结合网络前导图显示的工作包之间的关系，并参考建设单位和施工单位意见，根据被节点目标调整影响到的工作包的优先等级确定让步顺序。

除此之外，全咨单位还通过成立临时专项领导小组进行统筹管理，制定相应的考评奖惩办法，设立以周、月、季、年等不同时间长度为周期的定期考评。为了激励各参建单位按照时间节点完成项目，在相关合同中已明确规定提前完成时间节点的奖励措施以及非发包人原因造成的时间节点拖延的惩罚措施。在考评过程中，通过横道图比较法、香蕉曲线比较法等简单、可靠的进度管控方法，按照当前进度对比规划进度的提前/滞后情况，工作完成质量等项目进行加权评分，依据各工作包的进度得分和完成情况设立红黄榜、进度预警、重点推进等专项汇报内容；根据现场施工情况召开专题推进会、现场协调会、工程洽商会等一系列会议，进一步确保目标节点的顺利实现。

在节点目标考评中，一旦发现实际进度偏离进度计划，必须认真分析产生偏差的原因及其对后续工作和总工期的影响。以保证工期不变、质量安全要求不降低为前提的条件下，重新制定进度计划并及时更新整体进度计划。在施工单位完成某一关键节点后，审核承包商完成合同中的每一关键日期的条件要素并出具完成确认书，协助合约管理部门完成关键日期的合同条款奖惩。

2）进度计划调整

对于施工具体计划，全咨单位应做好事前预控、事中督查、事后总结工作，协助施工单位提供实物量曲线表并设立进度预警机制，计算时间性能指标、成本执行指数等参数，以便于随时监督工作完成进度，调整工作安排。对进度落后的节点目标采取包括但不限于加强督促、约谈项目负责人、计列专项任务推进清单等进度推进措施。在子项目进度严重滞后或时间即将到达进度节点时召开专项会议，对相关参建单位进行预警、提出要求。对于多次进度推进效果不理想的情况，需要联合建设单位约谈其单位上级领导，提高重视程度，加大战略支持力度，要求施工单位加点、加人、适当加班。对于重要的节点计划目标，安排专人专项跟进，按时汇报进度情况，并依据其后续管理成果不断优化管控措施。对于重要节点的调整应经项目部审批，完成周期1d以内，不涉及高额金额变更的计划调整可以先行更改，再补办手续。

在后续工作受到当前进度滞后影响严重的情况下，需要通过计划－检查－分析－处理的步骤实时更新进度计划。在进度计划调整中，投资目标、质量标准、安全目标不得更改。工期原则上不得因进度计划调整而随意改变。

4. 第三方巡查监管

在深圳技术大学建设项目中，建设单位深圳市建筑工务署与第三方巡查公司签订巡查合同，定期对项目进度、质量、安全进行检查，并形成专项汇报。通过大数据对比，检查本项目的不足之处。通过现场巡查、资料查阅，确定项目的进度情况。对比进度计划节点，对滞后节点及时预警，升级采取各项措施，确保目标节点的顺利实现。

除建设单位外，上海建科利用全咨单位自身优势，通过公司安全督导部、计划统筹处（运营管理部）的监管机制，每月对项目进度、安全和质量以及体系建设进行检查，并及时指出不足之处，提炼项目亮点。深圳技术大学项目部通过对比上海建科的自行巡查结果与第三方巡查公司的报告，对比分析双方的巡查重点、标准，修正自身巡查评分的不合理、不严谨之处，形成结论，优化巡查监管方案，同时调整项目管理团队的巡查监管计划。

此外，公司不定期邀请优秀项目部对各项目进行针对管理手段、沟通方法、工程技术等方面的专项培训，以及应对突发状况和事故等方面的经验分享，帮助各项目完善管理体制建设。

5. 强调现场管理

每一个节点目标的实现都离不开现场管理。除审查施工单位报送的进度计划外，完善、有效的现场管理是第一时间掌握现场实际进度的有效措施。通过及时沟通现场负责人和施工单位，了解施工过程中的阻碍，甄别施工单位的虚报进度行为。根据现场情况，全咨单位将目标分解至相应的时间节点及专项工作中，制定相应的销项清单，明确责任人和完成时间，以报表、报告等文档形式分时记录工作进度，每两天检查更新并及时采取纠偏措施。例如，连廊开通及消防验收节点目标，涉及单位多、战线长、环境复杂、工作量大。全咨单位通过安排专人专项负责现场管理，每天定期前往施工现场验收进度，并协调施工边界处的界面划分，形成清单式报告；向现场负责人确定第二天需要完成的目标任务，对比规划进度，要求现场负责人督促施工员调整施工方案，在必要时直接召开现场协调会，并定期向各上级领导汇报进度情况；对滞后情况及时预警，充分调动资源，积极协调各方矛盾，确保了目标的顺利实现。

6. 调动执行能力

全咨单位充分发挥了全过程咨询单位的主动性。公司积极对接建设单位、勘察设计、施工等单位，及时协调解决各类技术问题。统一各方单位对建设单位需求和设计方案具体步骤的理解，确保现场按图施工。确认施工人员、工程材料、施工机械等资源供应等是否满足施工单位需求。协调总包、分包的各项工程进度，排除施工过程中的干扰、矛盾点且协助对施工单位遇到的问题分析原因并纠正偏差，必要时及时调整任务进度；积极对接建设单位，了解关于项目使用功能的要求，汇报总体进度计划和后续计划变更，提出科学、合理的建议供建设单位参考，为接下来设计工作提供支持，预防后期因设计问题等变更因素影响进度目标的实现。同时，协助建设单位结合项目总体进度计划，合理安排项目前期准备工作，使项目尽早进入工程施工阶段。

7. 经验总结

该项目在进度管控过程中，通过组织统筹各项会议，约谈施工单位负责人，下发催办函、工作指令单、工作联系单等方式。在各方共同努力下，有效控制项目进度偏差，推进项目进度，实现进度目标。在长期的工作总结中，逐渐形成了建立组织机构一明确目标一任务分解一过程管控一纠偏反馈一总结后评价的固化管控机制，建立起相对稳定的管理组织结构和管理制度，以保证管理层次简化固化，管理过程优化、效率化。这些在本项目中被逐渐固化的制度将在新项目中付诸实践，在维持基本理念不变的情况下根据工程施工的最新情况在未来进行有限度的调整，从而实现管理能力的螺旋上升。

在该项目的实施中，得益于诸多管理方法的建议和应用，使得项目总体进度目标得到实现。因此，一套行之有效并具有一定应用价值的进度管控模式，是进度目标实现的基本保障。

6.1.2　质量管理

1. 质量管理策划

“百年大计，质量第一”是我国工程建设的基本方针之一。质量是工程实现建筑功能的基础，优质的质量为企业赢得良好口碑及企业形象，是企业发展的生命线。全过程咨询模式下监理部应参与到工期前期的质量管理策划中来，协同全咨项目部进行宏观控制。在工程施工质量管理规划中，明确质量目标、管理要求、标准、工料规范等，以及质量管理控制清单、样板样品清单、材料设备品牌要求，专项施工方案、实测实量、BIM 应用、违约处罚等要求。

在项目实施阶段，符合国家法律、法规及现行技术规范、标准要求下，重点在材料管理、工序验收和工艺控制三个环节，采用“预控”“程控”和“终控”的三阶段控制方法，对“分项工程”“分部工程”和“单位工程”这三层次开展微观、具体的质量管理工作。

2. 质量控制工作程序（图 6-1）

3. 质量控制方法

1）从技术方案设计、采购、实施、运营等环节全过程参与质量管理；

2）实施系统的质量控制方法；

3）加强图纸会审，做好控制准备工作；

4）抓施工组织设计审核，提高项目技术水平；

5）审查质量管理体系，确保工程管理质量；

6）坚持“样板引路”，明确质量控制标准；

7）严把进场关，控制材料、设备质量；

8）加强过程控制，做好工序中间验收工作；

9）提前策划，组织各项验收工作。

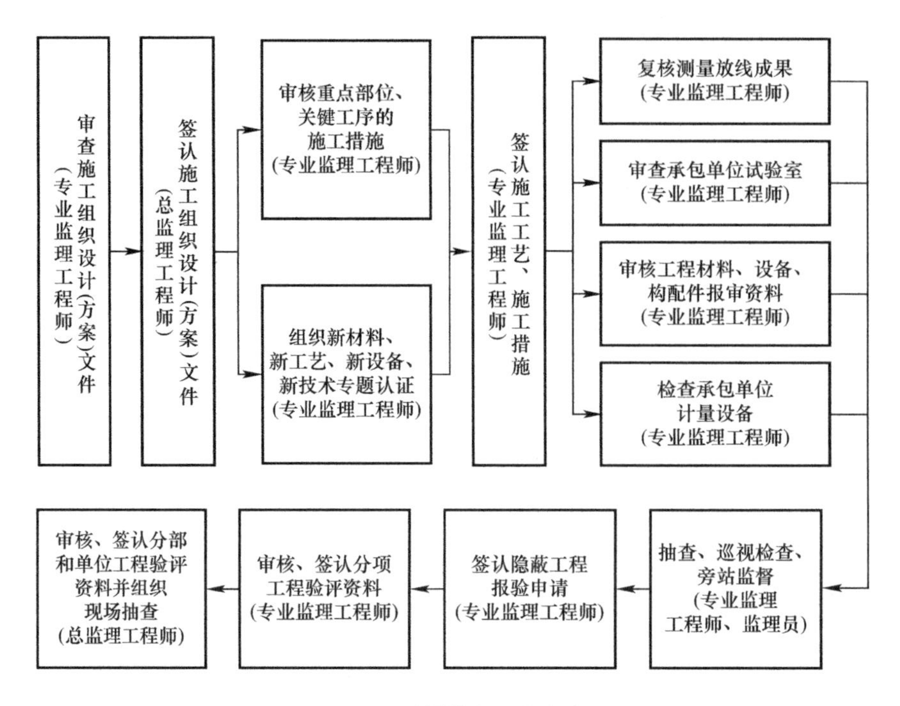

图 6-1　质量控制工作程序

4. 质量控制工作制度

结合工程所在地及建设单位的管理制度，编制质量管理大纲及细则，制定与项目相适应的质量管理制度，使质量管理工作高效运行。根据工程特点及规模，制定了如下的管理制度，并达到了预期的质量目标，获得了中国钢结构金奖、广东省优质结构奖等重要奖项。

6.1.3　安全管理

深圳技术大学建设项目（一期）全过程工程咨询项目部始终将安全管控作为项目管控的核心任务。深圳技术大学建设项目用地面积约 59 万 m^2，建筑面积约 96 万 m^2，共有六大学院、19 个单体，共有 4 个总包单位与超过 40 家平行分包单位。超大的建设规模、紧张的建设工期、繁多的施工单位，都是项目安全管控的不利条件。

面对严峻形势，唯有通过系统化管控思维，建立起成熟的安全管控体系，才能系统性地管控施工安全风险，避免或减少事故。基于国家法律法规、标准规范与合同要求，本项目全咨项目部与市工务署共同确定了如下的安全生产目标与安全管控过程目标：

1. 安全生产目标

1）重伤事故率$<1‰$

重伤事故率＝年度重伤人数/年平均人数×100％

2）轻伤事故率＜5‰

轻伤事故率＝年度轻伤人数/年平均人数×100％

3）初起受控火灾≤3起/年

初起受控火灾是指：过火面积10m^2以下，同时未造成人员伤亡且经济损失2万元以下的火灾。

4）初起以上火灾0

5）职业病发病率＜1‰

职业病发病率＝年度职业病确诊人数/年平均人数×100％

6）环境污染事故0

2. 安全管控过程目标

1）周安全检查报告隐患到期整改率＞95％

2）监理安全通知单隐患到期整改率＝100％

3）工程暂停令隐患到期整改率＝100％

4）方案中存在重大安全缺陷＝0

5）方案虚假交底＝0

6）方案不执行＝0

3. 安全目标的定期回顾与分析

所有安全目标经项目安全委员会决议确定并公布，在每月定期召开的安全委员会月度会议中对实现情况进行回顾。对于未完成的目标，分析其原因，采取有针对性的改进措施。

4. 工作内容

深圳技术大学建设项目（一期）全咨项目部牵头，以建立包括建设单位、全咨单位、施工单位在内的项目安全委员会来全面负责项目的安全管理内容。

1）项目安全委员会的职能

本项目安全委员会的职能包括：

（1）贯彻落实党中央、国务院和上级部委安全生产方针、政策和决策部署，研究部署、指导协调安全生产工作；

（2）制定本项目安全生产目标，每月度对安全生产目标的实现情况进行回顾与分析，制定措施确保安全生产目标的实现，必须时对安全生产管理目标进行调整；

（3）协调和解决安全生产风险突出、影响重大的事项或工作；

（4）协调项目各主体责任方的安全管理工作，实现安全目标与安全行动方向的统一；

（5）依据安全生产突发事件规模、响应等级，指挥协调应急救援工作；

（6）定期对现有安全管理体系进行评估，对安全管理体系的不足提出改进的要求与建议。

2）安全委员会月度例会

本项目安全委员会每月召开一次月度例会，通过月度例会完成下列工作：

（1）回顾当月项目安全生产目标的实现情况；

（2）盘点当月项目基本安全数据，包括施工及管理人员数量、安全团队情况、特种设备的数量及分布、特种作业人员数量、各类危大工程的数量及分布等；

（3）对当月发出的安全监理文件（《安全监理联系单》《安全整改通知单》《罚款单》《停工令》等）进行盘点；

（4）通报当月发生的主要安全隐患及违章行为，对责任单位提出整改和防范要求；

（5）梳理当前项目面临的主要安全风险，并向参建单位提出安全管控要求；

（6）安全委员会成员共同学习安全管理的理念及相关知识，安全委员会成员相互交流与讨论，并提出安全管理建议；

（7）安全委员会主席向所有安全委员会成员提出安全管控要求。

3）管理要点

（1）项目安全管控团队

人是安全管理工作的第一要素。无数项目管理的经验说明，建立一支有主心骨、有责任心、有积极性、有管控力的安全管理团队，是全咨项目安全管理成败的决定性因素。本项目在执行过程中，通过选派公司优秀安全管理人员、引进高素质安全管理人才、培养现有安全管理人员三条途径相结合的方式，建立一支优秀的项目安全管理团队。

（2）“全员管安全”实践

本全咨项目部在项目实施过程中，不断探索“全员管安全”的管控模式，让所有全咨项目部成员都成为项目实施过程中安全管控的重要力量。“全员管安全”的实践不只是一句口号，而是一系列具体工作。

（3）厘清项目安全管理职责

安全责任是天然依附于每一个岗位本职责任之上的管理要求，属于必须优先做到的本职而非兼职。本项目通过会议、宣传、岗位责任清单的形式，不断纠正错误观念。

（4）全员安全管理赋能

“全员管安全”在技术上面临的困难是大多数非安全岗位人员缺乏安全专业知识。既无法提前辨识安全风险，也无法及时发现安全隐患。本项目在项目开展过程中，制定了每周一次安全知识学习、每月一场专项安全培训的计划，并在日常工作中严格实施。

（5）全员预控与全员监督

“全员管安全”工作的最终落地，体现在全员预控与全员监督。

全员预控，即所有岗位人员在其工作职责范围内，对所审批的方案、所验收的设备材料、所审核的人员都要检查安全上是否符合规定。

全员监督，即所有岗位人员在现场巡查过程中，始终对安全作业情况保持监督与管控，对于所发现的安全隐患与违章行为绝不容忍。

（6）安全管理体系文件

安全管理体系文件是安全管理体系运行的依据。根据管理需要，上海建科按照标准化相关国标的要求，建立和保持文件化的管理体系。一共包括管理手册、程序文件、作业指导书、记录四个层次的文件。在项目层面上，全咨项目部严格执行公司管理手册、程序文件和作业指导书的要求，同时做好相关记录文件的审核与保存。

全咨项目部既需要制定本单位的安全管理制度，也需要审核施工单位的安全管理制度。

6.2　穿插施工管理

6.2.1　背景分析

本项目分四个标段建设，分别由4家施工总承包单位统筹其项下施工内容，针对各标段的装修、幕墙、外墙涂料、防水、钢质门、防火门、电梯、弱电、智能化等专业工作内容单独发包（平行发包）。因本项目建设工期紧张，传统的施工流水无法满足本项目建设需要，因此实施全专业、全时序的穿插施工尤为重要。

6.2.2　穿插施工的适用范围

穿插施工是在施工过程中，把室内和室外、底层和楼层部分的土建、水电和设备安装等各项工程结合起来，实行上下左右、前后内外、多工种多工序相互穿插、紧密衔接，同时进行施工作业。适用于规模大、结构复杂等项目的主体结构、二次砌筑、机电安装、卫生间防水、室内装修、幕墙埋件、外墙抹灰、外墙防水、外墙涂料、幕墙线条安装、室外管网、土方回填、室外铺装、园林绿化、电梯安装等施工过程中。具体包括：

1）在项目整体施工中，可通过室外综合管线、道路、景观与建筑单体穿插施工。

2）安装工程、门窗工程、外墙装饰工程、内装饰工程、市政景观工程等有序穿插、紧密衔接，同时进行施工作业。

3）在地下室施工中应用穿插施工，使安装工程与上部主体结构同步进行。

4）在室外工程施工中应用穿插施工，结合永久道路，做到市政先行等。

6.2.3 穿插施工的难点和对策

1. 建立组织管理体系

重难点：穿插施工涉及工程各个参建单位，协调工作量将较大。

对策：必须建立完善的组织体系及管理制度，对工程质量、安全、进度、成本进行系统管控，明确实施流程、管理责任及义务，明确分工，网格化管理，责任到人。

2. 安排合理的工序

重难点：穿插施工不仅涉及施工总包单位内部各道工序的安排，更涉及大量总包与平行发包单位的衔接部署。如何统筹部署，制定切实可行的施工流程是重中之重。

对策：对确定的所有施工内容理顺各专业之间的联系——是平行还是先后，是时间还是空间。明确每道工序的上一道工序和下一道工序分别是什么，实现最优的小流水施工，最大限度地为下道工序提供条件。

3. 作业面的划分和移交

重难点：在施工过程中往往因为施工作业面划分不清，导致各施工单位相互扯皮，推卸责任，影响工程进度。

对策：建设单位在各施工单位进场前合理划分工作面，明确每家单位的施工内容，制定切实可行的移交流程，明确各单位的责任与义务。

4. 提前会审核对图纸

重难点：由于设计图纸不完善，往往会造成各工序无法有效衔接，施工过程中出现大量返工，给工程进度带来较大的影响。

对策：设计前置，图纸先行，地下室完成前即已进行了土建、水电、装修图纸会审，将建筑、精装修、景观、安装、幕墙、门窗等图纸有效结合，为穿插施工创造条件。

5. 成品保护

重难点：由于穿插施工涉及单位较多，各工序衔接紧密，做好成品、半成品的保护措施，避免交叉污染是保证穿插施工顺利推进的重要条件。

对策：在工程施工前，制定切实有效的成品保护管理办法，在施工合同中向各施工单位明确成品保护要求及相应的职责和义务，避免因成品保护不到位而造成工序无法有效衔接。

6. 主体验收

重难点：目前工程在砌体施工完成后，只能待质监站完成主体结构验收，方能进行室内装修工程施工，这给工程穿插施工带来了较大的影响。

对策：在工程施工过程中需与质监站等行政主管部门进行充分沟通，是否可按分段检测结果进行主体验收，提前隐蔽进行精装修；同时，各项隐蔽验收资料需齐全，对于过程验收内容应留存影像资料，以便备查。

6.2.4　穿插施工的具体要求

1. 穿插施工策划

在施工高峰前期阶段，明确总包及平行发包单位施工界面的划分以及配合事项（如楼层水电接驳、三线移交等），结合项目自身特点，综合考虑主体结构、二次砌筑、机电安装、卫生间防水、室内装修、幕墙埋件、外墙抹灰、外墙防水、外墙涂料、幕墙线条安装、室外管网、土方回填、室外铺装、园林绿化、电梯安装等方面，同时设定起始时间（固定或相对节点），并对上下工序交接验收、成品保护要求、楼层封闭管理等予以约定。

2. 组织与技术措施组织措施

项目应建立施工管理机构，负责处理、调整穿插施工界面、工序、成本以及过程中遇到的其他问题。同时，施工管理机构应建立周例会制度。技术措施：应结合建筑设计及各项专业设计，以省工、省时、省力为前提，利用先进的施工技术、材料与工艺对施工工序、细部节点做法进行优化，如外立面穿插施工、室内机电安装和装修穿插施工等。

3. 样板先行

穿插施工管理的重心更多地应该放在工序样板上。工序样板要求施工管理机构成员全程参与并做好记录，发现问题、完善做法、优化工序，以便于对大面开展穿插施工形成作业指导书。工序样板的划分视分部分项工程的施工周期、涉及专业而定。

4. 穿插施工进度管理

1）督促编制项目整体进度计划，并逐步分解到年月周计划，并定期组织召开进度推进会；

2）根据周计划估算施工所需人、机、料，按日比对现场施工进程；

3）协调各单位制定工作面移交计划，土建二次结构、机电、防水、装修、门和电梯安装、外立面抹灰、防水、涂料、幕墙、人货梯和外架拆除等；

4）施工高峰期时建立每日晚会制度，对当日施工进度目标进行交底，及时纠偏；

5）当现场进度与原计划出现较大偏差时，须召开进度专题会对现状进行分析，挖掘矛盾焦点，采取适当措施进行补救；

6）制定奖惩机制，设定奖惩节点。

5. 穿插施工质量管理

现场施工质量达到交付标准是实施穿插施工的前提与基础，而施工质量讲究的是过程管理，采用“PDCA”循环重点管控施工过程质量，提高一次合格率，尽量避免或减少返工对穿插施工造成较大影响。

6. 穿插施工安全管理

采用定型工具进行防护是主要方式。另外，现场施工用电安全、高空作业安全以及机具器械使用安全等，都是不可忽视的环节。

7. 穿插施工成品保护管理和垃圾处理

建议在招标阶段将成品保护和垃圾处理相关要求编入招标文件，并针对施工现场的成品、半成品、各类水电气设备设施以及精装修成品和各类垃圾，明确各个阶段具体的责任划分和处罚措施。

6.2.5 总结提升

穿插施工是一种快速的施工组织方法。它充分利用了空间和时间条件，尽量减少以至完全消除施工中的停歇现象，从而加快了施工进度，降低了成本。同时，穿插施工对建设单位的项目管理能力提出了较大的要求和挑战，除了常规的现场协调工作量剧增外，对于项目前期的配套设计、招标采购、报批报建等工作内容都提出了更高的系统策划要求，特别是如何在招标阶段科学划分各施工单位之间的工程界面（管理界面和施工界面），使之不重、不漏，同时工程量清单对应编制，设计图纸对应标注，充分体验一个管理团队的协同合作精神和强大的团队执行力。

6.3 投资管理

6.3.1 工程变更管理要点

1. 背景分析

深圳技术大学项目作为深圳市重点项目，建设工期紧、任务重，计划2017年3月前正式开工，至2020年12月竣工交付投产使用，使得设计图纸深度不足，导致项目建设过程中产生大量变更（仅施工总承包1～4标约3000多份）。本项目在变更数量如此多情况下，建设单位面临着三重压力，不仅要做到合理、合规地审核变更，严控投资，还要将每一份变更按照《深圳市住宅工程管理站工程变更管理细则》规定完成所有变更操作流程。更要使所有变更实现落地，做到不漏缺。这无疑对管理者是一个巨大的挑战。

2. 变更主要原因

1）政策、规范或规划调整。因政策、工程技术规范或规划调整等导致的工程变更。

2）建设单位需求变化。因项目实施过程中建设单位（或应上级部门、使用单位要求等）提高或降低建设标准、增加或减少建设内容、改变功能等导致的工程变更。

3）现场条件变化。现场条件较勘察设计阶段发生变化导致的工程变更。

4）勘察原因。因勘察工作缺陷导致的工程变更。

5）设计完善。因设计缺陷或施工专业分包要求补充深化设计导致的工程变更。

6）施工不当。因施工单位自身原因导致的工程变更。

7）不可预见因素。自然现象、社会现象、不可抗力或事先无法预计的因素导致的工程变更。

8）其他。上述以外的其他原因导致的工程变更。

3. 工程变更流程

1）设计院出具设计预变更，上传预变更

在项目实施过程中，针对出现的设计单位错漏缺、使用单位及上级部门增加或改变需求等情况时，或因工程联系单的原因需设计变更时，设计单位应及时出具设计变更单和设计变更图。全过程咨询单位设计管理部门收到设计变更单和设计变更图后，对设计变更单及设计变更图纸质量问题及变更依据进行严格审核，经审核无误后通过公共邮箱的方式发至各参建单位邮箱；同时，设计院也应在深圳市建筑工务署工程管理在线平台上完成预变更上传。

2）施工单位根据预变更出具估算

施工单位收到由全过程咨询单位设计管理部门发出的设计预变更后，商务人员根据设计变更单及设计变更图纸出具变更估算。待估算出具后，由施工单位通过公邮的方式发至各参建单位邮箱，并上报至监理单位组织洽商。

3）监理单位总监组织洽商

项目总监负责组织建设单位、监理单位、设计单位及承包单位的相关人员开展洽商评审工作；就变更的合理性、必要性、技术可行性、经济性进行集体判断和决策，最终对变更理由、变更内容、可实施性等形成评审意见并在工程变更洽商记录中签字确认。当变更估算金额大于10万元时，工程变更洽商记录中需保留前期和技术部签字栏；当变更估算金额小于10万元时，工程变更洽商记录中前期和技术部签字栏可删除。

4）工程变更事项审批流程

在经各方评审无异议后，由施工单位发起变更事项审批流程，工程变更事项申报所需要上传的资料有：工程变更洽商记录、设计变更单及设计变更图纸、工程变更估算表、变更依据、其他证明文件或资料（变更评估报告、变更专家评审意见、专业复核意见）；施工单位、监理单位、设计单位、造价咨询单位、建设单位进行审批。待事项审批通过后通知设计院出具正式设计变更单及设计变更图纸。

5）监理下发工程变更令及设计变更通知单和设计变更图纸

监理单位收到设计院出具的正式设计变更单及设计变更图纸后，在深圳市建筑工务署管理在线平台打印变更令，并加盖监理单位项目章及总监注册章后下发至各单位。

4. 工程变更费用流程

施工单位收到变更令及正式设计变更单及设计变更图纸后，在深圳市建筑工务署工程管理在线平台发起变更费用流程。工程变更费用申报所需要上传的资料有：工程变更洽商记录、设计变更单及设计变更图纸、变更依据、工程事项变更审批表、工程变更令、变更预算书（Excel、QDY格式都要上传）、会议纪要（含站招标领导小组、署技术委员会、署长办公会的纪要；对应审批权限，只上传最终通过文件）、其他资料（费用审批所需的其他文件）。施工单位、监理单位、设计单位、造价咨询单位、建设单位进行审批。

变更审批结束后，由施工单位在线打印上述所有流程的表单，经各方参与单位盖章，交档案室留底。

5. 经验总结

建设项目的投资使用主要发生在施工阶段，因此，在不影响工程进度、质量和安全的前提下，做到严控投资，而施工阶段的投资控制重在变更控制，做到合理合规地审核变更，控制投资。主要应注意以下几个方面：

1）工程变更的原因应清楚、合理

工程变更的原因应清楚，理由应充分，否则不能进入工程变更程序。引起工程变更的因素很多，如设计桩基未达持力层，场地外雨水管渗漏导致基坑边坡移位、下滑等。工程变更的原因描述越具体，越有利于正确判断工程变更是否实施、是否合理、责任由谁承担以及承担多少。

2）工程变更办理应合规

工程变更办理应合规，必须先批准、后变更，先设计、后施工。严禁“先斩后奏”式工程变更，违规施工。

3）工程变更责任应清楚、量化

设计文件一经批准，原则上不得任意变更。工程变更的原因是多方面的，有客观原因，如不可抗力导致的工程规模及内容的改变等，但更多的是主观原因，如设计错、漏、碰、缺，勘察不到位、不准确等。工程变更并不等于合同价款调整。是否调整以及按什么比例调整合同价款，需要依据引起工程变更的责任程度进行判断。查明引起工程变更的原因，明确界定引起工程变更的责任，是判断工程变更是否调整以及按什么比例调整合同价款的重要方法。对于原因复杂的工程变更，还应将责任程度进行量化，为质量责任追究提供基础。

4）工程变更价格确定应规范、合理

所有设计变更都应进入竣工图纸，并且在竣工图纸上标明工程变更单编号、所在具体位置。凡是没有进入竣工图上的设计变更，原则上不能进入工程竣工结算。工程其他变更，无法通过竣工图纸体现，应分开整理、装订，但经审批同意的变更实施方案应紧随工程变更单之后整理、装订。工程变更价格，应按以下方法确定：

（1）工程量清单有相同项目单价，应按工程量清单单价进行计价；

（2）工程量清单有类似项目单价，可按类似项目单价进行计价；

（3）工程量清单无类似项目单价，或类似单价不适用时，需重新定价。定价原则为：无品牌要求的且有信息价的主要材料设备采用施工期信息价（不执行合同专用条款），人工、机械等按截标当日已发布的最新一期《深圳建设工程价格信息》信息价或截标当日已生效的人工工日单价执行（并执行合同专用条款），之后再下浮一定比例作为结算价；有品牌要求或无信息价的主要材料设备通过市场询价或竞价方式定价的，结算时价格不再下浮。

下浮比例为投标总价的净下浮率，即净下浮率＝［1－(投标总价－不可竞争费)/(公示的招标控制价－不可竞争费)］×100％。

(1)、(2) 款中，如发包人在招标阶段已对承包人的投标价格进行调整的，则执行调整后的清单单价。

监理单位出具的相关罚款单，在结算审核过程中予以扣减。

结算价款中有关变更及签证措施费的扣除，造价人员应熟悉招标文件及合同价款的组成中有关措施费用的条款。如果招标文件及合同中有条款约定，投标单位中标后措施费包干，则在施工过程中出现的变更及签证等所涉及的措施项目，其费用一律不得调整，此部分费用在结算时予以扣除，避免出现错误。

6. 总结

全过程咨询模式下的结算管理，具有全过程性、动态性，而且建立了以“招标图＋变更＋签证＋索赔”的结算原则，使得结算管理工作进行前置，因此，在一定程度上，对结算的管理也就是对施工过程中变更、签证及索赔的管理。施工过程中变更、签证及索赔管理到位，为结算管理打下了良好的基础。除此以外，要求我们的管理人员不断地提高工作能力，提高自己的综合素质，公平、公正，客观、全面，确保结算造价的合理性、可控性。

6.3.2 工程签证管理要点

1. 背景分析

工程签证是指工程发承包双方在施工过程中，发、承包双方因不可抗力影响或特殊情况下非施工单位原因，由发包方项目组与承包方现场代表就合同价（标底价、工程量清单）之外的额外施工内容及其涉及的责任事件所作的签认证明。本项目因设计变更繁多，导致增加一定量的工程签证，在管理过程中主要存在以下几个问题：

1）签证办理不及时

在工程建设过程中，当遇到某项作业该进行工程签证时，由于施工单位部分人员管理经验不足，未在第一时间通知五方进行现场见证，或者双方只是口头商定而不及时办理，待事后或者结算审核时发现资料不足，无法结算价格时才突击补办。可往往到这时候，随着时间的推移，当事人对该事件的记忆已经出现模糊或者部分人员发生调动，这样就极有可能导致签证无法办理，或者因为签证而产生扯皮现象。

2）签证原始资料不齐全

在工程施工过程中由于施工单位往往只重视现场进度，而忽视对签证资料的记录保存，导致签证资料原始资料因保管不善而缺失。

3）签证管理意识薄弱：随意签证

现场管理人员缺乏对招标文件及合同的重视，对投标包干的项目或者不应该签证的项目进行大量的签证。并且，只要施工单位提出签证需求，建设单位或者监理单位均未认真核实是否可以进行签证，就进行现场见证或在签证单中签字。

4）施工图设计深度不足

部分施工图设计深度不符合要求，造成设计变更。但对于本项目紧张的工期，当部分设计变更出具时，现场已按原设计图纸施工，导致产生签证。

2. 具体做法

1）及时通知五方联测

所谓五方，即施工单位、监理单位、造价咨询单位、管理公司、建设单位。施工单位在工程施工过程中，当遇到某项需要办理工程签证的作业时，应及时通知上述单位。五方见证单位根据见证原因及见证内容决定该项见证作业是否成立。

2）现场见证，签署五方联测单

施工单位邀请五方见证单位共同参加见证，见证过程中需对见证内容多角度拍摄照片作为记录。并且，在见证完毕时，由施工单位填写五方联测单，联测单需体现见证工程名称、见证时间、见证地点、见证原因、见证内容、五方见证单位、见证人及见证意见，五方见证单位在五方联测单中签字确认。

3）依据五方联测单制定签证单

施工单位依据五方联测单填写现场签证单，签证单需体现工程名称，签证部位、签证原因、签证内容及签证单位与意见。待签证单签署意见后，由施工方流转至签证单位盖章确认。

4）发起签证计量备案申请流程

根据《深圳市住宅工程管理站工程变更管理细则》，施工单位需在深圳市建筑工务署工程管理平台进行计量备案申请，申请需要上传资料有：五方联测单、签证单、签证依据、现场见证照片。

5）发起签证费用报审流程

签证计量备案申请流程结束后，施工单位仍需在深圳市建筑工务署工程管理平台进行签证费用报审，报审需要上传资料有：五方联测单、签证单、签证依据、现场见证照片、签证费用。

6）表单打印

签证审批结束后，由施工单位在线打印上述所有流程的表单，经各方参与单位盖章，交档案室留底。

3. 经验总结

为了保证合理利用国有投资及工程签证工作的质量。针对上述提出的工程签证中所存在的问题，提出以下四方面的管理建议：

1）严格管理

签证内容应完整、具体、准确，一般应包括工程项目名称、编号、原因、类别、签认内容、工程量计算、产品规格型号、有关各方签章和签证时间等。

2）妥善保管

做好资料保存管理工作。

3）及时处理

现场签证不论是施工单位，还是其余参建单位均应抓紧时间处理，以免由于时间太久而发生扯皮现象，并且可避免现场签证日期与实际情况不符的现象产生。

4）严格审核

（1）真实性审核：签证有无双方单位签字盖章，复印件与原件是否一致等，是真实性审核的重要内容。

（2）合理性审核：签证是否违背合同及招标文件相关条款。

（3）实质性审核：对于工程量签证，审核时必须到现场逐项丈量、计算，逐笔核实，特别是装饰工程和隐蔽工程等更应作为审核的重点。

6.3.3 工程结算管理要点

1. 背景分析

施工工程经工程竣工验收合格以后就进入了工程结算阶段，工程结算是指施工企业按照承包合同和已完工程量向建设单位办理工程价清算的经济文件，是建设单位进行建设项目实际工程造价的确认；同时，结算也是建设单位进行工程款支付的重要依据，是管理方进行投资控制的最后一个环节。

科学、合理地控制竣工阶段工程造价，对于投资控制起着至关重要的作用。全咨项目管理团队在工程结算管理过程中，应以投资可控为大目标，通过践行“四个确保”

结算管理目标，把好投资控制的最后一道关卡。

1）确保工程造价控制在概算批复以内，保证最终结算总价不超概算；

2）确保最终结算价不超合同价；

3）确保投资者的经济效益获得更好的保障；

4）确保各参建单位结算可在合同约定时间内完成，使得结算工作可以保质、保量地完成。

2. 具体做法

全过程工程咨询团队应做好结算管控，对于满足结算条件的合同，及时开展结算工作。工程合同总体来说可以分为三类：主要有施工类合同、货物类合同和服务类合同。不同类型的合同拥有不同的结算方式，结算的条件也有相应的区别。

1）施工类：工程验收合格，取得验收合格证明文件；具备完整、有效的工程结算资料，包括：施工图、竣工图、图纸会审记录、设计变更、现场签证及工程验收资料等。

2）货物类：货物验收合格，取得由监理、项目组签认的到货凭证。

3）服务类：合同履行完成，按约定已提交成果文件；完成合同阶段及最终履约评价。

4）结算过程中严格把关，制定完善的结算管理体系，规范结算制度，明确任务分工，依据国家有关规范、招标文件及合同相关条款开展结算审核工作，确保结算工作制度化、规范化、科学化。

5）本项目全过程工程咨询团队在结算管理时，根据《深圳市住宅工程管理站结算指引》制定了适合于本项目的结算工作流程，规范和健全了结算管理制度；同时，也为加快结算工作的推进奠定了坚实的基础。

6）召开结算会议：在施工工程经工程竣工验收后，组织各承包单位召开工程结算启动会议。会议中，对结算工作的重要性、结算的审核原则、工程结算资料提交要求、结算资料提交时间要求、监理单位审核时间、造价咨询单位审核时间做出相应的要求及强调，并要求承包单位提交结算工作安排表，确保结算资料提交的及时性以及加强承包单位对结算工作的重视程度。

（1）施工单位按照结算工作安排表所要求的时间及结算资料提交要求提交完整结算资料；

（2）监理单位对结算资料完整性进行复核，复核无误后按照时限要求完成造价审核工作；

（3）造价咨询单位对结算资料完整性进行复核，复核无误后按照时限要求完成造价审核工作；

（4）全咨项目管理团队对结算资料的完整性及造价咨询的审核成果进行复核；

（5）复核无误后，深圳市住宅工程站进行工程结算呈批，并在完成呈批后送深圳市财政投资评审中心评审；

（6）跟进深圳市财政投资评审中心评审，直至评审中心出具评审报告。

3. 明确任务分工

1）承包单位

在竣工验收后，按照《合同结算评审提交资料表》及规定时限内申报完整的结算资料，注意工期延期、变更完整性说明、界面划分，如表6-1所示。

合同结算评审提交资料表 **表6-1**

资料分类	资料名称	资料属性	备注
合同结算评审申请	合同结算评审申请书（须附承接单位承诺书或单方结算资料）	必备资料	格式由建设单位提供
项目立项资料	市发改部门概算批复文件或市政府有关文件	必备材料	
招标投标资料	1）招标文件（含招标控制价计价文件纸质版及电子版、招标答疑补疑文件、甲供材料清单及采购方式说明）及标底公示表；2）中标通知书；3）中标单位投标文件（含商务标及计价文件电子版）	必备材料	招标工程须提供
预算造价文件	经审批的预算书（纸质版及电子版）	必备材料	非招标工程须提供
合同资料	合同、补充合同或协议书（若有）	必备材料	须确保完整提供
开竣工证明资料	1）开工报告或开工令；2）竣工验收报告；3）如合同延期，须提供符合合同约定的延期审批资料；4）服务类合同须提交合同内容完结证明文件	必备材料	根据合同类型提供
竣工结算造价成果文件	1）结算造价成果文件（纸质版及电子版），纸质版封面签章须完整、有效，包括建设单位、造价咨询公司公章及执业印章及注册造价工程师执业印章（若有委托造价咨询）；2）提供的结算造价文件纸质版与电子版内容一致	必备材料	无统一格式，由申请人据实提供
工程量计算书	完整的工程量计算书（纸质版及电子版），包括三维工程量计算模型或工程量说明、计算式	必备材料	无统一格式，由申请人据实提供；工程量计算书与结算造价成果文件工程量一致
图纸资料	完整的施工图纸、图纸会审答疑记录及竣工图纸（纸质版及电子版）	必备材料	提供的纸质版图纸与电子版内容一致；提供的图纸资料符合出图规范要求
工程变更及签证资料	1）经审批的设计变更、签证资料； 2）送审变更及签证资料的完整性说明	补充资料	涉及相关事项时须提供

续表

资料分类	资料名称	资料属性	备注
材料及设备的定价依据	1）专业工程暂估价部分的定价资料； 2）新增材料、设备的询价记录或定价资料； 3）按《深圳市建设工程材料设备询价采购办法》进行询价采购的材料设备，需提供询价采购的结果证明资料	补充材料	涉及相关事项时须提供
施工方案	经批准的施工方案及专项施工方案	补充材料	涉及相关事项时须提供
工料机调查资料	工料机调差计算文件（含电子版）及相关依据文件	补充材料	涉及相关事项时须提供
合同奖罚资料	结算涉及的奖金、罚金计取依据及证明文件	补充材料	涉及相关事项时须提供
土方、基坑支护及桩基工程施工资料	1）土方工程须提供土方方格网图，如有测绘须提供相关资料； 2）基坑支护工程、桩基工程须提供施工记录等相关资料； 3）工程地质勘察报告	补充材料	涉及相关事项时须提供
其他资料	送审单位根据实际情况提供的其他资料	补充材料	涉及相关事项时须提供

2）设计单位

配合施工单位出具竣工图纸，并对于出具变更进行确认。

3）监理单位

督促施工单位报送结算资料；负责现场完成工程量与结算内容的核对；在规定的时间内对结算资料（含竣工图）、造价进行全面审查，出具审查意见。

4）造价咨询单位

审核结算计价文件中的计价依据，对计价依据的合理性、完整性负责；审核项目各合同结算，出具结算审核成果；结算审核质量要求按照造价咨询合同执行；配合业主完成所有合同的结算评审工作。

5）全咨项目管理团队

制定项目结算计划，配合业主协调结算争议事项；配合业主完成结算送审工作。

6）业主

负责项目结算的总体安排，办理工程结算的送审、跟进结算评审进度，及时向项目组反/馈结算评审过程中的存在问题，组织项目组对结算评审报告征求意见进行回复协调问题。

4. 严格控制结算进度

承包单位编制结算，监理单位、项目组、造价咨询单位审核结算资料及审核造价的时间可参考表 6-2 进行。遇特殊、大型、复杂工程，可适当延长结算时限。每个合同的审批环节计划时间需借鉴表 6-2 的程序编制，最终以全过程工程咨询团队与项目组书面确认的时间进行进度管控，如表 6-2 所示。

结算进度控制表 **表 6-2**

序号	结算申报金额	承包单位编制结算文件时限	监理单位审核结算资料时限	监理单位审核结算意见时限	项目组审核结算资料时限	造价咨询单位审核结算时限
1	500 万元以下	竣工验收合格或结算通知之日起 30 天以内	从接到竣工结算报告和完整的竣工结算资料之日起 3 天以内	从接到合格的竣工结算资料之日起 20 天以内	从接到经监理单位审查合格的竣工结算资料之日起 3 天以内	从接到造价咨询任务书之日起 20 天以内
2	500 万～5000 万元	竣工验收合格或结算通知之日起 30 天以内	从接到竣工结算报告和完整的竣工结算资料之日起 5 天以内	从接到合格的竣工结算资料之日起 45 天以内	从接到经监理单位审查合格的竣工结算资料之日起 5 天以内	从接到造价咨询任务书之日起 45 天以内
3	5000 万元以上	竣工验收合格或结算通知之日起 30 天以内	从接到竣工结算报告和完整的竣工结算资料之日起 7 天以内	从接到合格的竣工结算资料之日起 60 天以内	从接到经监理单位审查合格的竣工结算资料之日起 7 天以内	从接到造价咨询任务书之日起 60 天以内

5. 实行结算动态管理

在工程结算启动时，全过程工程咨询团队需根据合同类型，进行科学、合理地编制结算计划，制定执行清单。按照每周为一个滚动周期进行动态跟进管理，并配备结算管理人员，全程跟进结算事项，对施工单位结算资料的准备进展情况，结算资料提交时限要求、监理单位及造价咨询单位审核时限要求，严格按照管理制度执行；同时，结算管理制度不是刚性的，不是不可改变的，应根据实际情况进行适当调整，将不可预见的变化考虑进去，以保证结算目标的实现。

6. 加强审核人员专业素质

竣工结算中的审核工作直接决定着建设单位的投资盈利情况，因此提高结算审核人员的专业素质也就成为影响投资的关键因素；同时，结算审核人员也应具备良好的职业道德素养，本着公平公正、客观的原则对结算造价进行审核，杜绝审核人员与施工单位私下交易的行为发生。审核人员应熟悉国家法律法规、工程量计算规则、清单计价规范、招标文件、合同相关条款等，尤其需注意地方标准是否与国家或其他地区一致，避免审核时出现数量、计算错误。审核过程中，应注意以下问题：

1）合同的模式

固定总价合同。如本项目室内环境检测工程，这类合同为总价包干。除非设计变更及合同另有约定外，一律不予调整，结算价＝合同价＋变更＋签证。

固定单价合同。双方在合同中约定了综合单价和风险范围、风险费用的计算方法，在约定的风险范围内综合单价不再调整，工程量按实结算。但如果结算工程量超过了合同清单内工程量的一定幅度，则原合同综合单价另需确定。

2）工程量计算不准确

工程量的计算在审核结算工作中，是最烦琐、耗时的，也是结算最主要的依据，是一切费用计算的基础。它直接影响着结算的准确性，所以是审查的重点。因造价人员业务能力及自身的原因，对定额理解不同，计算结果也因人而异，造成工程量错算、漏算、重复计算，使最终工程价款的结算及结算审核的结果不准确。因此，审核人员应熟练掌握工程量计算规则，避免出现多算、重算或漏算的地方。对于采用工程量清单报审的工程，必须既要熟悉计价规范的计算规则，还要熟悉计价表中的计算规则，这样才能确保不多算、不少算。对于工艺复杂的安装分部分项工程的特征，要深入现场了解情况，进行现场的勘察和测量，提高感性认识，不能“想当然”或“生搬硬套”地利用工程造价软件进行审核，降低了审核质量。审核工程量时，计量单位必须一致，只有一致才能套用预算定额中的预算单价。例如：安装工程预算定额中的计量单位，有用“台”“组”“10m”“100m”等。这些都应该注意分清，以免由于计量单位搞错而影响工程量的准确性。比如接地母线，清单中的工程量单位是 m，而计价表中单位是“10m”。如果不注意，直接会按照 10m 套价，这样就会多出 10 倍的造价。

3）套用定额存在的问题

建设工程定额可分为全国统一定额、行业统一定额、地区统一定额、企业定额、补充定额。各种定额适用于不同的范围、不同的用途，不同的时期不能随意套用。各种定额中的人工、材料、机械费都有差异，注意审查工程结算选用的定额子目与该工程各分部分项工程特征是否一致，代换是否合理，有无高套、错套、重套的现象。对于一个工程项目应该套用哪一个子目，有时可能产生很大的争议。特别是对一些模棱两可的子目单价，施工单位常用的办法是就高不就低地选套子目单价。在工程结算中，同类工程量套入基价高或基价低的定额子目的现象时有发生。审核时，一要注意看定额子目所包含的工作内容；二要注意看各章节定额的编制说明，熟悉定额中同类工程的子目套用的界限。取费标准是否符合定额及当地主管部门下达的文件规定。各种计算方法和标准都要进行认真的审查，防止多支、多付。应注意以下 7 个方面：

（1）费用定额与采用的预算定额相配套；

（2）取费标准的取定与地区分类及工程类别是否相符；

（3）取费基数是否正确；

（4）按规定有些签证应放在独立费中，是否放在了定额直接费中取费计算；

（5）有否不该收取的费率照收；

（6）其他费用的计列是否有漏项；

（7）结算中是否正确地按国家或地方有关调整文件规定收费。

4）甲供材料结算问题

造价人员应认真审核发货、收货信息和记录，以及审核材料是否出现超领情况。对于存在超领的，应按招标文件要求在施工总承包合同或装饰装修合同结算时扣除超领用费用。

5）合同中涉及罚款的扣减

如工期节点要求罚款、施工单位项目经理、项目技术负责人、安装专业负责人更换以及质量安全文明违约罚款等。监理单位应收集整理施工阶段对施工单位出具的相关罚款单，在结算审核过程中予以扣减。

6.4 机电安装的精细化管理

6.4.1 甲供材料管理

1. 背景分析

为进一步规范与加强甲供材料（设备）管理，规范完善工作流程，深圳技术大学项目（一期）从甲供材料（设备）采购、验收、保管、结算等进行全过程管理，使甲供材料得到有效监控，真实反映材料成本、最终确保工程施工进度。

2. 具体做法

总承包、甲指分包单位职责：

1）编制材料计划表，并提交管理公司审核；

2）根据材料定板和设备选型要求，收集信息；

3）编制《材料采购单》；

4）项目组、管理公司职责：

5）审核《材料采购单》；

6）核对《材料收货单》。

3. 工作程序

1）采购计划确定

（1）总承包/甲指分包根据承包范围，统计需求量，编制《采购需求表》总计划；并且，按现场实际要求，编制《材料采购单》及《材料采购台账》。

（2）管理公司根据采购合同，审核总承包/甲指分包提交的《材料采购单》，审核完成后提交项目组相关工程师审核。

（3）项目组相关工程师审核完成后，盖工程站章，由管理公司向供货商下单《材料采购单》，供货商负责按《材料采购单》要求及时供货。

2）总承包、甲指分包收货规定

（1）供货商发货前2天，通知总承包/甲指分包现场收货负责人准备货物堆放场地。货到现场后，供货商负责将货物运输至总承包/甲指分包指定场地（一层平层）。

（2）货物到达现场后，需由总承包/甲指分包现场收货负责人（现场经理）、监理共同确认到货数量；并且，在收货单上签字，总承包/甲指分包、监理需预留收货单存底。

（3）货物到达现场，经供货商、监理、总承包/甲指分包双方签字完成后，总承包/甲指分包须做好成品保护及防盗措施。未做好成品保护及防盗措施，造成损失的货物由总承包/甲指分包负全责。

（4）供货商根据收货凭证及《材料收货单》，经管理公司、项目组相关专业工程师确认签字后，上传资料申请相关款项。

3）总承包/甲指分包采购的工程量超过供货商合同量的计划处理办法

（1）总承包/甲指分包的采购计划由于设计变更，对货品的需求发生变化，超出合同计划部分，需在《材料采购单》中备注说明。管理公司、项目组等相关负责人审核完成后，由供货商负责直接供货。超出部分的费用由项目组统一按实结算。

（2）总承包/甲指分包的采购计划是由于自身成品保管不当或在安装过程中损耗率过高，超出采购总计划的部分，超出部分的费用由工程站统一采购；并且，按工程站采购价按实结算，该部分费用将在总承包、甲指分包的工程款中扣除。

4. 总结提升

1）建议在供应商及施工单位招标文件中明确规定整个甲供材料采购、保管、结算、超量争议解决办法，以避免后续在施工过程中因此类问题发生的各类争议。

2）在采购审核过程中坚持每份发货通知单附相应批次发货下单台账，对已下单批次、累计下单数量、对供应商签订合同数量、变更数量进行对比审核后签字确认下单。

掌握每次下单数量来源与增减数量，确保下单发货数量的准确性。

3）认真核对每一项甲供材料项目数量，对数量较多、价值较高的材料高度关注，逐一与图纸进行核对数量、型号。对不合理的型号提出质疑，提交设计单位进行核对，杜绝因设计、算量错误等原因造成甲供材料的浪费。

4）每次将发货通知书核对结束后，提醒相关下单单位务必确认已有相关且合理的保管场所及保管方式，避免因后期甲供材料保管中破损、丢失造成各类争议。

6.4.2　10kV送电进度管理

1. 背景分析

深圳技术大学项目（一期）2～5栋、7～14栋、19栋的电力系统贯穿连通了Ⅱ、Ⅲ、Ⅳ三个标段、10个开关站、18个高低压配电室、10个柴油发电机房，送电涉及13个单体的动力用电及照明，用电设备总容量合计132780kVA（kW）。

在万分紧张的工期内，为确保深圳技术大学项目（一期）2～5栋、7～14栋、19栋能够如期具备送电条件，项目组、全咨单位、施工单位经过统筹规划，制定了周密详细的送电方案，合理安排人员与时间节点，协调各单位紧密施工。最终，于2021年1月20日各楼栋全部受电完成。

2. 具体做法

1）筹划初期，项目组组织全咨单位、总包、设计院、造价咨询等单位进行供电交底会，会议内容主要为：高压报装图纸会审（高低压系统图、红线内外的高压管网、高低压送电验收的时间节点要求）。经会议讨论决定，由施工单位、盘厂提交深化图纸至设计院审核，设计院确认相关技术参数后，交由供电局审查。

2）完成交底及相关技术确认后，项目组组织全咨、各总包单位进行高压报装专题协调，确定Ⅱ、Ⅲ、Ⅳ三个标段的高压报装统一由Ⅲ标段总承包单位牵头进行统筹策划，项目组、全咨单位进行配合与协调供电局高压电力敷设施工、Ⅱ、Ⅳ标的相关报装资料，协调校方盖章，现场施工进度跟踪等事项。

3）为确保工期，市政高压电缆进线均采用顶管方式进行，全咨单位配合供电局施工单位完成各标段现场勘察、施工场地协调等工作。同时，施工期间每日巡查供电局施工进展，及时发现进度偏差及时预警，并督促施工单位采取纠偏措施，确保供电局施工单位按要求时间节点完成开关站高压电缆及设备安装。

4）供电局顶管施工的同时，项目组组织全咨单位、设计院、总包单位多次对红线内供电室外路由、开关站进线路由等可能影响到供电路由的各类因素进行现场勘察与复核，确保整个市政管网至各开关站的供电电缆敷设管网畅通。

5）各标段10kV送电施工前，项目组、全咨单位组织各总包单位对各标段内开关站、配电房、柴油发电机房、强电井等区域现状进行统计，将每个电力施工涉及的区域作为专项编制销项清单，按照送电节点时间进行倒排计划。施工期间，全咨单位每日巡查并更新相关区域进度进展情况，及时发现进度偏差及时预警反馈至项目组，并督促施工单位采取纠偏措施，确保10kV送电区域均能按要求时间节点完成。

采取上述进度控制措施，各标段按节点要求时间完成了各项受电前置工作。各楼栋具备了受电条件，供电局对各标段受电条件进行了现场验收，提出了相关整改问题。项目组立即组织全资单位、总包单位针对整改问题召开专题会议，会议对每条整改问题逐一进行落实，依据供电局整改要求时间倒排最迟完成时间，并形成整改销项清单。由全资单位每日巡查更新各项问题整改进度进展情况，及时发现进度偏差及时预警反馈至项目组，并督促施工单位采取纠偏措施，确保各项整改问题按要求节点时间完成，最终各楼栋全部按要求时间受电完成。

3. 总结提升

整个10kV送电期间出现开关站位置修改（地下室改为地上一层）、开关站内未设置踏步及栏杆、开关站预留门洞尺寸无法满足设备搬运等诸多设计问题，建议在图纸会审阶段参照供电局验收标准、各类法律法规、规范标准等考虑上述问题，将此类技术问题在设计阶段解决，避免后续产生较多相关的设计变更及费用增加。

建议在招标文件中明确供电报装牵头统筹管理单位，明确报装责任人、具体的报装内容以及报装完成程度等相关问题，避免在后续的送电报装中各单位出现费用、责任争议。

在上述楼栋供电报装及送受电完成后，因报装资料中使用了技术大学的银行账户作为电费缴费账号，出现送受电日期至竣工验收、移交期间因施工、调试等产生的费用由校方支付，因发票、总包单位与平行分包单位电费摊分、电费支付时间等问题产生极大的协调工作量。建议在招标文件及合同条款中明确，各标段在高压报装须采用各单位银行账户作为缴费账户，竣工验收、正式移交给校方后，再将缴费账户变更为校方。

6.4.3　机电系统设备移交管理

1. 背景分析

在完成机电系统的安装以及调试后，施工单位仍然保有对各个系统的管理权限和管理义务，但施工单位不愿为此投入更多的人力成本，因此希望尽快将已完成的系统设备移交至使用单位，由使用单位对设备进行管理。

2. 具体做法

在移交的前期阶段，经过与校方沟通协调之后，确定了双方都认可的几个移交必要条件，即：

1）经过核验后，所移交的系统及相关设备无重大的质量和功能性问题。

2）为使用方及实际管理方提供所需移交系统的培训交底。

3）施工方提供所需移交系统的设备清单，并交由校方清点核验。

满足以上 3 个条件后，双方同意安排时间进行移交签字。

在移交工作进行的过程当中，遇到的较大困难出现在培训交底阶段。施工方反映同一系统已为物业方（实际管理方）提供多次培训，而物业方反映施工方所提供的培训内容不够系统、资料不够完备，培训效果未达到预期。除此之外，在实物清单核验过程中还遇到了一些交流不畅而造成的问题，施工方与物业方到现场进行实物清单核验时，施工方因系统移交单上也含有设备清单，贪图方便，就将系统移交单用作实物核验的过程记录。物业方则因核验并非移交，坚持不愿意在移交单上做记录，最终导致实物核验难以进行。

出现上述问题后，全咨单位立即组织了施工方、校方开展了有关移交流程的专题会议，进一步确定了移交工作的各种细节。

对于培训方面，造成本次培训效果不佳的原因是现场培训人员较多，在现场培训不利于每个参与培训人员都能掌握各系统设备的使用和维护方法。而且，培训结束没有加强巩固复习，遇到无法解决的问题只能联系施工方解答，过于烦琐。因此，全咨单位对培训做了如下规定：

培训应具有两部分内容：一是理论讲解，主要是讲解 PPT 及对相关资料的解读、答疑；二是现场实操，主要以实地操作为主，加深记忆。理论培训结束后，物业方可以当场提出疑问，施工方进行答疑。若未能现场解答的，应当在会后解答或开展第二次培训，对前次培训的保留问题进行有针对性的讲解。

对于设备核验问题，经过各方沟通后得出了一个确定的流程，即由施工方先行对设备进行清点，整理出一份实物核验清单（实物核验清单由施工方与物业方事前共同商定）。经监理单位及校方后转交给物业方，再由物业及施工方一同进行核验。核验无误后，核验双方在核验单上签字，经由双方签字后的核验单作为系统移交单的依据。结合两次会议所达成的共识，移交工作形成较为完整的流程。在制定完整的流程后，培训交底工作少有再出现物业方反馈培训效果不佳的情况。实物核验也开始顺利开展，移交工作开始按部就班地顺利进行。

3. 总结提升

在移交的前期准备阶段，不应只粗略地确认移交的几个基本事项；而应当进一步商议具体的步骤和细节，形成一套完整的流程。这样，可以极大程度地降低移交工作中两方产生矛盾、拖慢移交进度的可能。

在移交工作中，产生一些矛盾是很常见的情况。这时，我们应当及时了解产生矛盾的具体原因、双方的需求，坚持以问题为导向进行双向引导，推进矛盾的化解，得出一个双方都认可的解决方法。

做好见证工作，注重过程管控也十分重要。及时了解移交工作的进度和现场状况，能够有利于尽早发现问题，从而进行流程的优化，避免工作进度的停滞。执行移交前期工作的两方也要注意妥善保管过程文件，很多时候在出现争议时及时提供过程文件，能够快速化解矛盾。

6.4.4　机电系统维保消缺管理

1. 背景分析

在移交工作前期的核验阶段以及移交后的维保阶段中，各种建筑上的质量问题和机电系统的功能性问题均逐渐暴露出来。相关施工单位对这些质量问题保有整改义务。监理单位应当督促施工单位整改，并对整改进度进行管控。

2. 具体做法

为了能够更有效地对维保消缺进度进行管控，需要能够快速、直观地获取所有质量和功能性问题的具体情况，包括问题所在位置、问题的具体描述、问题图片、问题解决情况、责任归属单位等信息，并且还要能满足及时更新信息以及统计总体消缺状况需求，将检查出的问题汇总到Excel表格当中，用不同颜色将处于不同状态的问题标识出来。问题汇总清单能够反映每个问题的具体细节。而在此基础上，还以各施工企业为单位，以问题汇总清单中的具体问题情况为数据，制作了销项率统计表格，以便更快速地了解各单位的总体销项率和销项进度。

构建好信息平台之后，我们还需要确定信息更新的机制。在与施工方和使用方共同沟通以后，决定采用以下方式进行整改及信息同步：

1）施工方自行对已有问题进行整改，并做好记录。

2）施工方与使用方约定查验时间，对已整改问题进行查验。使用方记录查验结果。

3）每次查验后，使用方对查验结果进行公示。监理方根据公示的查验结果进行问题汇总清单以及销项率表格的更新。

通过这样的方式正常开展维保销项工作以及销项信息的更新、管理。仅有这样的基本流程还不能够使得维保消缺工作自然、顺利地持续进行。在进行维保消缺工作的过程中，会有各种各样的情况使得工作停滞不前。这时，我们不仅要从销项率表中及时发现停滞的工作，及时询问工作停滞的原因、是否存在需要协调解决的问题等。对此，我们采取定期召开维保销项专题会议的方式来落实。在专题会议上，首先展示过去一周的销项进度，一方面是能够与使用方和施工单位核对销项表格的信息是否准确，确保各方没有异议，能与现场整改情况符合；另一方面，也是对整改效率低的单位的一种公示，起到一种外部推动的效果。在会上还能对难以解决或是有异议的整改条目进行协商，当场得出解决方案，避免因双方存在异议造成的停滞。

在维保消缺责任单位主动性较差、效率低、严重拖慢消缺进度时，可以采用组织施工单位及使用单位一起到现场核查整改情况、约定整改日期的方式，也能一定程度上推动施工单位加大整改力度。

3. 总结提升

维保消缺工作一定不能盲目进行，否则很容易出现虽然投入了人力，但管理行为难以取得实际效果的情况。在维保消缺工作当中，非常重要的一个步骤就是构建以下三种机制：

1）高效的信息反馈机制。信息是支撑管理行为的重要基础，快速而准确的信息决定了我们能否在需要的时候迅速了解到消缺工作的进度和各项问题的具体解决情况。如果不能快速得到有效信息，很容易陷入工作停滞而不自知的被动处境。

2）异常发现及处理机制。很多时候消缺工作的停滞是因为责任单位在整改时遇到了较为棘手、难以解决的问题，又由于各种原因未上报。这时，我们应该要有主动发现工作停滞情况的机制，如定期查看销项率统计的变化情况，是否存在从某时开始销项推进速度大幅降低或是停滞。如果发现有异常问题，是否能够将问题整理归类，同类型的问题采用同样的处理、协调流程，提高解决速度。

3）内外部驱动力。在维保消缺工作进行的过程当中，由于时间的推移以及需要处理其他一些繁杂事务的缘故，责任单位对于维保消缺工作的关注会慢慢降低。这时，就需要通过一些内外部的驱动力来保证责任单位对维保销项问题的整改效率。对于内部驱动力，我们就可以采用将维保工作与履约评价相关联的方式，在维保工作开始之前，制定好与维保工作相关联的评分标准，并予以公示。这样能够提高责任单位对于维保工作的重视程度，自觉进行整改。对于外部的驱动，可以通过定期公示销项率的方式来实现。

建立以上三种机制后，维保消缺工作可以按一定的流程顺利进行下去。为了避免不必要的矛盾，具体采用怎么样的形式开展维保工作以及保证维保工作的持续进行，应尽可能与各相关单位协商达成一致后再实施。

第7章
BIM技术应用

7.1 全专业BIM协调深化设计落地施工

7.1.1 BIM应用概况

组建项目各专业BIM团队，以项目BIM模型为载体，联合BIM顾问及各专业BIM团队，搭建项目BIM工作平台，展开对项目施工阶段BIM模型的创建及应用，包括BIM模型创建、BIM深化设计、BIM三维可视化、施工模拟、BIM方案模拟、BIM平台应用、运维信息维护管理、BIM创奖配合等相关BIM工作。实现项目施工BIM精细化管理，最终将BIM成果及项目BIM竣工模型移交至业主。

7.1.2 推广全专业BIM协同深化设计

1. 全专业BIM深化设计

项目配备土建、机电、钢构、幕墙等全专业BIM团队，梳理全过程施工管理BIM工作思路，通过“建模-协调-优化-实施-复验”流程，实现虚拟模型与现实建筑的完整映射。在BIM深化设计中，项目管理授权BIM深化设计机制：①形成由BIM深化问题报告引起变更下发机制；②BIM深化成果“四审”机制；③BIM成果先盖章签字后施工机制。

2. 机电BIM深化设计

根据各专业BIM模型整合，含建筑、结构、机电各专业、Tekla钢结构模型导入，依据建筑功能、相关安装规范要求、建筑设计净高等要求完成全专业BIM深化设计，最终具备BIM出图的标准，如图7-1所示。

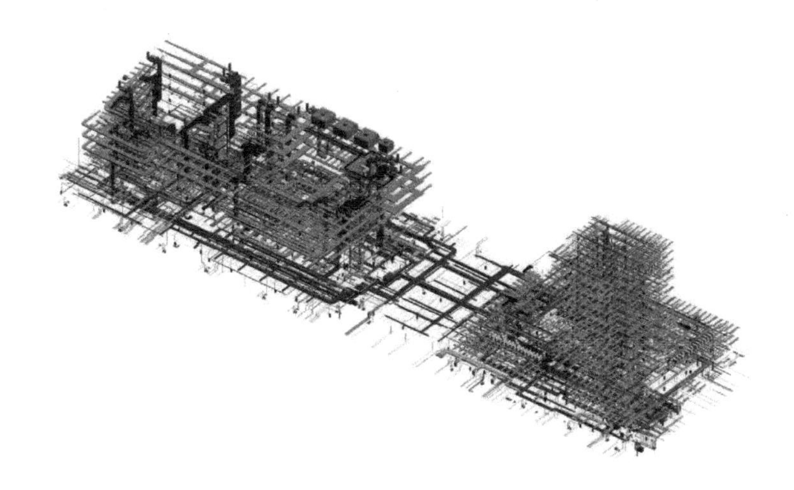

图7-1　7栋图书馆、8栋大数据与互联网学院机电模型

项目机电BIM深化设计流程：①利用三维BIM软件根据设计各专业图纸创建机电模型；②经过专业设计间的图纸会审与BIM顾问全专业模型审核；③对发现的问题进行深化设计并形成设计方案和技术方案；④最后，输出深化设计成果。

机电BIM深化着重解决管线密集走道，车库车道净高，机房综合布线，室内外管线一次结构预留，市政接驳，复核钢构斜撑/偶撑碰撞，净高不足钢梁开孔，幕墙装饰机电末端等问题。最终，完成一次结构套管预留洞出图，机电综合管线深化出图，净高出图，给水排水/电气/暖通专业出图，复杂节点剖面出图；同时，对BIM优化设计部位云线标记。

3. 钢结构BIM深化设计

项目各单体均为钢框架结构，涵盖了承插式劲性柱、钢斜撑、钢桁架、钢拉杆、大悬挑屋盖、管桁架屋盖等多种形式。通过Tekla BIM模型深化、BIM信息数据构件清单、工厂下料控制、BIM半自动构件预拼装、构件运输现场交底安装，实现钢构"一体化"装配施工。在悬挑梁预拼装单元整体吊装、塔楼核心筒与外围钢构同步流水施工、超长巨型钢拉杆施工、屋面管桁架拼装等重大方案中，以及钢构与幕墙机电节点专业优化等，应用BIM技术模拟交底施工，如图7-2所示。

4. 幕墙BIM深化设计

幕墙系统包含采光顶玻璃幕墙、阳光板/铝镁锰板屋面幕墙等十几类系统，幕墙节点达258个。应用Rhino创建BIM模型，结合GH进行参数化设计，完成幕墙BIM材料下单、二维码加工运输管理、BIM安装定位交底、屋面采光顶/悬挑结构整体分榀吊装/外立面幕墙安装等方案模拟，实现幕墙"一体化"工艺；同时，利用BIM下单模型，直接完成BIM工程量提取。

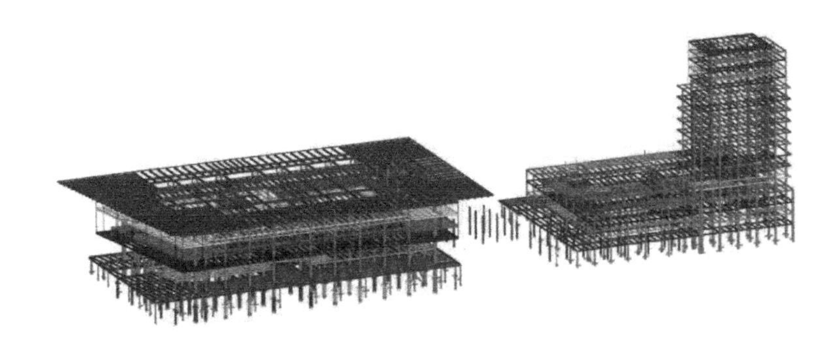

图7-2　7号图书馆、8号大数据与互联网学院钢结构模型

5. 深化设计落地施工

根据设计各专业图纸，利用三维BIM软件提前完成综合管线深化设计，从模型到图纸，先后经过BIM顾问全专业模型审核，再进行深化出图BIM顾问审核。通过后进行设计院图纸审核，层层审核通过，最终各方签字盖章后进行现场施工。

7.1.3　总结

项目BIM应用契合特区政府工程先进建造体系，BIM应用一次深化解决16580个碰撞问题，一次结构洞口预留，优化洞口124处；应用BIM深化设计，问题报告解决专业碰撞、设计优化、设计变更达252份，深化设计成果效益较好；应用BIM实现钢结构/幕墙BIM装配化、BIM下料、施工模拟、技术交底等应用，为项目工程建设提供可靠帮助，BIM应用案例可推广使用。

7.2　钢结构、幕墙等危大工程BIM施工方案模拟

7.2.1　背景

以施工总承包Ⅱ标为例，介绍其钢结构、幕墙等危大工程BIM施工方案模拟。本标段建筑面积约179500m²，其中：地上建筑面积约129800m²，地下建筑面积约35100m²，二层连廊面积约14520m²。

本标段范围内的建设内容主要包括图书馆、体育馆、大数据与互联网学院、公交首末站建筑单体，二层连廊、校园道路、市政管线及其他相关配套（校门、牌坊等）工程，如图7-3所示。

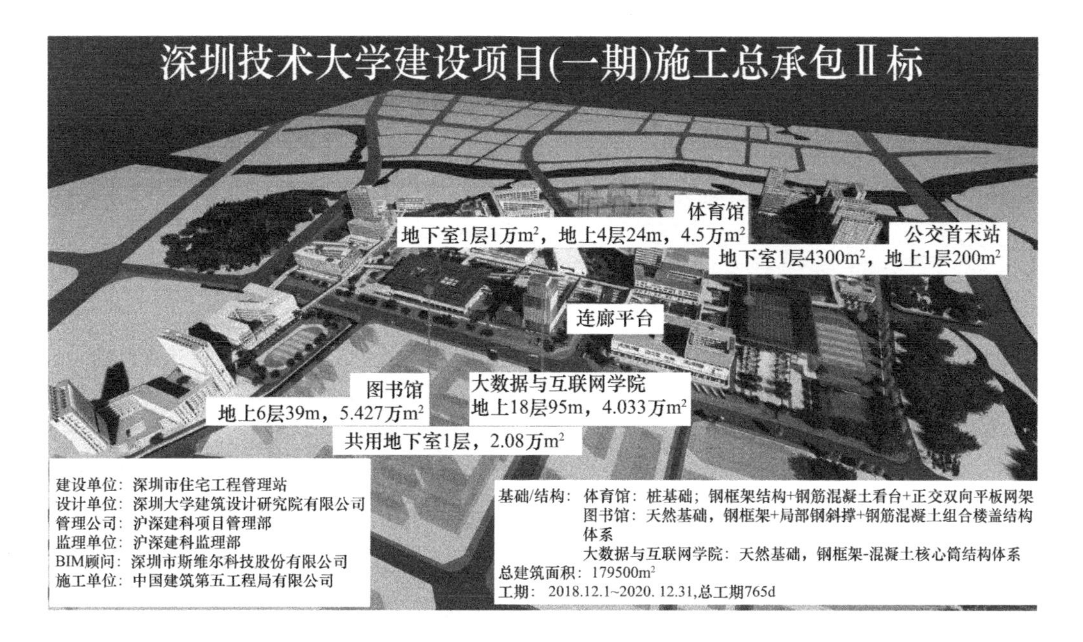

图 7-3　深圳技术大学建设项目（一期）标段内建设内容

1）图书馆、大数据与互联网学院共用地下一层地下室，层高约 6.5m，地下建筑面积约 20800m^2，主要功能设置为设备用房、车库、密集书库等；

2）图书馆，地上 6 层，建筑高度约 39m，地上建筑面积约 54270m^2，主体采用钢结构；

3）大数据与互联网学院，地上 18 层，建筑高度约 95m，地上建筑面积约 40330m^2，主体采用钢结构；

4）体育馆，地上 4 层，建筑高度约 24m，地上建筑面积约 35000m^2，地下 1 层，层高约 6.5m，地下建筑面积约 10000m^2，总建筑面积约 45000m^2，主体采用钢结构；

5）公交首末站，地上 1 层，建筑高度约 4m，地上建筑面积约 200m^2，地下建筑面积约 4300m^2，总建筑面积约 4500m^2，主体采用框架结构；

6）连廊平台约 14520m^2，钢结构；

7）校门（含门卫室及卫生间）约 23m^2；

8）牌坊约 26m^2。

7.2.2　推广钢结构、幕墙等危大工程 BIM 施工方案模拟

1. 钢结构 BIM 施工方案模拟

1）大悬挑钢梁、大跨度管桁架临时支撑施工模拟

7 栋图书馆结构平面在 3 层位置内收，4 层至屋面层挑出，由悬挑 H 型钢梁、钢拉

杆及屋面构架层桁架结构组成，形式独特，悬挑距离达 8.1～12.4m，施工阶段需要设置临时支撑，如图 7-4 所示。

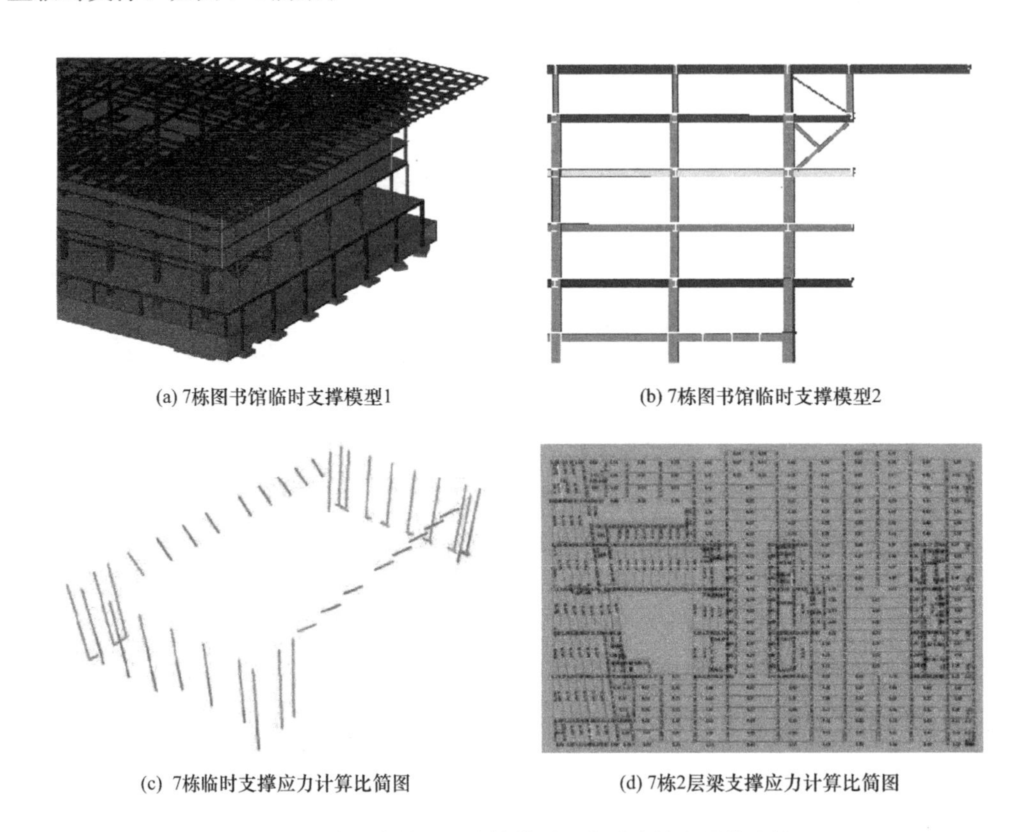

(a) 7栋图书馆临时支撑模型1

(b) 7栋图书馆临时支撑模型2

(c) 7栋临时支撑应力计算比简图

(d) 7栋2层梁支撑应力计算比简图

图 7-4　7 栋图书馆临时支撑模型及临时支撑力计算比简图

悬挑部位需在 4 层悬挑主梁正下方对应的 2 层结构梁或柱上设置临时支撑，随后以先临时支撑、后悬挑主梁、再次梁的顺序吊装。每个楼层形成稳定体系后，再向上扩展吊装。待屋面楼板混凝土浇筑完成后，悬挑部位自重荷载全部施加完毕，拉杆上下安装孔间距基本不变时安装钢拉杆。屋面楼板混凝土强度达到 100%后，开始拆除临时支撑卸荷，完成结构体系转换。

8 栋大数据与互联网学院为内筒外钢结构，项目综合考虑工期及施工措施，在核心筒周围加设施工临时支撑，如图 7-5 所示。实现外钢框架与钢筋混凝土核心筒同步施工，在保证施工进度的同时，实现安全性和经济效益最大化；塔楼在 15 层结构西侧及南侧内收，15 层至屋面层西侧及南侧为悬挑桁架结构，桁架悬挑距离为 3.35～5.85m，施工阶段需设置临时支撑。

8 栋塔楼核心筒与外围钢框架连接处需设置的临时支撑有三种情况：

（1）核心筒北侧 8 根辐射梁的临时支撑拟采用箱形柱的形式。

(a) 8栋核心筒周围临时支撑

(b) BIM方案现场实施

(c) 8栋大数据与互联网学院临时支撑模型

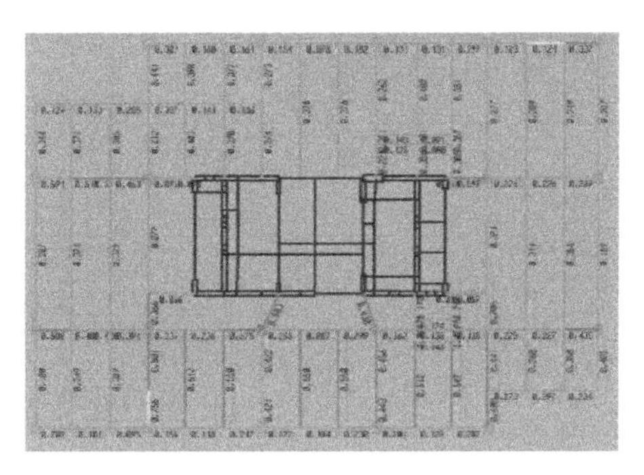

(d) 8栋14层梁支撑应力计算比简图

图7-5　8栋临时支撑模型及现场实施情况

（2）核心筒的东、西、南三个方向辐射梁跨度均在3.3m以内，施工过程此部分辐射梁仅承担自身重量及少量的施工荷载，因此拟采用在靠近核心筒一侧搭设钢管格构柱进行临时支撑。

（3）核心筒的东、西、南三个方向楼承板铺设方向为：顺桁架方向与剪力墙垂直，即楼承板上的荷载是需要传递到核心筒剪力墙的。但此时核心筒混凝土结构正在施工中尚未形成强度，不足以为楼承板提供支承条件，因此在此部位的楼承板下方搭设临时支撑架体。

临时支撑的底部设置在楼层板面，顶部支撑于梁底或板底。支撑高度根据层高表进行确定。

14栋体育馆泳池顶布置有16根南北向跨度为30.4m的大跨度钢梁，大梁截面高达1.4m；羽毛球场屋盖网架及篮球场屋盖网架为正交正向双层平板网架，东西跨度为66m，南北跨度为126.6m；屋盖四个角部为双向悬挑梁，最大悬挑距离达25.3m，施工阶段均需设置临时支撑，如图7-6所示。

对于部分钢梁间距较大，当钢梁间距超过楼承板施工阶段允许无支撑跨度时，就需要在楼承板下部采取临时支撑措施。钢管支撑架作为楼承板施工阶段的临时支撑，采用钢管、扣件等材料搭设架体。钢管底部铺垫 150mm×150mm 的模板小方块，搭设双排立杆，间距为 1m，立杆间距也为 1m 双排立杆之间用拉杆连接，拉杆和横杆均为四道，第一道距离地面 300mm，第二道距离第一道和第三道均为 1350mm，第四道距离第三道 1100mm。支撑架立面和侧面均设置剪刀撑。顶托放于立杆顶部，顶托槽内放置支撑钢管，调整顶托高度直至支撑钢管与楼承板底贴合。

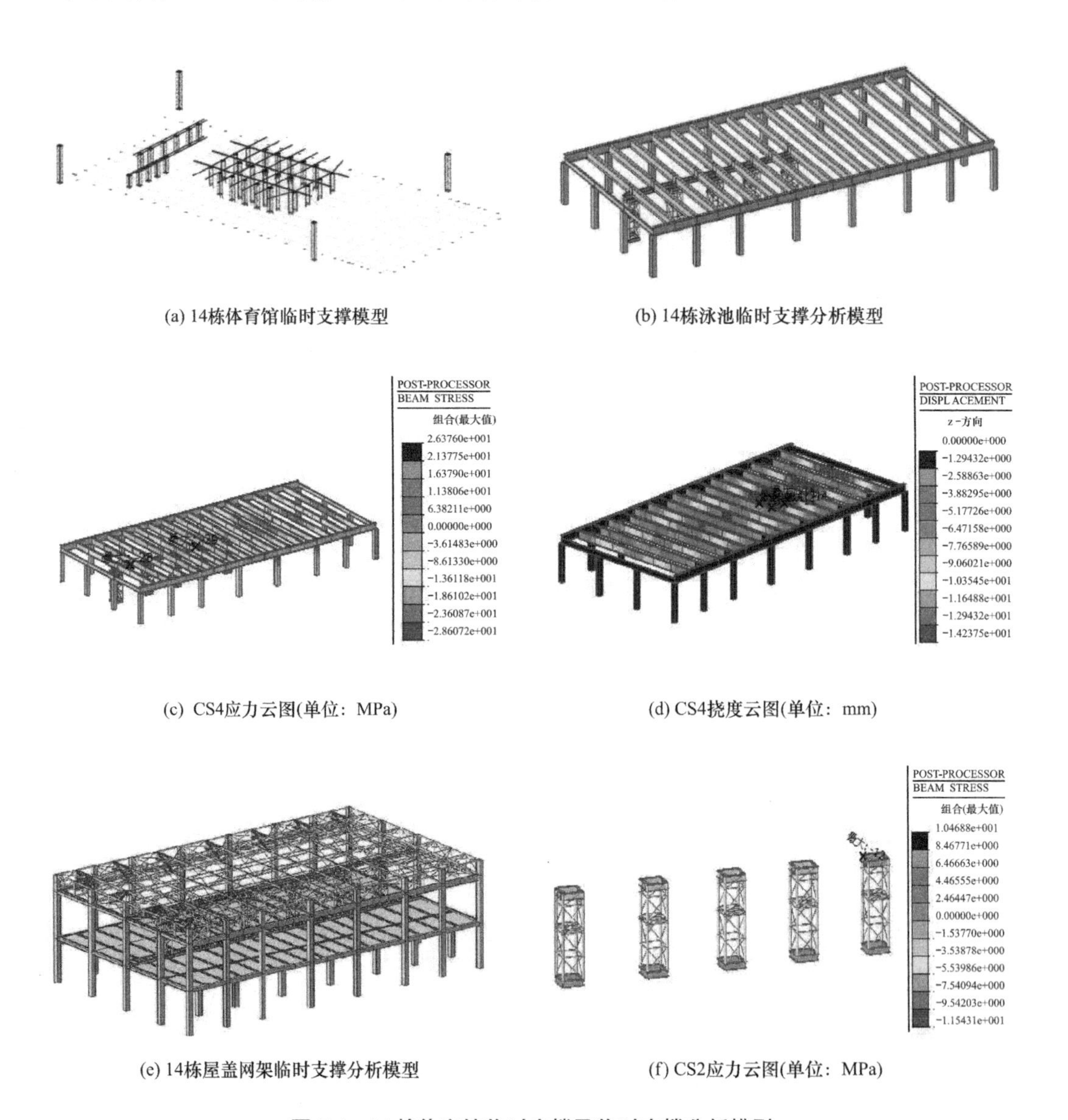

(a) 14栋体育馆临时支撑模型　(b) 14栋泳池临时支撑分析模型

(c) CS4应力云图(单位：MPa)　(d) CS4挠度云图(单位：mm)

(e) 14栋屋盖网架临时支撑分析模型　(f) CS2应力云图(单位：MPa)

图 7-6　14 栋体育馆临时支撑及临时支撑分析模型

2）悬挑结构整体拼装与吊装施工模拟

由于本工程悬挑结构多，工程量大，为提高施工效率，拟根据结构构件特点、吊装设备起重能力等条件，将悬挑结构局部若干数量的钢梁在地面堆场内拼装为一个整体，随后采用塔式起重机整体吊装。通过运用 BIM 技术对整体拼装及吊装方案进行模拟，对拼装单元重心、吊重和稳定性进行验算，保证预拼装施工的准确性和吊装安全性，如图 7-7 所示。

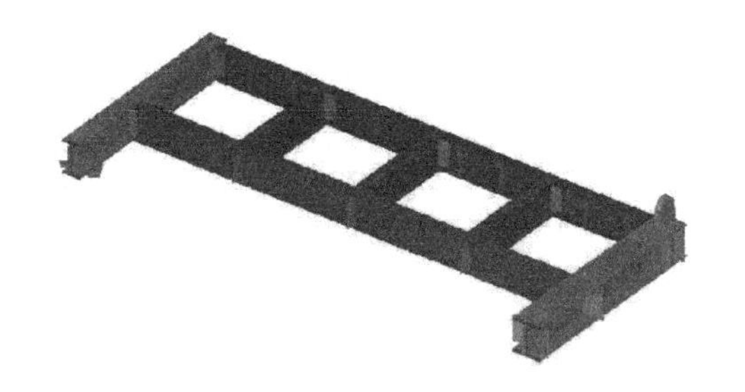

(a) 悬挑梁预拼装单元一

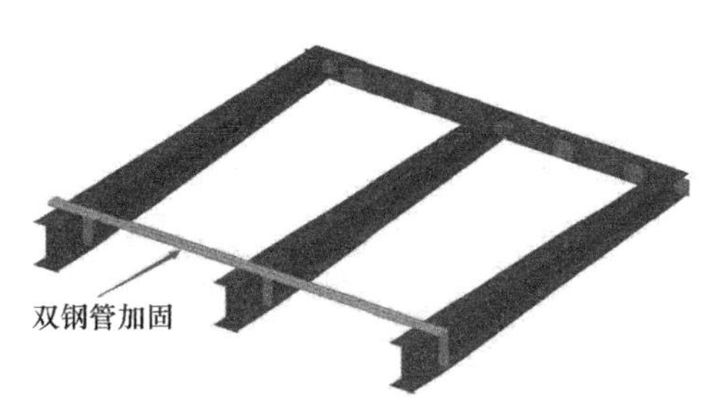

(b) 悬挑梁预拼装单元二

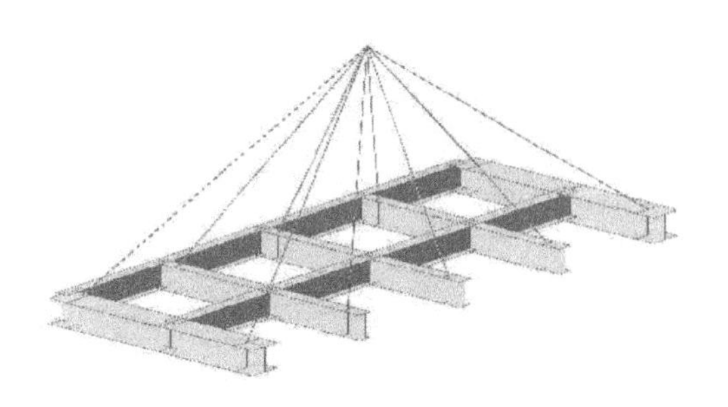

(c) 悬挑梁预拼装分析模型

(d) 悬挑梁预拼装单元应力计算

(e) 悬挑梁预拼装单元整体吊装

(f) 悬挑梁预拼装单元就位

图 7-7　悬挑梁运用 BIM 对整体拼装和吊装方案进行模拟及落地情况

2. 幕墙 BIM 施工方案模拟

竖明横隐玻璃幕系统施工模拟：

该玻璃系统主要位于 7 号楼 7.2～18.4m、14 号楼 0～18m，横梁均采用铝合金型材；立柱采用有氟碳喷涂钢通龙骨和铝合金型材立柱两种，如图 7-8 所示。主龙骨均采用钢连接件与预埋件或主体钢结构焊接，横梁与立柱均通过不锈钢弹销或角码连接。幕墙龙骨与玻璃面板之间采用压板连接方式，而压板与龙骨之间采用螺钉的连接方式，同时压板与玻璃面板之间设置了胶条。玻璃面板外侧采用铝合金装饰盖，直接扣接在压块上。

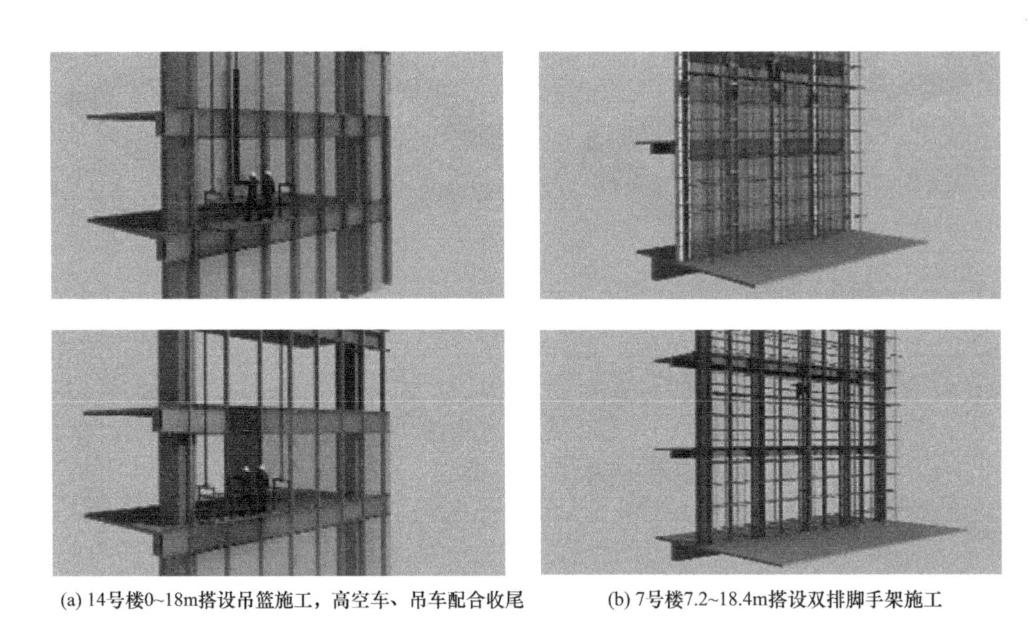

(a) 14号楼0~18m搭设吊篮施工，高空车、吊车配合收尾　　(b) 7号楼7.2~18.4m搭设双排脚手架施工

图 7-8　竖明横隐玻璃幕系统施工模拟

3. 样板工序模拟

7 栋图书馆样板区位于北面二三层 7-11 轴～7-12 轴。整个安装过程提前在 BIM 模型中模拟，从埋件安装到面板安装，每一道工序都在 BIM 模型中反复推敲，检验安装节点的合理性，提前规避安装过程中可能遇到的各种问题，确保了样板高效、高质量完成，为大面施工打下了坚实的基础，如图 7-9 所示。

4. 采光顶幕墙系统施工模拟

该幕墙系统主次龙骨均采用钢龙骨，主龙骨均采用钢连接件与预埋件或主体钢结构焊接，横梁与立柱采用焊接，钢龙骨上面用螺栓组连接铝合金底座，面板安装在底座上面。

5. 阳光板屋面系统施工模拟

该屋面系统龙骨均采用钢龙骨，钢角码与主体钢结构焊接，主龙骨与钢角码通过螺栓组连接。钢龙骨上设有铝合金底座，阳光板面板安装在铝合金底座上，用螺栓组和压板进行固定，最后安装外装饰盖。

(a) 模型与现场对比

(b) 幕墙样板效果

(c) 幕墙样板现场安装

图 7-9 BIM模型模拟7栋图书馆样板安装

7.2.3 总结

项目钢构、幕墙BIM通过各专业间BIM应用深化设计对各个专业间进行碰撞检测以及模拟现场施工流水，选择最优的实施方案，通过BIM复杂节点及三维技术交底，组织各专业工程进行确认交底，尽可能避免施工时造成工期延误、返工等问题，为项目工程建设提供可靠帮助，BIM应用案例可推广使用。

7.3 无人机倾斜摄影技术应用

近年来，随着无人机技术的快速发展及普及应用，以无人机为依托的无人机倾斜摄影技术也得到了快速推广及应用。由于无人机倾斜摄影技术可以获取大量密集的、高精度的三维点云数据及数字表面模型，与BIM技术进行一定的技术融合，故在施工领域正在得到越来越多的应用及探索。

7.3.1 案例背景

本项目施工总承包Ⅲ标段建筑面积约23万m^2，占地面积约18万m^2，项目场地较大，分为2号及4号两个区域分别组织施工，对日常现场的排查管理的全面性增加了困难。并且，场地内存在较为高大的山体以及既有水道，根据景观图设计，后续将修筑为大的景观山坡及景观湖，需要进行频繁的土方开挖及填筑。在施工过程中也需要不断进行场地的相关测量及区域土方测算的工作，使得土方平衡的计算工作较为复杂。如果运用传统的土方计算方法，不仅需要测量人员进行多次频繁测量，费时、费力，而且也容易出错。

为了解决上述问题，同时响应项目的数字化建造技术发展，研究引入无人机倾斜摄影技术，拟通过更为便捷的数据获取，构建场地的实体表面模型，通过模型在项目的日常管理、测量工作、土方算量等方面，进行深度结合应用。

7.3.2 实施要点

无人机倾斜摄影的工作流程包括无人机外业航拍数据获取，以及内业的软件数据处理，最终生成带GIS数据的三维实景模型。实景模型可以真实地反映区域地形地物，相比较于普通的航拍图片，它等全方位展现出整个项目的具体情况，弥补只有正射影像的不足。同时，实景模型还具备较强的可测量性，可便捷地进行点坐标查看，距离测量、面基测量、体积测算等功能。实景模型是对传统的依靠人力测量及手工数据计算方式的革新与突破。在项目建设的过程中，能在多方面与现场实际实现密切配合，在一定程度上加快项目施工进度同时节约成本。

主要实施要点和步骤如下：

1. 技术应用路线

无人机倾斜摄影技术首先是通过无人机航测获取实际地形的高质量地形图像及

POS 数据，然后经过数据处理软件将图像进行空中三维匹配，用既有的控制点人工干预辅助调整模型，最终形成现状地形的三维表面模型。利用实景模型实现后续的场地测量，全景排查，土方测算等内容。

具体应用路线如下：

1）现场踏勘，确定现场地形的测区范围和地形情况，根据现场和周边环境，确定无人机飞行区域及高度，开展航测数据采集工作；

2）确定现场地形控制点，测量控制点地理坐标信息，也可以采用既有的场区或建筑物细部控制点；

3）在数据处理软件中添加现场控制点信息到相关的图像中，所有图像空中三维匹配完成后，结合图像纹理生成现状地形表面模型。

2. 技术应用要点

1）航线规划及拍摄

综合考虑待测区域的地理位置、线路走向等因素，利用移动端软件 DJI GS Pro 对航线进行规划，确定无人机飞行高度为 120m，摄影的航向重叠率和旁向重叠率均为 70%；同时，为了保证无人机拍摄影像的质量，减少误差，控制飞行速度不宜超过 10m/s，以不同视角飞行 3 条航线以上，对现场进行影像采集，如图 7-10 所示。

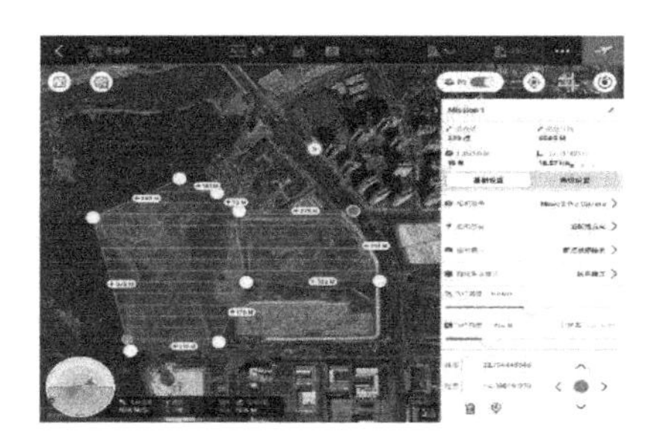

图 7-10　航线规划及拍摄

2）基准控制点测设

在红线范围内选取不易被施工活动影响的位置作为实景模型创建的控制点，场内现状地形起伏较大，故测设 12 个控制点，保证地形的高处和低处都有一定数量的控制点，并用混凝土试块作为控制点位置标记物，再利用 RKT 测量出控制点的坐标并记录下来，如图 7-11 所示。

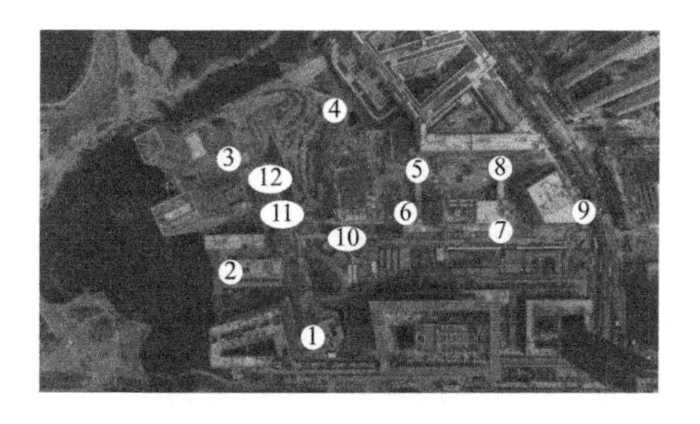

图 7-11　基准点布置图

3）影像与控制点密集匹配

将外业采集的航拍图像数据及控制点的GPS数据录入倾斜摄影处理软件Context Capture中，并通过控制点的真实坐标数据，对图像数据进行控制点的标记工作，对10个控制点进行标记，剩余2个点用于后续的复核，以保证实景模型坐标信息的精确。

4）软件自动进行空中三角测量匹配

倾斜摄影处理软件Context Capture自动检测数据准确性，检查无误后软件自动进行空三加密处理，自动生成地表地形及完成纹理覆盖，形成现状的地形表面三维模型，如图7-12所示。模型生成完毕后，通过实景模型内点坐标测量功能对12个控制点进行复核，判断模型的精度，确保模型的精度平面为±5cm以内、高程在±10cm以内。

图7-12　最终三维实景模型成果

3. 实景模型功能应用

1）辅助现场快速测量

由于生成的实景模型是带有GIS数据的模型，在实景模型内可直接对现场任意一点的坐标进行查看，对任意一段需要量测的距离进行直接测量；同时，对某一片待测区域也可像CAD一样，便捷地实现区域面积的统计及查看。对于现场存在的高大山体，人员上去测量不是很方便甚至存在一定的危险性。这时，利用实景模型便可轻松这个问题，实现便捷的快速测量，省时、省力。

2）现场全景排查

项目的场地较大，特别是各栋单体同时在施工的时候，在场地材料管理、作业内容管理、安全风险因素排查方面很容易出现遗漏。日常的普通航拍图片由于拍摄角度固定，往往只能查看一个位置的情况，也很难做到面面俱到。而在实景模型内，即可轻松实现这项任务。通过前期无人机航测对现场的多角度及全方位扫描，许多现场的细节都可不遗漏地实现记录。利用实景模型，便可在安全施工、文明施工等多方面，实现对现场的辅助排查，如图 7-13 所示。

图 7-13　场地材料及作业内容排查

3）土方量轻松测量

在实景模型内确定一个基准面后，可便捷地对特定的区域进行体积量的量测，直接查看该区域的土方回填及开挖所需体积。项目根据设计地形标高的变化情况对项目进行区域划分，针对山体、水道、地下室回填土、地下室顶板覆土、道路区域回填土等几个方面，通过实景模型的辅助测量，实现了土方量的便捷测算，如图 7-14 所示。

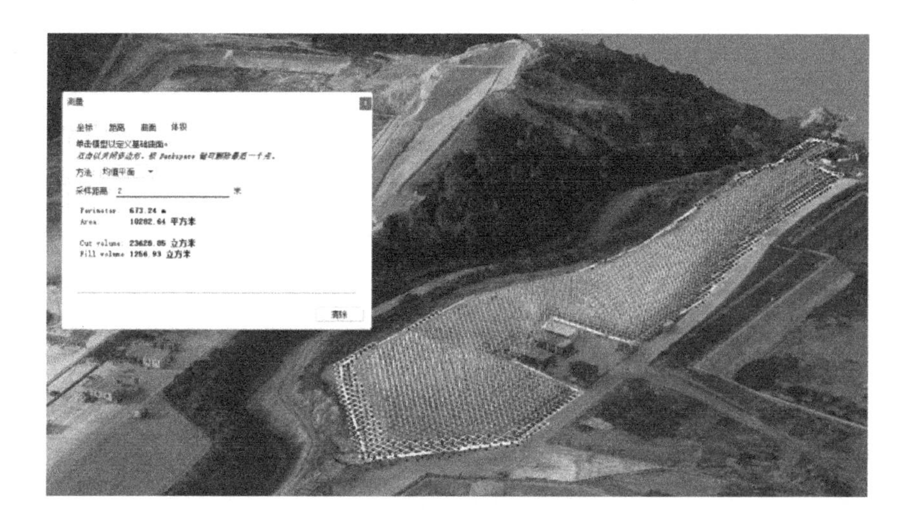

图 7-14　场地原始堆土量测算

7.3.3　经验总结

无人机倾斜摄影技术适用于所有建设项目，特别是项目场地较大，地形差异明显的项目。通过本项目的实践成果，相较于传统的方法，该项技术展示出以下几方面的优越性：

1. 测量灵活、快速

无人机航测技术机动、灵活，不受地形限制，在平缓、陡峭地区均适用。有时内场工作人员急需某项测量数据，而手头又无相关资料时，如果联系测量员进行再次测量，将大大降低效率。而通过倾斜摄影生成的实景模型，所有的外业测量获取数据的工作都可以在室内直接进行，极大地节省了测量的人力投入，提高测量效率。所有人均可以在实景模型内快速获取需要的数据，节省了各部门工作对接的时间及效率。

2. 第二场地排查覆盖全面

无人机倾斜摄影能实现项目场地的全面覆盖扫描，不放过任何一个扫描到的角落。管理人员在最终的实景模型内可通过高空视角对现场进行全面排查，包括地面及楼屋面，随时随地检查场地材料堆放情况、安全设施配备情况、施工路线组织情况、作业内容执行情况等内容，实现了更为便捷且全面的现场施工管理。

3. 区域土方量情况快速掌握

通过对比不同时间段的实景模型，可便捷地了解某一片区域的土方量变化情况，省去了人工测量的人力成本；同时，与传统的土方计算在二维图纸上用方格网计算的方法相比较，实景模型内更为便捷地实现数据提取，为造价人员提供数据的参考。

但该项技术也存在一定的局限性。①场地较大时，航拍需要规划更多条航线，导致拍摄时间较长，气候环境条件发生变化，条件有区别的影像进行匹配时会影响模型的精度情况。②航线数量设置越多，后续电脑软件运算的数据量越大，模型生成需要1～2d深圳更多的时间，而航线数量设置不足，影像扫描会缺少细节，最终实景模型的质量会得不到保证。③对于植被覆盖较多较密的地区，无人机很难捕捉到植被以下地形的情况，影像对该区域的土方量测算准确性。

综上，无人机倾斜摄影的技术运用能与项目的建设过程紧密结合，在进度、安全、经济等方面创造一定的价值，特别是大型的建设项目显得更为突出。同时，该项技术的应用远不止于此，在质量检查方面、与BIM模型深度应用方面等，仍有较大的空间可进行探索，为项目创造更大的价值，为项目的智慧化建造实现赋能。

7.4 基于BIM的VR技术在大型建设项目中的应用

VR技术增强了BIM技术的可视化能力，使得BIM技术与VR技术相结合，使得BIM技术的可视化性、模拟性增强，使得参建各方以最简单直观的方式参与到项目建设中来。下文介绍了BIM+VR在深圳技术大学建设项目一期中的精装选型、安装工程和施工管理三个方面的应用情况。

7.4.1　工程概况

深圳市技术大学项目（一期）的4个总包标段，20多个分包工程广泛应用了BIM+VR技术，对问题沟通决策、项目管理技术提升起到非常好的助力作用。本书将BIM+VR技术应用于深圳市技术大学项目（一期），该项目制作精装样板间、各类机房及各标段施工管理720全景球共计321个，来指导施工。

7.4.2　BIM+VR技术在精装选型对比中的应用

随着BIM技术的逐渐成熟及科技的快速发展，VR技术在建筑领域也备受青睐。它能够使体验者身临其境，感受更加真实的装饰效果。

传统的装饰视觉体验是以效果图的形式呈现，由于受光源限制，导致出现“卖家秀”与“买家秀”色差严重的问题。效果图往往只能呈现某一角度的效果，容易出现死角，体验效果不佳。通过BIM+VR云技术可以很好地解决此类问题，不仅可以沉浸式体验整个房间的布局；还可以通过设置来调整房间内的风格，更好地选择装修风格；以及调整点位，找到适合自己的点位安放位置，为入住后增添便利。

BIM+VR可视化技术制作简单、成本低。它是基于设计图纸在Revit中建立全专业模型，后通过.Fbx文件导入虚拟引擎中渲染，确定全景图合适的视点将其输出为多张全景图，并经过热点，实现场景切换。

基于BIM的VR全景图制作流程：

1）创建RVT模型并导出SFC文件；

2）利用uniBIM For Revit导出3DS文件；

3）利用uniBIM For Revit导出FBX文件；

4）利用3DMAX进行构件合并、面数优化、材质合并、分离UV；

5）将3DS文件导入unrealEngine中，调整位置、处理材质、照明调整、碰撞设置和操控设置；

6）终端输出；

7）VR全景图制作完成后，可以通过PC端、手机端、VR眼镜等各类终端设备进行VR体验，使装饰效果无死角地展示在业主及参建各方的面前，通过VR眼镜，更能把自己完全沉浸在场景中。在VR体验中，可以利用渲染器设置选择不同时间和季节的光照角度和光照效果、调整室内灯光的开关和明暗，更换墙地面材质的颜色及砖块的大小，更好地进行模拟对比选型。

7.4.3 BIM+VR 技术在安装工程中的应用

BIM 是以数字信息作为基础进行各专业模型的建立，具有可视化、协调性、模拟性、优化性和可出图性等特点。VR 沉浸式体验，加强了具象性及交互性，大大提升了 BIM 工作效率，进而推动 BIM 技术在各专业中的有效应用。

通过 Revit 软件进行设备、管线的精确定位，并导入 Fuzor 中进行漫游浏览，感受机房安装后的整体效果。对于位置不合理的设备可实时修改，即时查看修改后的效果。

Fuzor 的应用是较为简单的，它可以和 Revit 联动，无需中间转换文件；并且，可以外接 VR 设备，在其中查看构件信息，创建和移动管道，还可以实时测量各构件或家具之间的距离，更直观地了解整个房间。让我们的 VR 应用更为便利。

7.4.4 BIM+VR 技术在施工管理中的应用

在施工中，对代表性重要的空间，制作 720 全景球并出具二维码。通过扫描二维码查看房间内部信息，再结合复杂部位的节点动画指导施工。

720 全景球及二维码生成步骤：

1）创建 RVT 模型并导出 SFC 文件；

2）利用 uniBIM for Revit 导出 3DS 文件；

3）利用 uniBIM for Revit 导出 FBX 文件；

4）在 3Dmax 软件中渲染出 360°鱼眼效果图；

5）用 Pano2VR 软件生成 720 全景效果图；

6）在 720 云中上传全景效果图即可生成 720 云链接；

7）720 云中通过编辑可直接生成二维码。

类似深圳技术大学这类的大型建设项目，完整参观整个项目需要 1d，对于不需要亲临项目现场，但是却必须了解项目实际效果的项目建设人员，传统的现场检查的方法显然是不可取的。通过 720 云或其生成的二维码，可使现场检查变得更为便利。对于工作汇报，每一个机房都建立一个 VR 模型。在会议中，大家通过扫描二维码，可以在手机及其他终端设备中查看并给出意见。

7.4.5 结论

VR 虚拟现实综合利用了计算机图形学、仿真技术、多媒体技术，模拟人的视觉、听觉、触觉等感觉器官功能，使人能够沉浸在计算机生成的虚拟境界中，并且能够通过语言、手势等自然的方式与其进行实时交互。BIM 与 VR 的关系中，BIM 模型是内核，构建建筑主体、内部构造及各类信息，VR 是显卡，使模型中的构件及信息更加完美、直观地展现出来。两者强强联合，为 BIM 技术发展添砖加瓦。当然，在科技建筑的高速发展下，BIM 技术依旧存在很多需要发展和探索的地方，VR 技术会随着 BIM 技术的发展，为 BIM 提供更好的辅助作用，从而使得科技建筑的发展更加顺畅。

7.5 基于 BIM 的土方平衡

土方量是土方工程施工组织设计中的主要数据之一，是采用人工挖掘时组织劳动力或通过机械施工时计算机械台班和工期的重要依据。工程施工前的设计阶段必须对土方量进行预算，它直接关系到工程的费用预算以及方案选优。而选择合适的方法，高效、快速、准确地进行土方量的计量工作，对工程项目合理、高效开展起到至关重要的作用。

本工程通过运用新兴的无人机倾斜摄影技术，以无人机作为航空摄影平台，对拍摄到的数据进行处理，建立施工前场地的高精度 BIM 三维实景模型；同时，结合 Civil 3D 软件，通过软件分析快速计算出场内土方填挖方量。

7.5.1 工程概况

深圳技术大学建设项目（一期）位于深圳市坪山新区石井、田头片区，按照建设区域划分为Ⅰ、Ⅱ、Ⅲ、Ⅳ四个标段。施工区域初始地形存在起伏的丘陵以及既有水道，根据施工图设计，场地内需要对丘陵和水道分别进行开挖和填筑；同时，场地道路及地下室顶板区域也需要整体填高。土方挖填区域多、工程量大，土方平衡的计算工作较为复杂。如果运用传统的土方计算方法，容易出错，对工程造价及现场的相关工作都会造成影响。

7.5.2 利用 Civil 3D 计算项目总土方需求量

项目场地较大，前期所有单体均分散在多个基坑内，基坑面积较大同时基坑之间存在原有水沟（竣工后扩大为景观湖），北侧还存在一座高大山体（竣工后改成小型的景观坡），场地现状与竣工结果变化较大，对土方总量的计算提出难题。

利用传统的“方格法”算量将存在较大的误差，而 BIM 可发挥出在精度上的优势。

利用 Civil 3D 软件可对项目原始地形及竣工后设计图纸的完成地形进行地形曲面三维建模，通过模型间的对比及计算，可精确地算出项目的土方需求量。

项目借助 Civil 3D 软件在地形及曲面分析方面的独特优势，对本项目的土方量进行了精准的计算。

在测绘原始面方格网及竣工园林图的基础上提取点数据，并通过 Civil 3D 软件创建原始曲面与完成曲面；同时，将整个区域根据实际情况划分区块，分别计算出各区域的土方挖填方量；最终，实现对整个项目范围内的土方平衡进行准确计量，如图 7-15 表示。

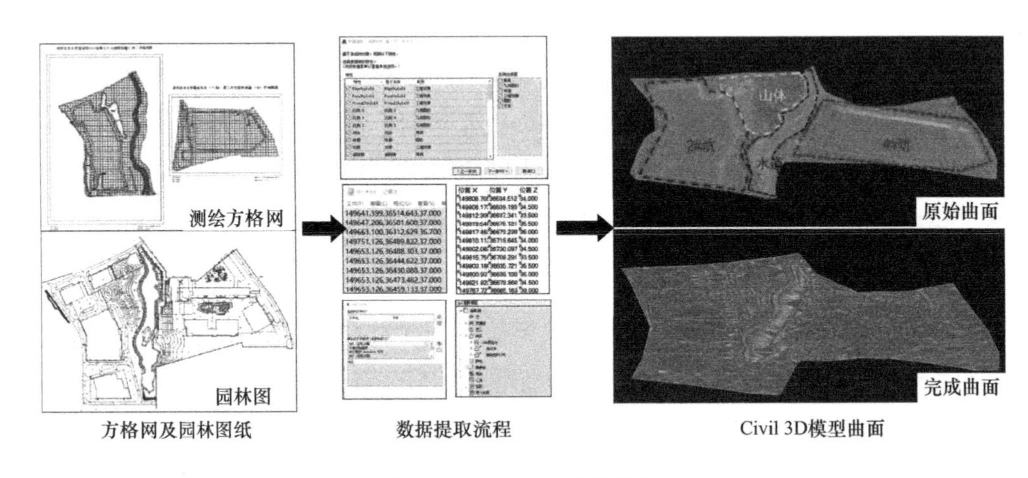

图 7-15　Civil 3D 软件算量

在利用 Civil 3D 计算总土方量的过程中，要定期将阶段性成果配合各个部门进行汇报分析，一步步完善使计算更符合现场实际；最终，形成了包括 BIM 土方平衡计算书、项目整体土方量情况表等成果文件，使应用的过程有迹可循。

7.5.3　利用无人机倾斜摄影技术

项目北侧的山体可开挖较多土方量，用于现场基坑回填及室外整个场地回填。随着现场的实际进展，山体的土方量也呈现出动态的变化，实时把控及掌握山体的变化情况，对现场土方的运用和区域调配是项目需要解决的问题。

两个基坑中间的原有水沟前期需要先回填，同时留出区域进行临时土方堆放，施工后期又要重新拓展开挖形成景观湖，在整个施工过程中土方变化情况也比较复杂，对该区域的土方把控也是项目的重点。

利用 BIM 结合无人机倾斜摄影的新技术，对现场进行周期性的扫描，建立基于

GIS的三维实景模型，不仅可以对上述重点区域的土方量进行直接测算，而且可以进行土方变化情况的动态对比，辅助各部门全方位了解该区域的土方情况，为后期的土方区域调配带来便利，如图7-16所示。

图7-16 周期倾斜摄影扫描

项目采用先进的无人机倾斜摄影技术，定期利用无人机按照设定的航线对现场进行扫描拍摄，利用采集的数据并通过逆向建模技术，建立基于GIS的实景模型，对山体及水道等重点部位进行重点跟踪，辅助后续现场的土方管控及区域内相关数据查询、测量，如图7-17所示。

图7-17 用无人机倾斜摄影技术逆向建模

1. 实景模型创建过程

1）选取控制点测绘坐标

选取不易受施工活动影响的位置作为模型创建的控制点，标记控制点位置，实地测绘对应坐标。

2）采集数据

使用DJI GS Pro软件，根据基坑周边环境，将无人机高度定为120m，同时规划航线，采集航拍数据。

3）校对数据

将航拍照片及数据录入软件中，通过控制点的实际坐标数据对数据进行调整，以保证模型的准确度。

4）合成模型

软件自动检测数据并进行空三匹配，将多角度的航拍照片进行分析合成为三维实景模型。

2. 实景模型测算土方量

1）基于模型进行分析

利用实景模型可以实现对现场的地形高程分析、基坑变形分析、面积体积测算、坐标测量等功能。

2）基于模型实时测算

在土方算量方面利用实景模型快速测量的特点，直接测算项目东侧山体的土方量周期变化情况，使土方计量更为精确。

7.5.4 总结

新兴的无人机倾斜摄影技术为施工中的土方计算打开了新的思路。它具有经济、灵活、机动、快速等特点，不受地理环境因素的限制，通过获取的数据处理形成高精度的三维地形表皮模型，通过设计地形标高结合测量计算能更精准地得到相应的土方挖填量数据。

BIM团队根据现场的实际情况，采用Civil 3D与无人机倾斜摄影相结合的思路，巧妙地利用两者的优势，对现场的土方算量进行更为精确的计算，为现场后期的土方调配、土方管控及土方费用估算都带来了极大的便利。

第8章 信息管理

8.1 主要工作内容

信息中心主要工作内容：项目建设过程中的文档管理、图纸管理、会议文件管理、报告文件管理、函件管理及信息平台更新维护等。

8.2 案例背景

本项目总建筑面积约96万m^2，建设工期约5年。从项目前期至项目完工阶段，项目上累计有参建单位约200多家。该项目体量较大，在日常的项目建设活动中，项目信息管理挑战较大、管理难度更大，因此通过本项目前期阶段、实施阶段的角度来分析总结项目管理经验。项目前期阶段信息管理：主要需要建设项目管理目标、明确信息管理依据、工作任务分工、信息平台建立等，在项目前期阶段做好整个项目信息管理的策划，并对项目管理的信息文件进行资料编码。项目实施阶段信息管理：主要需要制度项目上信息管理办法、明确日常文件传输流程、各类工程表格确定、文件档案管理、工程档案交档管理等。

8.3 实施要点

8.3.1 信息管理工作目标

本项目信息管理的工作目标为：使保证项目档案便于且有效的获取、处理、存储、存档。首先，通过对项目建设过程中产生的所有信息的合理分类、编码，促进各标段、各参建单位、各部门迅速、准确地传递信息，全面、有效地管理档案信息，并且客观地记录和反映项目建设的整个历史过程，有效地指导和控制项目实施。同时，借助现代管理模式及专业信息化手段，在工程建设过程中有组织地收集、整理、存储和传递档案信息，确保信息数据的通畅、共享，实现档案信息的真实性、完整性、准确性、系统性，建立数字化的信息体系。最后，按深圳市建筑工务署档案室、深圳市城市建设档案馆、深圳技术大学归档要求及时完成归档工作。

8.3.2 沟通管理工作目标

本项目沟通管理的工作目标：保证项目信息及时、正确地提取、收集、传播、存储以及最终进行处置，保证项目信息畅通。本项目涉及深圳市建筑工务署、深圳市住宅工程管理站（现已更名为深圳市建筑工务署教育工程管理中心）、项目管理部、设计单位、施工监理部、造价咨询、三个标段总包单位等参建单位，形成了非常复杂的项目组织系统，为了实现项目投资、质量、进度等目标，工程管理人员所进行的管理组织内部，参与单位之间以及管理组织与外部组织之间系统全面的沟通、协调和合作工作，实现工程项目有效管理，如图 8-1 所示。

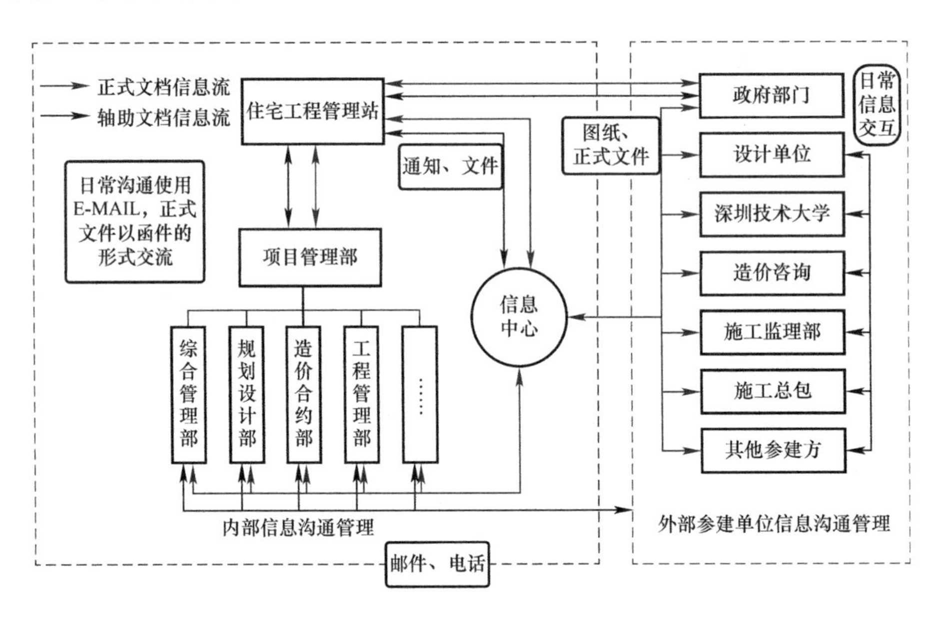

图 8-1 深圳技术大学建设项目（一期）信息与沟通管理总体框架图

8.3.3 信息与沟通管理工作依据

1. 国家级法律法规

1）《中华人民共和国档案法》（中华人民共和国主席令第四十七号）；

2)《中华人民共和国档案法实施办法》(国家档案局第 5 号令);

3)《高等学校档案管理办法》(教育部第 27 号令);

4)《建设项目电子文件归档和电子档案管理暂行办法》(国家档案局);

5)《重大建设项目档案验收办法》(档发〔2006〕2 号);

2. 地方级法律法规 (深圳市)

1)《深圳市城市建设档案管理规定》(深圳市人民政府令第 283 号);

2)《深圳经济特区档案与文件收集利用条例》(深圳市人大常委会公告第 48 号);

3)《深圳市重大项目档案登记验收与移交管理办法》(深档规〔2008〕1 号);

4)《深圳市城市建设档案移交进馆流程 (试行)》(深圳市档案局);

5)《关于工程文件档案管理问题的补充通知》(深建工〔2007〕115 号);

6)《工程文件材料归档管理办法》(深圳市建筑工务署);

7)《档案管理制度》(深圳市建筑工务署);

8)《项目管理手册》(深圳市建筑工务署);

9)《深圳市城建档案馆接收建设工程电子档案规范 (试行)》;

……

3. 工程技术标准、规范、规程

1)《纸质档案数字化技术规范》DA/T 31—2005;

2)《建设电子文件与电子档案管理规范》CJJ/T 117—2017;

3)《档案工作基本术语》DA/T 1—2000;

……

4. 服务合同

1) 依法签订的工程承包/服务委托合同;

2) 合同补充协议、合同招标文件及投标文件;

……

5. 服务过程依据

1) 经审核通过的图纸、变更等设计文件;

2) 经深圳市建筑工务署批准的咨询规划;

3) 服务过程中收集的相关文件、报告、合同等内业资料;

4) 服务过程中收集的照片、音频、视频、电子文件等数字化数据;

……

8.4 文档编码体系

本项目的档案信息资料种类繁多，必须分片区、分类型地对资料进行管理，按照档案馆验收资料（档案馆一套、建设单位一套、使用单位一套、署档案室一套竣工图电子 文件）、其他必要资料（如运营移交资料、各类管理制度手册）等，将项目根据纸质、声像、照片、电子等不同类型进行归档，如图 8-2 所示。

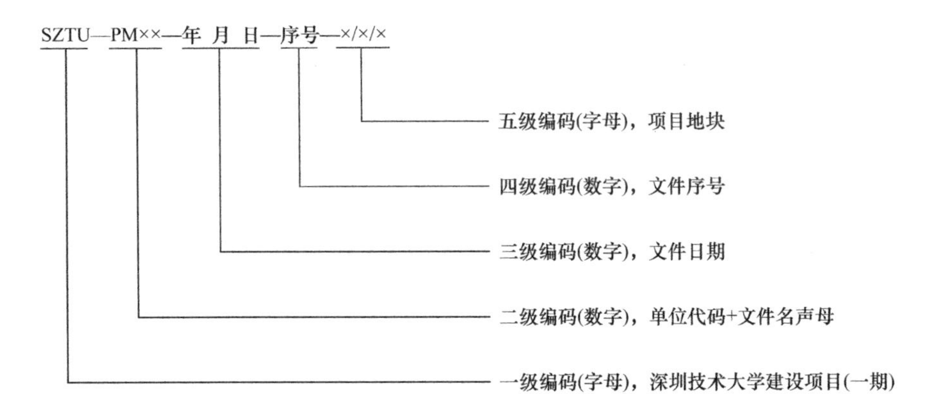

图 8-2 深圳技术大学建设项目（一期）资料编码总则

8.5 建立信息共享平台

运用先进的信息化系统提升项目的管理能力，工务署、全咨单位分别利用项目管理信息平台以及工程知识管理系统等信息化管理系统，用先进的管理手段整合项目关键信息和工程知识，为项目提供优质高效的服务，主要包括进度、质量安全、投资控制方面。

8.6 工程信息管理

为规范工程建设类项目档案管理，保障工程档案与工程建设同步进行，保证工程档案的完整性、准确、系统和真实、有效，以及按期归档、移交，依据市建筑工务署档案管理办法、项目交档要求等，专项制定项目信息管理办法，主要针对项目实施阶段，沟通过程中往来的工程资料、工程变更、函件等。

8.7 工程交档管理

本项目按照深圳市交档标准，交档项目实施双档案制度，即过程实体资料＋对应实体资料的电子档案资料。在项目实施过程中，建设方要在各参建单位进场时明确交档要求，也要及时进行培训指引和考核。同时，通过信息化平台的管理，保证项目交档满足要求。

8.8 经验总结

本项目工作任务重大，在整个项目建设过程中参建单位非常多，面对重大项目的信息管理，主要是人员投入要足够，对参建单位自身的管理水平要求较高，管理人员对工程信息管理的理解要深刻、熟悉各类规范及要求，做好项目信息沟通与协调。由于本项目为分批次交付，涉及信息管理方面的工作经验方面，有如下几方面特点。

1）加强统筹管理。本项目参建单位较多，建设单位人员配备不适合向下逐层管理，因此当项目体量较大、参建单位较多的时候，需要通过专业的管理方来全方位地协调各参建单位，组织及开展实施各项工作任务，加强沟通效率。

2）实施策划先行。在项目前期阶段，要合理分析项目困难及重难点，做好项目信息管理的策划工作，结合项目当地的标准，做好项目信息管理依据分析，重点完成信息管理的框架及项目编码标准等。

3）做好进场交底。在施工单位进场后，要对施工单位进行进场交底，告知项目程序化管理要求，移交前期阶段及标准要求文件及清单，同时要对施工单位进场后要做的工作进行要求，列出具体的工作任务及清单，及时做好工作交底。

4）精细化进行管理。在项目实施阶段，按照策划思路及现有管理办法、政策文件，抓好参建单位实体资料的管理，并结合信息共享平台，在实施阶段组织各类资料专题会议，对出现的问题进行督促整改，包括工程资料的及时性、准确性、完整性等，通过全过程的项目管理，督促各参建单位按期完成合同约定。

综上，通过项目的整体计划和统筹策划，在项目前期阶段就可以更好地开展实施阶段策划，对信息管理的各项工作目标、工作内容、分工任务等进行细化，是后续实施阶段开展信息管理工作的指导性依据之一；其次，在满足项目的沟通协调中，通过全过程的制度化、程序化、规范化、标准化的标准下，最大程度地实现本项目的各项建设，提高项目建设价值。

第 9 章

竣工验收移交

9.1 主要工作内容

本项目为大型公共建筑项目，为确保项目按期分阶段交付，在项目前期阶段，通过对项目整体情况分析，重点对竣工验收及移交管理工作进行策划，明确各单体的验收进度节点目标，保证满足使用方要求。在对项目进行整体策划阶段，需要将竣工验收及移交工作主要分为整体策划、竣工验收和交付移交三个阶段，其中主要的验收工作有消防验收、竣工验收、移交管理工作等。

9.2 案例背景

项目前期阶段参建单位较少，由于项目体量较大，后续涉及的参建单位较多，为加强大型项目管理，建设方采用全过程工程咨询模式，即全过程项目咨询＋设计管理＋监理的一体化管理模式。因此，涉及的项目前期策划，包括竣工验收及移交管理方面工作，主要由建设单位提出要求，由全咨单位对各项工作进行梳理，明确后续竣工验收需要进行管理事项，形成工程咨询规划交由建设方审批，后续实施阶段则按照管理方法执行。

9.3 实施要点

前期整体策划阶段，需要对各项验收事项及验收条件进行梳理，明确各项验收的前后顺序。结合深圳市各项验收指引，制定本项目竣工验收及移交策划。在此阶段，参建单位较少，包括建设单位、设计单位、全咨单位等，施工单位暂未进场，整体参与人员较少，因此在开展策划工作时候，需要管理方有一定的全过程管理经验，熟悉深圳市建筑工程建设的标准要求，并落实至策划文件中。

竣工验收方面，要针对现场进度做好管理，按照合同要求完成项目建设目标，做好各项专项验收的策划实施，并重点针对消防验收、竣工验收等重要的验收节点，做好二级策划，并在项目建设中组织各参加单位动员，做好项目验收方面协调，保证项目各项验收及竣工验收的完成。

9.4 竣工验收及移交工作目标

为确保项目竣工验收及移交工作目标实现，通过在前期阶段对本项目各地块分标段进行策划，根据使用方要求及教学需求，全咨单位在制定工程咨询规划阶段，拟定分标段招标及交付的思路，并按首批交付楼栋的思路，结合项目各单体建设特点，确保验收交付目标实现，确保使用单位的正常使用与日常维护稳步有序；对本项目的各项工作进行充分总结，确保工程收尾工作的有效、顺利完成。

9.5 监理预验收

监理预验收作为竣工验收的前置条件之一，为保证工程竣工验收顺利进行，监理在预验收方面需要进行有效的策划，组织工程项目各参建单位开展预验收，明确各人员组织职责，将监理工作程序化展开，依据监理大纲要求，制定了详细的监理规划、监理细则。在实施过程中，按照事前、事中、事后控制的原则，采取以预控为主的方针，通过各种控制手段以达到主动控制与被动控制相辅相成的目的。

9.6 工务署预验收

按照工务署预验收制度，为保证项目移交质量，工务署结合实际情况，编制了《深圳市建筑工务署项目预验收工作指引》。在项目竣工验收阶段，各项目需要成立验收小组，由工务署、建设单位、第三方评估单位、全咨单位组织各参建单位完成工务署预验收工作。计划开展预验收阶段，需提前做好工务署预验收策划，按照第三方评估标准做好自检合格以上，一定要避免出现一票否决的情况出现。

9.7 消防验收管理

消防验收管理需要建立消防联调专题会议制度，推进消防验收中存在的问题，在项目实施阶段，做好消防验收相关施工工作质量管控。在参建单位自检合格的基础上，要多次进行消防联动调试工作。在正式申报消防验收阶段，还要重点做好住房和建设局在现场验收的策划工作，包括现场管理人员要提前熟悉图纸、消防验收汇报、验收范围、消防验收路线、验收小组分组等。

9.8 工程竣工验收

竣工验收前，由全咨单位组织施工单位做好竣工验收计划，并提前督促相关参建单位准备好验收内业资料。设计单位、勘察单位、设计单位、施工单位、监理单位等参建单位参加竣工验收，保证验收单位的验收行为在质量安全监督总站监督人员的监督下进行。在项目进行竣工初验和竣工核验两个阶段，质安站质量监督组和各参建单位共同召开竣工验收会议，在现场检查后由质安站直接出具整改意见书，后续施工单位对质安站出具的整改意见书进行书面回复，并加盖各自单位的公章。

9.9 完工后相关工作要求

根据《房屋建筑工程质量保修办法》的规定，在正常使用下，房屋建筑工程的最低保修期限为：

1）地基基础工程和主体结构工程，为设计文件规定的该工程的合理使用年限；

2）屋面防水工程、有防水要求的卫生间、房间和外墙面的防渗漏，为 5 年；

3）供热与供冷系统，为 2 个供暖期、供冷期；

4）电气管线、给水排水管道、设备安装为 2 年；

5）装修工程为 2 年；

6）其他项目的保修期限由建设单位和施工单位约定。

9.10 经验总结

1. 积极推进各专项验收

竣工验收前，由施工单位通知监理单位进行验收，主要包括：隐蔽工程及检验批验收、分项工程验收、分部工程质量验收、单位工程验收等。关于各专项验收，本项目主要以消防验收、竣工验收为核心开展工作。在申报消防验收前，通过组织各种专题会、现场会议进行沟通协调，推进消防验收进展。一方面，紧抓现场进度与质量、安全管理；另一方面，做好申报消防验收资料准备工作，按照完成目标的计划时间，现场管理推进各项销项清单、倒排调试计划落实和调整。

2. 监理预验收工作

本项目监理在预验收工作中，通过质量问题分析原因，总结经验，组织相关单位展开专题讨论会，对于重复、繁杂的通病，要求施工单位做出相应整改措施，并组织质量员对于此类问题对工人进行交底。根据项目的特点和难点，引入风险管理理念，对项目进行质量、安全有效管理。对工程进行全方位风险评估分析，并形成针对性风险评估报告，使得在监理过程中，项目部能对本工程的风险有一个全面、系统的认识，进而使得现场管理能够做到有的放矢；同时，根据风险分析成果，制定针对性防范措施，使全体监理人员形成共同的风险意识并进行积极主动的控制。

3. 工务署预验收

在工务署预验收工作中，全过程工程咨询单位起到了非常重要的作用。深圳市工务署项目于2021年首次开展工务署预验收工作，全过程工程咨询单位仔细研究工务署制度，统筹协调各施工单位进行沟通协调，讲解工务署预验收流程及制度指引，让各参建单位能更快地融入了解制度及内容要求。另外，在整改过程中对接建设单位和工务署，能做好有效沟通和落实领导要求，加快督办施工单位进行整改回复，对提到的整改问题进行落实和闭合，推进工务署预验收工作实施。

4. 工程竣工验收

在项目实体基本完成时，由建设单位及全过程工程咨询单位组织各参建单位对现场进行查验，在进行自检合格的基础上，由建设单位向住房和建设局申请竣工验收，并提前做好会议议程、现场实体资料、竣工图、现场查验小组名单准备工作。在进行竣工验收会议当天，各参建单位按照现场查验小组名单，按照建筑组、设备安装组、节能验收组、资料组分别开展工作。在当天竣工验收总结会上，由住房和建设局针对现场查验问题进行宣贯，并形成纸质文件记录。

5. 项目维修保障工作

在项目竣工验收完成后，后面开展维保工作和结算工作，关于维保工作的重点与思考，首先要组织各参建单位召开专题会，形成专项维保人员通信录，通信录一是要有现场负责人的联系方式；二是要记录各参建单位项目负责人联系方式，并规定如需要更换维保人员应按照合同约定一周前予以告知建设方。维保工作开展后，还要对各参建单位合同条款和工务署制度进行梳理，明确参建单位在项目上的合同履约情况。

6. 项目移交工作

移交工作主要分为实体移交和资料移交使用方。在本项目消防验收、竣工验收通过后，建设方需要与使用单位沟通接收工作，组织使用单位及物业单位召开专题移交会议，并将项目移交使用方进行管理。在进行移交前，由总包单位、精装修单位对各自承包范围内容进行保洁，按照招标文件或合同进行履约，并提前做好项目维保方案，做好对使用方相关培训工作。

由此可见，在竣工验收工作中，要对各施工单位定期进行沟通，对现场进行巡视，对问题进行汇总及分类，并做好问题过程记录与存档。在每次专题会讨论的过程中，涉及设计需要提出解决方案的问题，要做好过程中的依据文件记录。另外要考虑到，对于施工单位不积极进行履约的情况，一是要做好对建设方的定期汇报工作；二是要做好对施工方书面文件督办，并按照合同约定和建设方沟通意见后，及时采取一定的有效措施。

第三篇
工艺工法提炼

第10章 土建结构工程

10.1 溶洞处理技术及应用

10.1.1 背景分析

1. 工程概况

1栋南区宿舍：为宿舍楼，无地下室，地面以上共20层，高77.100m；局部为8层，高33.750m；灌注桩共320根，桩径800mm、1000mm、1200mm、1400mm不等。根据地质勘察报告，此区域存在岩溶地质，如图10-1所示。

2栋健康与环境工程学院为教学楼，一层地下室、地上7层。灌注桩共368根，桩径1000mm、1200mm、1400mm、1600mm、1800mm不等。强风化为持力层摩擦桩为139根，微风化岩为持力层的端承桩为229根，如图10-2所示。

图10-1　1栋平面航拍图

图10-2　2栋平面航拍图

2. 地质情况

根据地质勘察报告、超前钻报告及现场情况，场地地层自上而下可依次划分为：

①粉砂层、粉质黏土层；②强、中风化互层粉砂岩；③强风化炭质灰岩；④微风化灰岩；局部含溶洞，溶洞为流塑～软塑状含砾黏土全充填、半填充及无填充。从超前钻数据分析，2 栋桩基揭露灰岩钻孔共计 256 个，123 个钻孔揭露溶洞，见洞隙率为 48%，线岩溶率 21.8%，部分钻孔中溶洞呈串珠状分布。

10.1.2　解决方案

1. 方案对比、分析

方案总体思路：根据超前钻资料修改后的桩基施工图，桩基分摩擦桩和端承桩两种承力形式。其中：摩擦桩：139 根，入强风化岩 30m；采用旋挖成桩。端承桩：229 根，入岩不小于 0.50m；采用冲孔成桩。

2. 溶洞处理内外部条件

针对本工程溶洞分布及溶洞填充物的情况，局部溶洞层数较多，为串珠状。溶洞层高 0.3～26m，根据溶洞深度、涉及面域、洞内填充情况及施工工艺的技术可行性、经济性和工期等条件进行分析对比，并结合第一次专家评审意见，选择最优的溶洞处理方案。

3. 方案选择

本工程溶洞处理采用多种方案相结合，以片石＋黏土回填、C15 素混凝土回填的处理办法为主，以预注浆和后注浆处理办法为辅。建议采用桩基跨越方案。

1）根据溶洞高度的不同划分（表 10-1）

根据溶洞高度的不同划分施工方法　　表 10-1

类型	高度	数量（根）	施工方法
1	＜3m	55	采用片石＋黏土冲填；
2	3～6m	25	1. 采用片石＋黏土冲填； 2. 对半填充/无填充溶洞先采用 C15 素混凝土回填，再冲孔成桩（或片石＋黏土回填冲孔）； 3. 预埋注浆管后注浆
3	≥6m	12	1. 建议采用桩基跨越处理方案； 2. 全填充大型溶洞采用预注浆处理，再冲孔成桩； 3. 无填充/半填充大型溶洞则采用 C15 混凝土掺片石回填处理，再冲孔成桩（或片石＋黏土回填冲孔）；预埋注浆管后注浆

2）根据溶洞填充物的不同划分（表 10-2）

3）根据单溶洞/串珠溶洞的不同划分（表 10-3）

4）根据溶洞有无横向连通进行划分

前期进行了 209 桩预注浆（预处理）初试验和 289 桩片石黏土回填（后处理）试

验，均在抽水点319桩位附近出现冒水现象（已对289试桩采取片石黏土护壁加厚应急处理措施），209、289、319桩位跨距非常大但却存在连通的可能性，且平时对319桩位抽水水位无明显下降趋势。溶洞大部分位于微风化岩下部，推测底部无填充、半填充区域内部连通，且可能为暗河。

根据溶洞填充物的不同划分施工方法　　表10-2

类型	填充状态	数量（根）	施工方法
1	含砾黏土全充填	38	1）小于6m全填充溶洞采用片石＋黏土冲填； 2）大于6m全填充溶洞采用注浆预处理
2	含砾黏土半充填	34	1）小于3m半填充溶洞采用片石＋黏土冲填； 2）大于3m半填充溶洞采用C15素混凝土回填，再冲孔成桩（或片石＋黏土回填冲孔）
3	无充填	24	1）小于3m无填充溶洞采用片石＋黏土冲填； 2）大于3m无填充溶洞采用C15素混凝土回填，再冲孔成桩（或片石＋黏土回填冲孔）

根据单溶洞/串珠溶洞的不同划分施工方法　　表10-3

类型	溶洞状态	数量（根）	施工方法
1	串珠洞	20	1）单层小于2m串珠溶洞采用片石＋黏土冲填； 2）单层大于2m溶洞依据规定进行选择
2	单一溶洞	72	依据规定进行选择

5）根据溶洞有无横向连通进行划分

（1）对于无横向连通的单一溶洞，其处理办法按照规定进行选择。

（2）对于横向连通大片溶洞区域采用多方案相结合施工的处理办法，对于大片溶洞首选建议采用桩基跨越处理方案。也可以采用片石回填＋C15素混凝土回填＋双液注浆相结合的方式施工。

6）后发现溶洞区域的处理方法选择

已施工桩基中，2-349号桩、2-302号桩、2-276号桩、2-339号桩在超前钻资料中未显示有溶洞，可在施工中发现有溶洞，漏浆严重，如表10-4所示。

桩基漏浆情况　　表10-4

桩号	终孔深度（m）	漏浆情况	处理措施	混凝土理论方量（m^3）	混凝土实际方量（m^3）	充盈系数
2-349	17.3	漏浆	片石回填6m^3	13.09	26	1.99
2-302	24.9	漏浆	片石回填4m^3	18.76	24	1.28
2-276	34.4	漏浆12m	片石回填16m^3	26.34	40	1.52
2-339	—	两次漏浆	片石回填21m^3	17.05	43	2.52

7）上层土体软弱的处理办法

根据超前钻资料，上层土体为粉土、黏土层，含水率大，尤其是表层土体软弱，施工过程中出现了冲孔扰动土体致使护筒上浮移位、钢护筒周围土体塌陷等现象。根据如上情况，桩基钢护筒采用6m长护筒的处理方法。

另外，根基桩基设计图纸，共有77根抗压桩兼做抗拔桩，部分桩长较短（最小桩长18.5m）。同时，考虑土体软弱等实际因素，建议抗拔桩均采用埋设注浆管后注浆的施工方案。

8）土洞处理办法

已知土洞只有122、136两个孔。根据土洞大小，采取不同的施工方法：

（1）136桩位土洞高度0.2m≤2m，采用片石加黏土（比例5∶1）冲孔成桩。

（2）122桩位土洞高度5.9m>2m，且为半填充，可以采用C15混凝土回填，再加片石黏土冲孔成桩。

9）塌孔时处理办法

如塌孔后已影响整个孔的稳定性，在不采取其他措施情况下，直接二次开挖将会导致继续塌孔。可先用C15素混凝土回填至塌孔标高以上500mm，待初凝后进行二次成孔。在混凝土中掺加一定的早强剂，提高素混凝土的早期强度。

10.1.3 施工工艺

1. 片石充填

用装载机配合大型挖掘机（$1m^3$），及时将准备好的片石（毛石）及黏土抛入。投入量按溶洞竖向高度加2m以上，少量多次进行投放。采用小冲程进行钻进，让钻锤击碎片石并挤入溶洞内壁，发挥护壁作用。当泥浆漏失现象全部消失后，转入正常钻进。

2. C15混凝土处理

半填充、无填充溶洞上部岩层有足够厚度且能够保证安全的，可使用冲孔桩基将上部岩层冲透，直接采用C15混凝土（加早强剂）灌至溶洞顶部500mm以上，确保处理密实。待混凝土强度达到可稳固状态时，直接冲孔成桩。因土体软弱含水量偏大，钻进过程中塌孔时同样可采用C15混凝土回填处理。

3. 桩基跨越

当塌陷区（溶洞区）区域分布较为集中、地下岩溶强烈发育的地段，或者直径和危险性都较大的深埋洞体，当土层的稳定性较好时，可使用水泥浆分层分次将洞体固化满足承载要求，直接对此区域实施加大筏板区域（厚度设计定）且在相应轴线增加暗梁；对于土层的稳定性较差时，除使用水泥浆分层分次将洞体固化满足承载要求，直接对此区域实施加大筏板区域（厚度设计定）且在相应轴线增加暗梁外，考虑增加摩擦桩，增加稳定性；从而，在洞侧面以移动桩位及筏板形式跨越溶洞洞群和塌陷区。

4. 预注浆（预处理）方案

利用钻机跟管钻进，采用袖阀管分段注浆加固工艺对溶洞进行灌注双液浆（水泥和水玻璃混合浆液），浆液凝固后形成的水泥浆固结体，堵塞溶洞漏水通道或填堵溶洞，从而为桩基施工创造条件。

根据超前钻数据，有溶洞的桩布孔距桩边 1m 四周均布 4 孔。注浆钻孔开孔直径要求不大于 130mm，垂直精度小于 1.5%；注浆采用高压双液注浆。A 液为水灰比 1∶0.5 的水泥浆液，B 液为具有一定波美度的水玻璃浆液，水泥采用 42.5R 普通硅酸盐水泥。上述两种浆液采用体积比按 1∶0.2～1∶0.3 混合，用双液注浆泵通过注浆管注入溶洞的空隙中。为了增加可灌性，根据现场情况适当调节各灌浆孔段的灌注时间和灌浆压力。

10.2 体育馆看台混凝土质量控制

10.2.1 项目背景

深圳技术大学项目体育馆工程项目中，设定了地上两层、局部三层的整体结构，总建筑面积为 27220m^2。在管桁架的建筑形态下，其长轴为 169m，短轴为 108m，最高点结构标高 30m。将桩承台独立基础作为核心，应用钢筋混凝土框架＋剪力墙结构完成建筑空间的下部设置，而上部屋盖则使用钢结构完成设置。由于整体建筑结构超长建设条件，在对建筑进行综合设计的过程中，留置了 8 条独立的后浇带。在进行体育馆看台结构的施工中，采用补偿收缩混凝土技术完成施工。以此通过无缝施工，减少工作环节，并在标准化的数值条件下，通过 UEA 混凝土膨胀剂的应用，保证其耐久性与防水抗渗透能力。

10.2.2 工艺原理

体育馆超长看台结构施工中，通过应用膨胀剂材料，保证其补偿收缩技术的实践效果。原理上，膨胀剂本身带有一定的化学性状，会与水泥中的其他成分发生反应，并在混凝土硬化时形成限制膨胀，完成对于混凝土硬化收缩变形现象的补偿。对膨胀混凝土进行限制的过程中，经过预应力条件的调整，可以有效地优化结构内部应力状态，并提升混凝土材料结构的抗裂性水平。同时，在水泥硬化时，其内部的膨胀晶体，还会形成填充效果，并切断毛细孔的应用条件，以此优化混凝土的孔隙结构，提高抗渗透能力与力学性能。项目中，原有超长看台结构，设置了 8 条 800mm 后浇带，以此防止混凝土结构在收缩与温差问题的影响下出现断裂问题。在技术勘察中，经过建设、监理、施工多方单位的协商处理，将混凝土结构补偿收缩加强带作为原有后浇带的替换，并在 2500mm 的宽度条件下，提高看台结构混凝土的施工质量控制效果。

10.2.3　实施要点

1. 材料试配

材料试配过程中，需要对掺量并使试验中的（膨胀率数值高出设计比值 0.005%）、坍落度（140～160mm）和凝结时间（45min）这三组数据参数进行控制，以此保证材料试配参数采集的实践指导作用。第一，在膨胀剂掺量条件分析上，需要将图纸设计中的不同结构组成进行分析，并根据具体的膨胀率标准，完成相应数值的测算分析。将工程建设材料作为基础条件，由技术性较强的专业实验室完成配合比设计。同时，在施工条件上，还要在浇筑地点试验试件的制作，并以此保证整体试验执行效果的分析指导性。技术条件上，膨胀剂的选择应以工程需要为第一前提，并使试验中的膨胀率数值高出设计比值 0.005%。

第二，坍落度控制上，首先应明确坍落度数值与膨胀率的反比例关系。然后，再根据现场施工条件的具体需要，对泵送混凝土速率做出具体规划。例如，在案例项目中，通过对看台结构混凝土泵送速率的分析，将其补偿收缩混凝土坍落度数值控制在 140～160mm 之间，以此配合材料试配管理的规范性。

第三，混凝土凝结时间控制中需要做出适当调整，避免出现凝结时间过短或超长的问题。在影响效果上，时间过短会导致早期收缩较大；而凝结时间过长，则会导致大部分膨胀性能在塑性阶段的无用消耗。由此，在具体施工的质量控制作业中，需将其初凝时间限制在 45min 以后，并于 10～15h 内完成终凝。

2. 现场浇筑

看台混凝土浇筑中，需要对系列工作做好部署，并在保证整体性的基础上，完成质量控制的管理要求。浇筑工作执行前，需要对模板与钢筋进行清理。在消除杂物、泥土等污染物的同时，也要避免出现积水问题。开始浇筑作业后，应维持浇筑的连续性，并在下层结构混凝土初凝前，完成上层结构的浇筑处理。针对看台结构的特殊性，需要自下而上地完成分段浇筑，并对其采取针对性技术措施，以此保证浇筑工作的执行状态。例如，在看台密肋梁与踏步板结构的浇筑中，为避免密肋梁单侧吊模模板的底部出现翻涌、漏浆现象，应将密肋梁与踏步板衔接位置，同步进行混凝土浇筑工作，以此保证浇筑的执行效果。同时，采用了型号为 ϕ6@35 的密孔钢丝网结构，完成内带混凝土与外带混凝土的隔离，以此保证浇筑的有效性。而与其相对应的模板与振捣处理，也要做出相应调整。尤其是在振捣处理上，应严格控制振捣设备的功率参数，必要时需要采用人工振捣的方法，保证振捣处理的有效性并维护整体结构的稳定状态。另外，对于看台侧面通风管等功能性结构，应采取固定的浇筑措施，避免浇筑碰撞的同时，提高技术管理水平。

3. 其他要点

体育馆看台的混凝土施工中，材料搅拌、运输、养护等内容，都会成为影响其质量条件的关键，需要工作人员进行全方位的技术管理，以此保证整体质量控制的执行效果。

首先，在补偿收缩材料的搅拌处理中，需严格控制搅拌时间；并在确保拌合物均匀的前提下，及时地测定材料中砂、石的含水量状态，以此保证配合比的控制水平，避免出现随意增减用水量的问题。其次，在材料运输过程中，需要配合现场施工的进度状态，并在协调地泵功率与汽车泵入场作业的同时，使混凝土材料能够在规定时间内完成入模。注意，当混凝土坍落度损失条件相对较大时，需要补充适量的减水剂以恢复坍落状态。最后，在混凝土完成浇筑活动后，需要立即使用塑料薄膜对其表面进行覆盖，并定期洒水降温，以此保证养护措施的有效性。当环境处于高温状态下时，需要加强洒水养护的处理措施，而在日平均温度低于 5℃时，则需要对看台表面进行热工计算，以此确定保温材料的覆盖状态，且杜绝一切浇水行为，完成质量控制的管理工作，如图 10-3 所示。

图 10-3 整体成型效果

10.2.4　控制措施

针对补偿收缩混凝土施工的质量控制，需要将《混凝土结构工程施工质量验收规范》GB 50204—2015 作为基本技术指导内容，在工程施工项目中，形成完整的规范条件。尤其在施工前的编制阶段，需要在分享工程施工方案上，对具体的施工技术参数作出明确规定，并完成细致的技术安全交底工作。

同时，在原材料上也要符合相关技术管理规定。通过规范性的检测技术，以精准的计量措施为核心，将材料的误差条件控制在工程规范允许的范围内。尤其在混凝土搅拌的均匀性检测中，需要对膨胀剂材料的掺量指标与离差系数值作出精确评估。例如，在案例项目内，针对膨胀加强带中的补偿收缩混凝土，其强度等级要高于其他结构的混凝土，并将其水胶比数值控制在 0.5 以内，使胶凝材料用量水平控制在 350kg/m^3 以上。

另外，对于连续生产活动中的相同配合比混凝土，也要分批次完成限制膨胀率测试，并在至少 2 批次测试条件下，严格执行《混凝土外加剂应用技术规范》GB 50119—2013 的内容。在操作方法上，每一批次的试验需设定 3 组试件材料，并求取不同分组的平均值，并在确定各批次试验数值均符合规范要求的前提下，完成质量控制内容。

10.2.5　经验总结

综上，应用补偿收缩混凝土技术，可精简施工环节，加快工程进度，满足质量控制的管理需要，节约了施工成本。尤其在施工技术条件的直接影响下，通过控制环向混凝土看台裂缝与提高防水效果的技术优势，提高了整体工程项目的安全性水平，为落实绿色安全施工做出了基础性保障，保证了施工质量，提高了施工效率，可为以后类似工程提供相应的借鉴。

10.3　高大模板支撑系统智能监测

深圳技术大学建设项目（一期）施工总承包Ⅲ标，总建筑面积约 232699m^2，其中：地上建筑面积约 169266m^2，地下建筑面积约 63433m^2，二层连廊面积约 10615m^2。

10.3.1　案例背景

现场施工中，模板工程是当前建筑施工中比较高危的工程，本标段单体存在较多超高模板支撑体系（集中线荷载超 20kN/m 的大梁，跨度超 18m 的构件，支模高度超 8m，总荷载超 $15kN/m^2$ 的板），其中较为典型的是 10 栋会堂屋面。

本标段在超危支模区域混凝土浇筑过程中，采用基于物联网和云计算的支模体系施工安全监测系统，实时监控高支模重要的部位或薄弱部位的水平位移、面板沉降、立杆轴向力和杆件倾角变化等参数，实时了解模板支架的工作状态；监测结束后，提供真实、完整的监测报告，详细记录监测过程和监测数据。

现以 10 栋会堂屋面作为监测例子。10 栋 2 层以上高支模区域并非整个楼层，具体位置详见图 10-4。画方框区域为 1.25～23.70m，画圈区域为－1.5～23.70m。

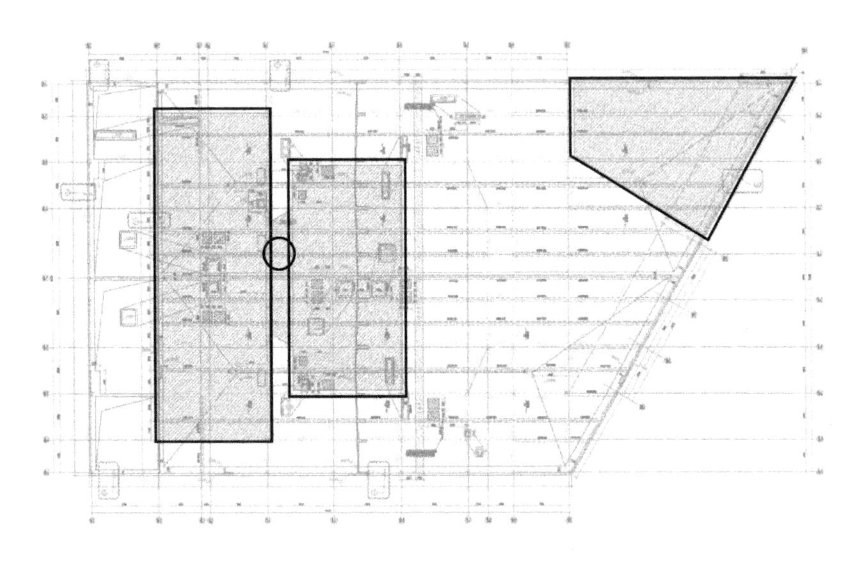

图 10-4　10 栋高支模区域示意图

同时，该处有一根梁尺寸为 500mm×1600mm，危险性较大，故对该处进行监测。

10.3.2　实施要点

1. 监测仪器设备介绍

本次项目实时监测，采用广州科研院的 GZM-2 型模板支撑系统无线智能监测仪。该监测仪能对模板支撑系统的多个关键参数进行实时监测、数据记录分析和超限自动报警，同时通过无线数据传输，将模板支撑系统中所发生的现场工况数据和关键参数报警信息第一时间发送到相应监测云平台，并在关键参数发生报警时立即发送手机信息告知预设的相关专业人员，从而实现对施工现场高支模支撑系统安全性远程实时安全监控，如表 10-5 所示。

测量仪器、设备　　表 10-5

序号	仪器名称	仪器型号	检定状态
1	模板支撑系统无线智能监测仪	MODEL GZM2 型	合格
2	无线位移传感器	GZM-D1001 型	合格
3	无线倾角传感器	GZM-A301 型	合格
4	无线压力传感器	GZM-F601 型	合格

2. 模板支撑自动化实时监测系统工作原理

系统的工作首先在检测仪上设定预警值以及报警值，安装传感器，调试完成后进行监测，对施工过程进行记录监测并上传到云计算平台，手机 APP 实时观看；当达到预警、报警值时，声光报警器报警并把报警信息发到手机上。

1）高支模搭设完成后，在楼板对角线交点的模板底部和梁跨中弯矩最大处的模板底部安装位移传感器和压力机，对该重点部位的挠度和应力进行实时监测；在高支模顶部角点布置水平位移传感器，对高支模整体水平位移进行实时监测。

2）对模板采用预制混凝土块进行预加载，使高支模各构件之间接触良好，变形趋于稳定。

3）混凝土浇筑过程中，监测系统进行实时监测。数据通过各传感器采集数据传送给现场的监控计算机，进行数据分析和判断。

4）当监测数据达到所设计限定值时，系统预警，通过短信提醒现场技术人员排查原因，纠偏或暂缓施工。

5）在高支模支撑体系发生局部失稳前，装置触发安装在架体上的无线声光报警器，为现场施工人员争取逃生时间。

10.3.3　测点布设

1. 测点布设原则

测点应布置于模板支撑系统的薄弱部位和能够充分反映模板支撑系统工作状态的关键部位，高支模工程的薄弱部位和监测关键部位主要为：

1）顶层结构层（模板支撑系统搭设高度超过 8m）的主梁及长度较大跨梁、板中；

2）模板支撑系统线荷载超过 20kN/m 的主梁；

3）在薄弱部位和监测关键部位设置各类测点时，应遵循以下原则：

（1）水平位移监测点设置在模板支架顶部，并选择结构柱等竖向结构作为基准点，监测模板支架的沿支架刚度较差方向的水平位移；

（2）面板沉降监测点设置在面板底部，并选择模板支撑系统支承面或辅以基准桩作为基准点，监测面板的竖向位移量；

（3）立杆倾角监测点设置在轴力监测的立杆上，监测立杆顶部变形的倾角传感器应安装在可调托撑调节螺母下方，监测立杆步间变形的倾角传感器应安装在代表性立杆段 1/4 步距处，监测立杆的倾斜角度。

2. 监测频率

为保证实时监测的实时性和有效性，在监测过程中，数据的采样频率为 1Hz。

3. 测点布设具体位置及说明

根据《模板工程安全自动监测技术规范》T/CECS 542—2018，测点分布宜间距 10m 布置一组监测点（包括轴力、沉降位移和倾角），水平位移按照实际需求布置。

10.3.4 传感器安装及拆卸说明

1. 传感器天线安装

打开传感器开关前，将天线安装在天线接头上，确保天线垂直，打开传感器开关，观察传感器工作灯是否以每秒一次的频率闪烁，确认传感器工作正常，关闭开关。

2. 无线位移传感器安装

无线位移传感器在地面状态。根据监测方案，在测点模板下方垂下一根拉绳（可忽略其弹性变形的轻质拉绳），在拉绳正下方清理出一块平整地面用以放置传感器，必要时可以垫上一块平整木板，将拉绳穿过传感器连接拉杆，缓慢拉长传感器引线，保证引线拉出长度大于报警值，移动无线位移传感器使拉绳处于垂直状态，最后将拉绳固定。

无线位移传感器在模板下方状态。传感器盒体上安装一个吊环，将吊环固定在模板底端，连接线连接传感器连接拉杆，缓慢拉长传感器引线，保证引线拉出长度大于报警值，摆动拉绳处于垂直状态，然后将拉绳另一端固定于拉绳正下方地面上的重物。

测量水平位移状态。传感器盒体安装一扣环，扣环固定在被测钢管上，拉绳一端连接传感器连接拉杆，缓慢拉长传感器引线，保证引线拉出长度大于报警值，拉绳与水平线平行，然后将另一端固定于墙。

3. 无线倾角传感器安装

安装在立杆时，将传感器标签文字朝上，扣环紧扣立杆并保证传感器初始水平。安装在横杆时，将传感器标签文字朝上，扣环旋转 90°后，使定位螺栓与扣环定位孔吻合，拧紧扣环，扣环紧扣横杆并保证传感器初始水平，如图 10-5 所示。

4. 无线压力传感器安装

无线压力传感器安放于 U 形托和模板之间上，放好后，拧动 U 形托顶住无线压力传感器，确保无线压力传感器有一定的压力。必要时，可以在无线压力传感器承压面上方放一块平整木板或钢板，确保传感器平衡受力。U 形托下端与立杆顶端相连，如图 10-6 所示。

图 10-5　无线倾角传感器现场安装方式

图 10-6　无线压力传感器示意图

5. 无线传感器拆装

待混凝土初凝后拆卸无线压力传感器，拆卸后将 U 形托顶回去。预压试验时，在模板上的载重物没有卸掉前，严禁拆卸无线压力传感器。无线传感器拆卸后，进行无线传感器表面清洁工作，拆卸天线、电池，最后装箱。

6. 无线声光报警器安装

天线安装：打开声光报警器开关前，将天线安装在天线接头上，确保天线垂直，打开声光报警器开关，观察声光报警器工作灯是否以每秒一次的频率闪烁，确认声光报警器工作正常，关闭开关。

报警器安装方法：报警灯可以安装在施工浇筑面区域四周的立杆或横杆上，安装于立杆时，报警灯朝上，扣环紧扣立杆；安装与横杆时，扣环旋转 90°使定位螺栓与扣环定位孔吻合，拧紧扣环，报警灯朝上，扣环紧扣横杆，如图 10-7 所示。

图 10-7　无线声光报警器示意图

10.3.5　监测数据

在高支模预压及混凝土浇筑过程中，对高支模系统关键部位或薄弱部位的面板沉降、水平位移、杆件最大轴力、杆件垂直倾角和水平倾角等监测参数进行实时监测，及时向委托方相关人员通报监测参数的发展。若监测参数发生异常或超过预警值，及时通知委托方相关人员；若监测参数超过报警值，立即向现场作业人员发出警报，并及时通知委托方相关人员。

在高支模浇筑过程中，主管部门及相关人员可通过广州市建筑科学研究院有限公司提供的高支模手机客户端APP及电脑客户端云平台进行监测过程数据实时监看，实时掌握高支模浇筑过程中的模板变形变化量。

混凝土浇筑施工中应注意高支模智能监测参数的变化趋势。当监测参数数值或变化趋势发生异常时，及时通知相关人员。当监测参数超过预警值时，立即通知现场项目负责人，按应急预案做好准备工作；当监测值达到报警值而触发报警时，立即通知现场作业人员停止施工并迅速撤离，并通知项目负责人、技术负责人和项目总监；待险情排除后，经项目负责人、技术负责人、项目总监确认后，方可继续施工。

根据现场审核方案所得的过程数据：

当钢管步距为1.5m，此时计算长度L_0=1500mm，回转半径i=15.78mm，则有：长细比$\lambda = L/i$=1500/15.78=95，稳定系数ϕ=0.512，容许荷载$[N]=\phi A f$=0.512×489×205=51325N=5.13t，则单立杆1500步距所能承受的力为5.13×10=51.3kN。监测点选取10栋屋面层的梁，梁尺寸为400mm×750mm，高度为22.45m。根据公式计算得：

计算结果　　表10-6

梁宽（m）	梁高（m）	钢筋混凝土自重（kN）	模板木方自重（kN）	活载（kN）	单根立杆荷载（kN）
0.5	1.6	25.2	0.5	3	4.2318

结果显示，架体所承受的力均在允许范围内，架体安全稳定。

10.3.6 数据复核

在过程中，专门安排测量人员使用水准仪进行水平杆变化测量，使用经纬仪对高支模脚手架体立杆进行偏差测定，结果与智能监测仪基本一致，证明数据的可靠性。

10.3.7 经验总结

1. 高大模板支撑系统智能监测技术运用优势

高大模板支撑系统智能监测适用于建筑领域内高支模浇筑过程现场施工安全管控，集实时监测、危险预警等特点于一身。

相较于传统的监测方法，主要优势有以下3点：

1）降低高支模现场施工风险：通过智能化监测仪对现场高大支模支撑系统中的多个关键参数进行实时监测、数据记录分析和超限自动报警，同时通过无线数据传输，将模板支撑系统中所发生的现场工况数据和关键参数报警信息第一时间发送到相应监测云平台，并在关键参数发生报警时立即发送手机信息告知预设的相关专业人员。现场作业人员及时停止施工，迅速撤离，从而降低了现场作业人员的施工风险。

2）提高监测工作效率：相较传统监测测点的安装，智能监测系统测点安装快捷便利，且智能监测系统通过无线接收数据，不存在现场环境遮挡问题。实时监测报警系统能实现历史监测数据可查，操作简便，减少了管理人员的培训时间，与传统监测方式相比，大幅度提高了工作效率。

3）监测数据精度更高、更准：传统监测采用人工读数的方式，两次读数之间必然存在一定误差，智能监测系统的电子元件上可避免该人工读数偏差的问题。传统监测时间间隔一般为0.5～1h，考虑到高支模安全事故的突发性，传统监测方案对事故征兆的预警作用有限。智能监测系统采样频率高达0.1～1Hz，实时监测能力远超传统监测方法，能有效地实时反映高支模安全状态，起到预警作用。

2. 高大模板支撑系统智能监测技术推广

智能监测系统能高频率自动采集受力数据，实时监测高支模内部受力状况，提高现场作业人员的安全性。相较于传统监测方式，不受视线、照明等因素影响；并且，可远程监测，提高监测人员的安全性，值得推广应用。

10.4 集水坑浮球固定杆装置技术

本实用新型属于建筑施工技术领域，特别涉及一种集水坑浮球固定杆装置，目的在于解决传统集水坑中浮球由于在液面的波动下飘入并卡进坑体构筑物角落、横担或水泵电线等物体内，而无法正常工作的问题。该装置通过本身独特设计，在集水坑中能有效固定浮球，保证水泵的正常运行。

10.4.1 案例背景

在建筑工程中，当有排水需求且排水设施低于室外排水管网时，例如在地下室或地下车库，需要通过设置一定容积的集水坑来暂时储存需要排出的污废水或杂用水。当集水坑中的水量达到一定水位时，通过集水坑中浮球的状态来启动设在坑内的排水泵，将水排出。然而，在集水坑的使用过程中常常发现控制水泵启停的浮球由于在液面的波动下飘入并卡进坑体构筑物角落、横担或水泵电线等物体内，造成浮球无法正常工作，继而引发水泵不及时启动引起的集水坑溢水、水位降低到最低值后水泵仍然无法关闭等异常状况。

10.4.2 实施要点

本项目实用新型公开一种集水坑浮球固定杆装置，在集水坑中能有效固定浮球，使其在自由长度内通过浮球的翻转控制集水坑内潜水泵的启动和关闭，保证水泵的正常运行，如图 10-8、图 10-9 所示。

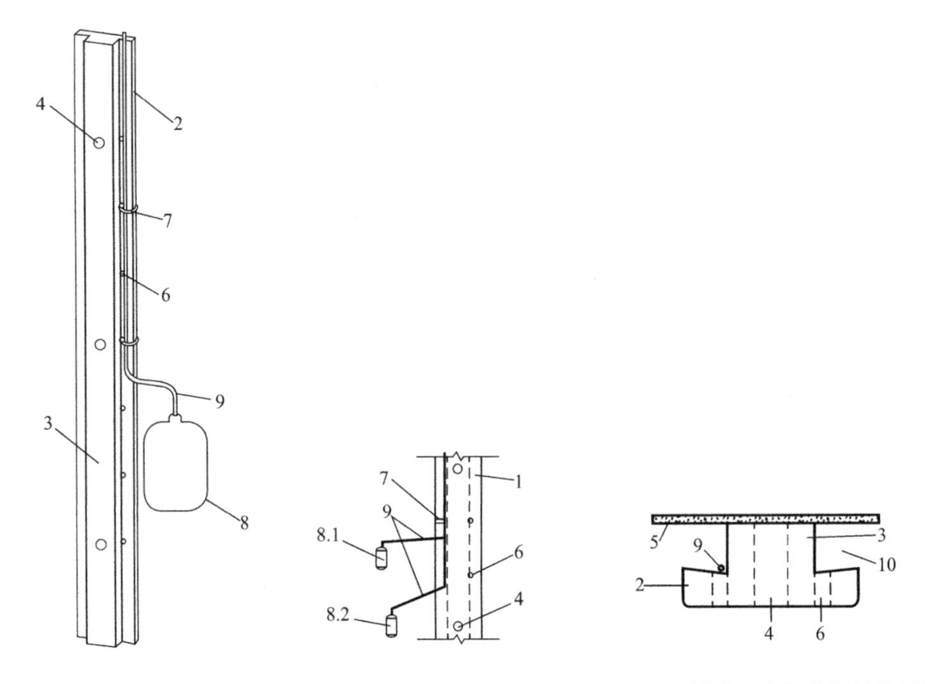

图 10-8　浮球固定杆装置的正视图与平面图　　图 10-9　浮球固定杆装置的俯视图

一种新型集水坑浮球固定杆装置，T 形固定杆主体固定在集水坑的侧壁上，所述 T 形固定杆主体包括前置板和后置板。所述前置板、后置板以及集水坑的侧壁通过膨胀螺栓依次连接构成 T 形槽。前置板的两侧分别开设若干对绑扎孔，水平相邻的两个绑扎孔之间设有绑扎带；以及浮球构件，所述浮球构件包括电线并联连接的上浮球和下浮球，上浮球位于下浮球的上方，电线排布于 T 形槽内并通过绑扎带固定，集水坑中液面的升降会分别触动下浮球和上浮球的翻转，从而分别接通第一水泵和第二水泵的电源，保证集水坑中水量的正常，如图 10-10 所示。

图 10-9 中构件 2 前置板的内侧为斜坡状。当绑扎带拉紧时，可以平顺、自然地卡进 T 形槽内侧；而且，当从前方或侧方观看时，绑扎带不会突兀，较为美观。构件 4 膨胀螺栓的竖向间距为 200～400mm，竖向相邻的两个膨胀螺栓之间设2～3 个绑扎孔。通过调整绑扎孔的数量和孔距，可以实现灵活固定浮球电线的长度，并调整末端绑扎孔与下浮球之间的浮球电线的自由长度。绑扎孔内侧紧靠后置板外边缘，其外侧距前置板外边缘 10～15mm。绑扎孔的开孔位置不可距前置板外边缘过近或过远，以避免由于距离过近使绑扎不牢，且浮球电线不能全部卡进 T 形槽内，或由于距离过远造成绑扎带使用过长。绑扎孔的孔径大小为 5～10mm。绑扎孔的孔径大小与绑扎线的材质有关，以保证连接强度且方便绑扎即可。为了取材方便，且保证防水、防腐，绑扎线的材质为尼龙或者不锈钢。

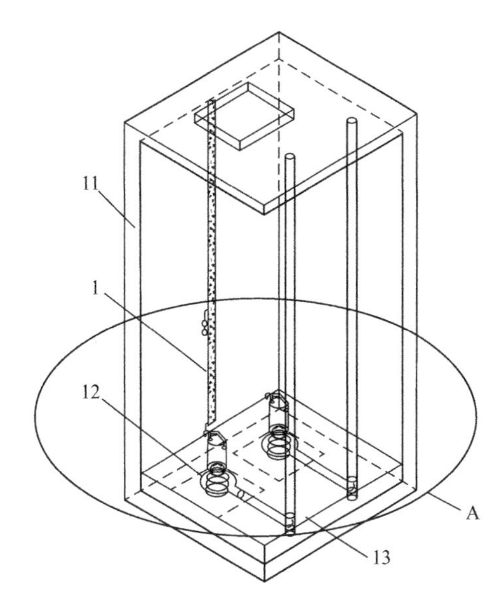

图 10-10　浮球固定杆装置的使用状态图

图 10-8～图 10-10 说明：1—T 形固定杆主体；2—前置板；3—后置板；4—膨胀螺栓；5—集水坑的侧壁；6—绑扎孔；7—绑扎带；8—浮球构件，8.1—上浮球；8.2—下浮球；9—浮球电线；10—T 形槽；11—集水坑；12—水泵；13—液面。

10.4.3　经验总结

新型集水坑浮球固定杆装置优势。与现有技术相比，本项目实用新型具有以下的有益效果：

1）解决了集水坑浮球随意飘动而导致浮球卡进集水坑坑体内水泵横挡、电缆或集水坑的构筑物的问题。本项目实用新型的集水坑浮球固定杆装置，包括 T 形固定杆主体和浮球构件，T 形固定杆主体固定在集水坑的侧壁上，T 形固定杆主体包括前置板和后置板，前置板、后置板以及集水坑的侧壁通过膨胀螺栓依次连接构成 T 形槽，前置板的两侧分别开设若干对绑扎孔，水平相邻的两个绑扎孔之间设有绑扎带；浮球构件包括电线并联连接的上浮球和下浮球，上浮球位于下浮球的上方，电线排布于 T 形槽内并通过绑扎带固定。通过在集水坑中设置该浮球固定杆装置，在集水坑中能有效固定浮球，使得浮球在自由长度内通过浮球的翻转控制集水坑内对应潜水泵的启动和关闭，保证水泵的正常运行。

2）本项目实用新型的集水坑浮球固定杆装置的使用方法，装置构造简单，操作方便。随着集水坑中液面的上升，首先触及下浮球，随着集水增多，浮球会翻转接通对应的第一水泵，开始排水，随着液面的进一步上升，触及上浮球，随着集水增多，浮球会翻转接通对应的第二水泵，两个水泵共同将集水坑里的水排出，两个水泵共同工作一段时间后液面开始下降，随着液面的下降，液面与上浮球脱离时，第二水泵关闭，随着液面的继续下降，液面与下浮球脱离，第一水泵关闭，从而通过液面与上浮球、下浮球的关系来控制第一水泵和第二水泵的启闭，从而保证集水坑中水量的正常。该使用方法安全系数高，具有较好的推广价值。

3）与传统装置对比，新型浮球固定杆具有更强的牢固性、耐用性和实用性。考虑到浮球的增容，可根据实际需求增加需要固定的浮球数量。当放置的浮球数量较多时，为了使得固定杆两侧受力均匀，每对所述绑扎孔对称开设于所述前置板的左右两侧。为了保证装置在使用过程中的牢固性和耐用性，同时防止传统技术中采用钢制管卡来固定浮球时易发生的腐蚀、生锈和材质剥落等问题产生，前置板和后置板均由高强度和高硬度的塑料材质制作而成。

10.5 成品支吊架应用技术

10.5.1 背景分析

深圳技术大学建设项目（一期）施工总承包Ⅳ标有着工期紧、任务重、专业多、机电安装体量大、业主要求高等一系列施工难点，通过该技术的研发，对本项目成品支吊架的施工具有非常有效的技术指导，有效地缩短了工期，降低了工程成本，提高项目经济效益，实现项目合同目标。

10.5.2 施工工艺

1. 成品支吊架工艺特点

由于本项目建筑形式复杂，多处采用了楼板的建筑形式，在斜楼板上安装刚性支吊架即成为一项施工难题。可调式底座采用 M12 锚栓生根，主要用在斜面生根，角度调节好后锁紧，锁紧后立杆保持垂直，底部采用槽钢螺母＋70mm 螺栓对穿，安装时先将螺栓从槽钢槽口方向对穿，以 50N・m 的力锁紧，再上另一端螺母锁紧。该施工技术解决了成品支吊架与斜楼板连接的施工难题。

常规用丝杆的支架全部采用 C 形槽钢，且本工程要求工期短、涉及专业多、管线复杂、建筑净高要求高、安装体量大，采用传统施工工艺难以保证工期及业主对建筑净高的要求。为保证本工程工期要求、建筑使用效果及建筑美观性，并且为后续管道安装施工创造便捷、高效的有利条件，故采用成品支吊架施工工法。

1）采用 BIM 进行图纸深化

本工程机电安装专业多，管线复杂，建筑净高要求严苛，通过 BIM 软件对三维模型进行有效检测，经由分析可得出设计中存在的不合理状况，并协同多工种设计，优化设计，规避缺陷，降低损失。并且通过 BIM 工法三维建模的方式，可以对管线进行直观优化排布，还可模拟协助施工，节约成本（图 10-11）。

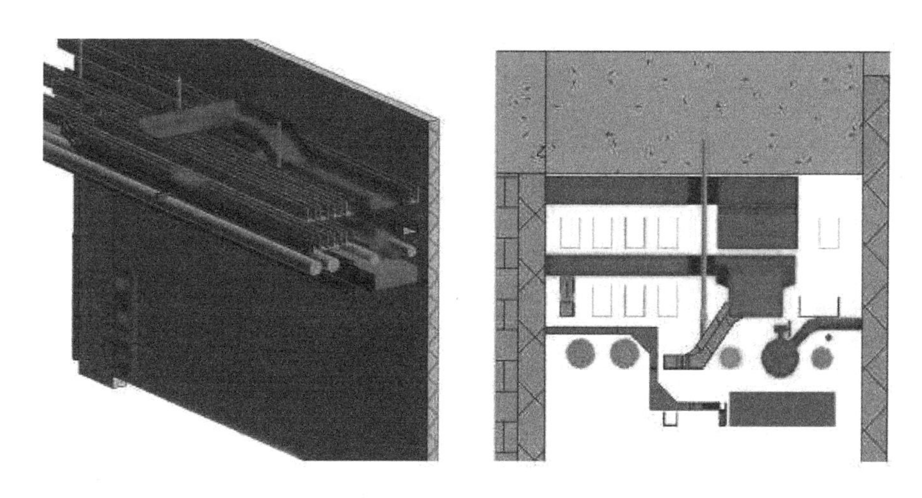

图 10-11　BIM 模型深化

2）成品支吊架槽钢螺母安装

本工程采用成品支吊架横担与立杆间用槽钢螺母与 C 形槽钢、螺栓连接固定，槽钢螺母两侧有齿牙，C 形槽钢内侧有卷边齿牙，安装时将槽钢螺母和 C 形槽钢对正，使锁扣齿牙与 C 形槽钢卷边齿牙对齐并咬合，采用该施工工法则成品支吊架横担标高的可调节性高，对机电安装空间的利用率显著提升，如图 10-12 所示。

3）成品支吊架可调式底座安装

本工程建筑形式复杂，多处采用楼板加腋的建筑形式，采用传统支吊架形式施工难度大，难以保证支吊架立杆的垂直度，标高难以控制。为此，特采用可调式底座固定，可使立杆竖直固定在斜楼板上，保障安装工程有序进行，如图 10-13 所示。

可调式底座采用 M12 锚栓生根，主要用在斜面生根，角度调节好后锁紧，锁紧后立杆保持垂直，底部采用槽钢螺母＋70mm 螺栓对穿，安装时先将螺栓从槽钢槽口方向

(a) 槽钢螺母

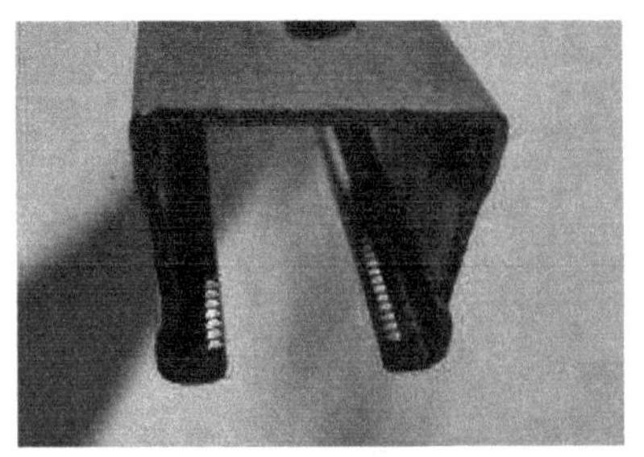
(b) C形槽钢

(c) 槽钢螺母与C形槽钢的连接

图 10-12 槽钢螺母与 C 形槽钢样式及连接

对穿，以 50N·m 的力锁紧，再上另一端螺母锁紧。

图 10-13 可调式底座

4）本工程成品支吊架施工特点

（1）标准化：产品由一系列标准化构件组成，所有构件均采用成品，或由工厂采用标准化生产工艺，在全程严格的质量管理体系下批量生产，产品质量稳定，且具有通用性和互换性；

（2）简易安装：安装时只需两人即可进行，工法要求不高，安装操作简易、高效，明显降低劳动强度；

（3）施工安全：施工现场无电焊作业产生的火花，从而消灭了施工工程中的火灾事故隐患；

（4）节约能源：由于主材选用的是符合国家标准的 C 形槽钢，在确保其承载能力的前提下，所用的 C 形槽钢质量相对于传统支吊架所用的槽钢，角钢等材料可减少 15%～20%，明显减少了钢材使用量，从而节约了能源消耗；

（5）节约成本：由于采用标准件装配，可减少安装施工人员，现场无需电焊机，钻床，氧气乙炔装置等施工设备投入，能有效节约施工成本；

（6）保护环境：无需现场焊接，无需现场打磨除锈，无需现场刷油漆等作业，因而不会产生弧光、烟雾、异味等多重污染；

（7）坚固耐用：经专业的工法选型和机械力学计算，且考虑足够的安全系数，确保其承载能力的安全、可靠；

（8）安装效果美观：安装过程中由专业公司提供全程优质服务，确保精致、简约的外观效果。

2. 施工工艺

成品支吊架安装工艺流程为：检查结构物位置及标高→计算高差→定尺切割→修毛刺→准备零部件→定位打孔→安装锚栓、底座或扣件→安装杆件、连接件→安装管卡及管道零配件→收尾处理。

1）检查结构物位置及标高

根据图纸上支架位置，进行支架定位现场放线工作。首先，放样同一排支架的两个端头的支架位置；然后，利用这两个点拉线，根据支架间距分别定位其他支架。

2）计算高差

对于有坡度要求的支架，需计算首尾两端支架的设计高差，如高差小于 50mm，支架高度可通过支架立杆长度的切割余量进行调节；如高差大于 50mm，需采用插值法计算中段支架的高度。

3）定尺切割

所有 C 形槽钢均在切割区域内定尺切割。对于单面 C 形槽钢，应开口朝下进行切割；下刀速度应尽量快，避免切割面长时间受热引起变形；支架横担 C 形槽钢的切割位置应尽量设在槽钢背面 5cm 刻度处，以保留完整的槽钢背孔，便于后续工序螺杆的对穿安装。

4）修毛刺

C 形槽钢切割后，应使用砂轮片等修毛刺，以防止安装过程中对安装人员造成刮伤及影响外观质量。

5）安装竖杆、横杆、连接件等零配件（图 10-14）

（1）将槽钢螺母长边沿 C 形槽钢安装面方向嵌入进 C 形槽钢的安装面。

（2）将锁扣旋转 90°，然后松开，使锁扣齿牙与 C 形槽钢卷边齿牙对齐并咬合。

（3）如要调整锁扣位置，需按下槽钢螺母（使槽钢螺母齿牙与 C 形槽钢卷边齿牙分离）再进行调整。

图 10-14　连接件安装示意图

（4）放置连接件，并通过六角螺栓进行预紧。

（5）采用扳手进行最后的锁紧，锁紧扭矩 50N・m。

对于宽度大于 1.5m 的门式支架，应在现场定位安装好支架立杆之后，于支架所在位置安装支架横担，不宜采用在加工厂安装好完整的门式支架后再搬运至现场安装的方式。

6）安装管卡及管道零配件

管束扣垫安装如图 10-15 所示。

（1）初步紧固时，只有 EPDM 橡胶条接触管壁，此时可进行管道调节。

（2）调节接受后旋紧螺栓，所有橡胶部分与管道紧密接触，完成安装固定。

（3）螺杆需牢固拧入管卡上部连接螺丝孔内，安装时要注意螺杆的拧入长度，需外露三个丝牙以上。

10.5.3　实施效果

1. 经济效益

本技术对成品支吊架的施工具有非常有效的工法指导，有效地缩短了工期，降低了工程成本，提高项目经济效益，实现项目合同目标。通过前期的深化设计，极大地提高了成品支吊架的加工制作精度及安装精度；同时，将因专业多、体量大导致的管线碰撞问题得以提前暴露出来并进行优化调整，有效地避免了因设计图纸所导致的返工，降低了管理成本；并且，因前期深化效果，现场加工量减少，施工进度加快，而且确保了施工质量、有效地缩短了工期，获取了更大的利润空间。

图 10-15　管束扣垫安装示意图

2. 社会效益

深圳技术大学建设项目（一期）施工总承包Ⅳ段项目作为深圳市建筑工务署的重点工程，备受各方瞩目。为了能够加快施工进度，提高施工效率，完善优质施工方法，确保整个工程的工期节点。采用成品支吊架，有效缩短了机电安装的工期、减少了造价，安装完成后美观性相对其他项目也有显著提升。本技术研发顺利地实现了设计效果并且达到了业主方和设计方对施工质量的期望，因此项目部对成品支吊架的施工进行工法开发具有长远的意义，能带来较高的社会效益。

3. 应用前景

本项目成品支吊架技术的成功开发使得现场根据图纸拼装，避免了焊接等措施，施工速度大幅提升，减少了对支架等承重构件因焊接造成力学性能破坏，施工安全性有显著提升；并且，因现场基本为组装施工，现场加工措施少，施工现场面貌有很大改观，安全文明施工效果好，而且减少了文明施工的措施费投入。另外，采用成品支吊架施工，施工完成后成品支吊架外表平整、整体布局美观、大方，观感效果好。成品支吊架施工的质量和外观均满足业主和设计要求，未来本技术将大幅应用在各个项目上，可进一步丰富在上述各项施工技术的经验和应用实践，为本技术开拓更广的建筑市场应用提供了良好的机遇。

10.6 室内回填土经验教训总结

10.6.1 背景分析

1. 工程概况

深圳技术大学建设项目（一期）施工总承包Ⅳ标，建筑面积约 268880m²，本次出现沉降现象的为 2 栋健康与环境工程学院、12 栋城市交通与物流学院首层回填土区域，该区域按设计图纸要求，于地下室顶板上回填改性土，回填深度为 1250～1345mm，回填土上部为首层底板（①板厚：地面荷载大于 5t/m²，采用重载地面，250mm 厚 C25 细石混凝土。②部分标注房间为 150mm 厚。③普通房间为 100mm 厚）。挡土墙采用灰砂砖＋门洞过梁＋砌体结构形式，并做防水处理。

2. 沉降与加固情况

2 栋健康与环境工程学院、12 栋城市交通与物流学院首层临近室外及中庭区域的教室、实验室，地坪均出现不同程度的沉降及开裂现象，沉降部位主要出现于墙根及柱脚区域，沉降宽度 10～30mm 不等，局部裂缝宽度 1～3mm 不等。

10.6.2 施工工艺

1. 本项目回填土设计做法

1）地下室顶板至首层底板建筑构造做法：

地下室顶板→1250mm 厚改性土回填层→首层地板（①板厚：地面荷载大于 5t/m²，采用重载地面，250mm 厚 C25 细石混凝土。②部分标注房间为 150mm 厚。③普通房间为 100mm 厚）。

2）地下室顶板覆土回填节点做法

首层回填改性土区域挡土墙采用灰砂砖＋门洞过梁＋砌体结构形式，并于 100mm 厚钢筋细石混凝土上部增加 2mm 厚 JD 聚合物水泥防水涂料沿墙上返 300mm（防潮层）。改性土以下构造做法即顶板上部取消聚酯毡滤水层，周上翻 100mm 取消，25mm 高双面按图蓄排水板，杯顶带泄水孔。

2. 原因分析

初步分析，导致沉降的为降水量较大时室外及中庭区域雨水渗透，底部回填土含水率达饱和状态且处于恒压状态，压力与室外区域底部回填土水压力相比较低，室内回填土中的积水无法通过压力流向室外，室外由于水压力过大，部分倒流进室内，引起底部回填土出现下沉，加之底部回填土自然沉降引起的地坪沉降，如图 10-16、图 10-17 所示。

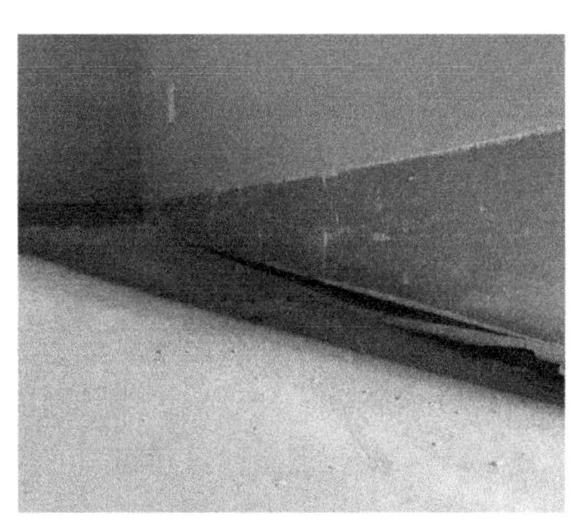

图 10-16　现场地面不均匀下沉照片

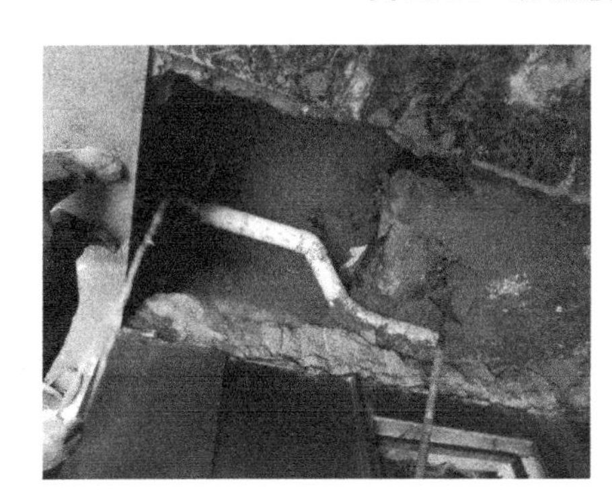

图 10-17　现场回填区现场水位照片

3. 现场处理建议

经结合现场实际沉降及开裂程度分析，共提出以下处理建议：

1）围绕单体首层外围对回填区进行开挖后，浇筑混凝土墙；

2）对出现沉降及开裂区域及靠近室外和中庭绿化的实验室进行压密注浆处理。

4. 施工步骤

施工工艺步骤：场地清理→点位测放→成孔→安装注浆管→一次注浆至反浆→沉淀凝固 2～3h→二次压力注浆至反浆→封孔→验收。

5. 处理原则

现场针对沉降及开裂较为严重部位进行开孔严密注浆，孔位布置原则按间距

1200mm 梅花形双排布置，孔径 60mm。现场施工情况首次注浆压力 0.1～0.3MPa 至孔口反浆停止，待渗透凝固 2～3h 后进行二次注浆，注浆压力为 0.3～0.5MPa，至孔口及部分沉降区域反浆停止，部分区域最大终止压力为 2MPa。现场可见在注浆管端部附近形成浆泡，当浆泡的直径较小时，灌浆压力基本沿钻孔的径向扩展。随着浆泡尺寸的逐渐增大，便产生较大的上抬力而使地面抬动。

6. 浆液配置

以水泥浆为主的水泥基浆液，水泥采用 R42.5 普通硅酸盐水泥，水泥浆配合比为水∶水泥＝1∶0.6。

7. 注浆

注浆前应全面检查注浆设备与材料，包括注浆泵，拌浆储浆系统，高压压浆管，压力表等，注意正式注浆后勿随意中断，力求连续作业，以保证成桩质量。注浆采用自下而上的施工要求点多量少浆液流速为 21.4～45L/min。

压浆提升：采用 SYB50 型挤压式压浆泵进行注浆，按设计注浆压力和注浆量自下而上压浆提升，注浆管拔管高度为 0.33m。

压密注浆采用注浆量与注浆压力双控原则，以注浆量为主，压力为辅。当注浆量达到设计要求，终止注浆；当压力表的压力骤然上升，超过设计压力，终止注浆。如注浆压力达不到 80％，应重新钻孔注浆。

10.6.3 总结

1）图纸审核环节把控：在施工前应对回填区域图纸内容进行审核，对回填材料的材料属性进行分析，并提出合理化建议。

2）对回填材料的压实系数及回填工艺要严格按照图纸及方案要求执行，明确回填土承载力要求及沉降变形要求，并对处理后的地基进行变形验算。对过程中施工资料的审查：回填土工程施工记录齐全、有效，见证取样试验报告均为合格，并经责任主体联合验收通过等措施必须严格执行。

10.7 预制型拼装式轻质隔墙板替代传统砖胎模施工技术

10.7.1 背景分析

建筑行业中，地下室结构中筏板、承台、地梁、电梯井等基坑承台部位都需要做侧面模板，常规传统工艺中，常采用砖砌体代替常规模板施工，而采用常规砖砌体时，土方开挖回填量大，灰砂砖（多数区域采用环保混凝土实心砖）及砂浆，原材料价格高，且人工费用投入大，遇到一些不良地质，譬如：淤泥地质，黏土松软地质，还需要做大量的前期处理工作，施工环境限制较多，工序施工时间相对较长，特别在雨季相对持续时间长的沿海地区、南方地区，相对于传统的砖胎模而言，预制型拼装式轻质隔墙板能够做到快速拼装、省时省力，装配式结构的应用亦日趋广泛。特别是在房屋建筑中已经被广泛使用，预制型轻质隔墙板也作为装配式中的一种，甚至可以说作为地下结构模块式施工的一个大胆尝试，深入地发掘出装配式在地下结构中的延伸与高效运用。

10.7.2　施工工艺

1. 预制型拼装式轻质隔墙板的特点

1）轻质隔墙板拼缝处理

筏板转角处的接缝处理以及底部的灌浆处理施工质量要求高，其施工质量将直接影响下一道工序（防水卷材）的施工，误差控制极为严格。现场拼装时，对安装位置安装定位钢筋，对拉定位线；在切割前，用墨斗进行弹线。针对切割后的接边，用专用的填缝料进行处理；随即进行吊装预制型拼装式轻质隔墙板，板与板之间形成机械模块化快速拼装，既保证了现场的大筏板的施工进度，较砌砖胎模施工，更节约了汽车式起重机的台班和劳动力投入；同时，也加快了承台与筏板的施工速度，避免了抹灰这一道工序，有效地解决了进度紧张的突出问题。

2）拼装完成后的侧壁回顶及拆除验算处理

本项目预制型轻质隔墙板拼装完成后，需要对现场的回顶支撑做验算。经过验算合格后，作为现场支撑回顶的一个应对，能更好地指导现场施工作业，同步搭设完成后，即可进行侧壁土的回填与剩余地表的垫层浇筑。浇筑完成后，待轻质隔墙板与垫层能有效连接后，对拆除后的侧壁承载力也进行了验算，可行性满足要求。

2. 施工工艺

预制型轻质隔墙板胎模安装工艺流程为：承台底垫层清理→测量定位、定标高→机械土方开挖至承台底以上 300mm→人工清土、平整→浇混凝土垫层→放预制板承台模线→试摆样→板材切割下料→坐浆拼板→复核矫正→拼缝补强→边角底座修复补强→内支撑加固→承台、地梁侧回填→内撑架体拆除→场地平整→基础垫层。

1）承台底垫层清理

对即将安装预制板承台模的垫层面必须彻底清理，必须保证墙板接触的垫层混凝土结构表面平整，结构密实，强度满足上人作业条件。同时，作业面区域不得有明显积水，雨天应避免作业。

2）土方开挖

土方开挖阶段施工单位应派专职测量员对土方单位进行技术指导，严禁出现超挖、乱挖现象。如出现及时报告监理单位、建设单位。并制定合理的处理方案及时处理。

3）试摆样、板材切割下料

根据承台、地梁高度，结合墙板宽度（标准板宽 600mm），进行板材切割下料。需接板部位应提量尺寸，避免材料浪费。

4）坐浆拼板

板材安装时，应将顶端和侧边缘涂满胶粘剂（胶粘剂名称：羟丙基甲基纤维素；粘合强度：14.8 万 MPa，详附产品检验报告），涂刷应均匀，不得漏挂，胶粘剂涂刮厚度不得小于 30mm。墙板竖起时，用撬棍用力挤紧就位；同时，用激光三线仪及时矫正垂直度和相邻板面的平整度，保证接缝密合、顺直。

5）复核矫正

对于垫层标高误差较大部位的拼板作业，应及时采用木楔在板底顶紧，缝隙部位挤出的胶粘剂应及时刮平补齐。

墙板初步就位后，应及时使用靠尺和托线板将墙面找平、找垂直。

预制板承台模安装时，板材顶高度以垫层底高度为控制标准，误差不得大于 30mm。

6）拼缝补强

板材安装完成后，及时采用胶粘剂对接缝处进行补缝刮浆并覆盖玻纤网，以提高拼缝处整体性。对于阴角、阳角等部位，应采取进行二次补浆修复加固处理，确保阴阳角方正，同时提高承台模的整体性。

7）边角底座修复补强

底部部位，应加强质量自检，待拼板工作完成，应及时对底部落地灰进行清理；同时，对垫层底 50mm 和板材立面 50mm 接头部位二次补浆修复。作业完毕后及时进行垫层表面清洁，为后续作业提前做好准备。

8）内支撑加固

安装模型完成后，复核板顶标高、承台模内空尺寸、阴阳角方正度、板材接缝平整度及板材垂直度等关键数据，验收合格后，及时采用钢管木方进行内撑加固，加固内撑间距不得大于 3m，拼缝处应适当增加支撑，拼缝处的支撑采用 50mm×100mm 木方或标准钢管斜撑@400mm（一端撑在拼缝处，一端撑在管桩处），见图 10-18、图 10-19。

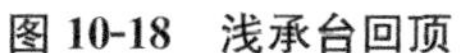

图10-18　浅承台回顶

图10-19　深承台双回顶

9）土方回填

预制板承台模安装完成5h后（此时胶粘剂强度达到最大值满足受力要求）方可进行回填土施工，应注意避免以承台模为受力支点，直接受力挤土，更应避免运土的料斗对成型预制板承台模的冲撞，由边坡缓慢滑落入预制板承台模边，四周同时回填，配合人工整平。

预制板承台模土方回填后不得有大型机械上去作业，以减少对承台模挤压破坏。

10）承台外围底板垫层浇筑

土方回填完毕后，根据设计标高浇筑垫层混凝土，确保垫层混凝土对承台模的整体覆盖，以提高垫层与承台模的有效连接整体性。

11）内撑架体拆除

内支撑拆除应在预制板承台模安装完成5h后（此时，胶粘剂强度达到最大值满足受力要求）且土方回填完成时，方可拆除。

12）基坑排降水

基坑应提前做好降水排水准备，做好基坑边坡检测，确保完整的成品保护。

10.7.3　实施效果

1. 经济效益

本技术大大降低了场地内机械周转费用，有效降低了材料转运次数，无需抹灰处理，便可直接做防水基层，节省了抹灰晾干所需时间，同时，也节约了大量劳动力，更有效地解决了用工难问题。传统砖胎模施工，工人砌筑用工量大，作业效率低，特别是在下雨天，场内有积水的情况下。本工程采用预制型拼装式轻质隔墙板代替砖胎膜，可以切割，任意拼接，可以在施工难度大的地方使用，能加快生产进度。而且，具有较高的强度、刚度、不透水性及抗冻性，方便，快捷。

2. 社会效益

本工程特针对大面积地下室承台连续作业，开展预制型拼装式轻质隔墙板替代传统砖胎模施工技术开发，能带来较高的社会效益，能确保完美履约本工程工期节点，为类似项目工程提供实战经验。这也是本项目的一个大胆的尝试与突破。

3. 应用前景

本项目预制型拼装式轻质隔墙板替代传统砖胎模施工技术的成功开发可进一步丰富在上述各项施工技术的经验和应用实践，为本技术开拓更广的建筑市场应用提供了良好的机遇。

第11章 钢结构工程

11.1 悬挑钢结构模块式安装施工技术

11.1.1 工程概况

深圳技术大学图书馆地下一层，地上6层，建筑高度约39m，地上建筑面积约40330m^2。该工程为钢框架＋局部钢斜撑＋钢筋混凝土组合楼盖结构体系。

图书馆结构平面在3层位置内收，4层至屋面层挑出，由悬挑H型钢梁、钢拉杆及屋面构架层桁架结构组成，形式独特。结构3层内收后，4层在3层结构外轮廓的基础上：西侧悬挑9.6m，北侧悬挑6.1m，东侧悬挑8.1m，南侧悬挑6.2m；4层至屋面层结构外轮廓一致；出屋面架构层在屋面层结构外轮廓的基础上：西侧悬挑12.4m，北侧、东侧、南侧均悬挑12.2m，如图11-1、图11-2所示。单根悬挑量最大质量为8t，悬挑结构通过钢拉杆垂直悬挂于屋面以上架构层桁架下方。

11.1.2 安装施工工艺原理

图书馆南北侧为悬挑结构，为了保证悬挑部位安装的精确度以及整体标高的准确，项目采用地面拼装整体吊装的方法对该结构进行安装，施工前，精确计算悬挑结构钢构件重量，并综合吊装需求、安装效率等多方面因素进行优化分段；安装时，于地面将角部悬挑钢梁进行组装，待双向搭接的悬挑钢梁均组成整体后再行吊装。

通过Tekla Structures建模，将悬挑钢结构划分成整体单元，查找出重心，再设置吊点布置和吊索具体挂绳方法，实现悬挑钢结构在地面能拼装成整体单元后，整体模块式吊装至安装位置，调整焊接。

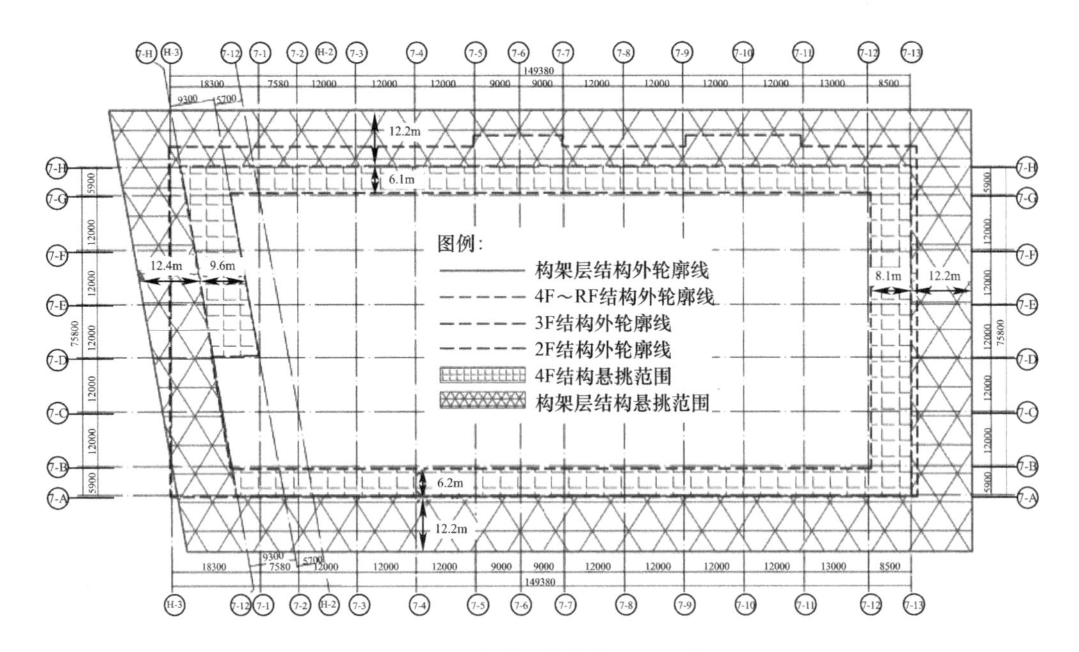

图 11-1 图书馆悬挑结构平面示意图

图 11-2 图书馆效果图

同时，在悬挑钢结构整体单元、吊点设置完成后，再通过 midas GEN 有限元模拟，计算出整体吊装过程中，悬挑吊装模块单元的内力、变形情况，吊具的内力情况等，为整体模块吊装可行性提供依据。

11.1.3 施工工艺流程及操作要点

1. 施工工艺流程

整体拼装与吊装工艺流程见图 11-3。

2. 操作要点

1）悬挑钢结构拼装单元划分

结合悬挑结构的布置情况，通过 Tekla Structures 建模软件，将整体拼装单元按照结构布置特点总体可以分为两类：一类是结构平面各向中部位置的 2～3 根悬挑梁与封边梁的组合，另一类是四个角部。

2）悬挑钢结构地面拼装测量控制

（1）构件拼装前，需对拼装场地上木枋垫设点的标高进行测控，保证各木枋顶标高相同；构件拼装时，严格控制各构件连接节点部位标高以及悬挑梁的水平间距。

（2）拼装螺栓紧固

由于吊装过程中构件之间存在剪力的传递，为不影响结构安全储备，悬挑结构地面整体拼装时所有高强度螺栓连接节点均采用 M20（4.8 级或 5.6 级）安装螺栓代替。整体吊装并将悬挑梁根部焊接完成之后方可拆除次梁的安装螺栓，用高强度螺栓替换。

每个节点安装螺栓数量要求不少于安装孔总数的 1/3 且不少于 2 个（当采用 4.8 级安装螺栓时需安装不少于孔总数的 1/2 且不少于 4 个，保证有较大的安全系数）。

（3）拼装焊接施工

图 11-3　整体拼装与吊装工艺流程图

拼装焊接在地面拼装场地内进行，焊接施工环境相对于原位安装焊接条件要好，质量相对有保证，但焊接时应注意尽可能采用对称焊接方式，先焊平面中部节点，再向外焊接，减少焊接变形。拼装焊接完成应在焊缝冷却后对整体结构进行标高、悬挑梁间距复测。

3）吊装吊点设置

（1）吊点设置

悬挑结构拼装成整体之后，在每根悬挑梁上均设置两个吊点。根据拼装单元形式的分类，吊点及吊装形式也不同：

对于第一类吊装单元，由于除封边梁外，与悬挑梁垂直向无通长结构梁加强单元的平面内刚度，起吊过程中易发生平面内变形，因此对于此类单元采用扁担梁的形式吊装。每根悬挑梁上的两个吊绳在钢梁 XOZ 平面内以 60°的吊装角度挂设于扁担梁上，扁担梁上挂设两根单绳吊装。

对于第二类吊装单元，由于存在两道与悬挑梁垂直向通长的结构梁，单元平面内具有较强的刚度，吊绳与钢梁存在倾斜角度时不易发生变形，因此对于此类单元，每根悬挑梁上设置两根单绳，吊绳一端在钢梁吊点上，另一端中间全部向塔式起重机大钩处集中。需保证最外侧钢丝绳与水平面的夹角不小于 45°。

为保证每根吊绳均能处于受力状态且受力相对均匀，由于整体单元重心靠近吊点 1、3、5、7、9 一侧，因此在此侧每根吊绳上设置捯链。吊绳对各吊点的竖向位移约束强弱顺序为：吊点 5＞吊点 3、7＞吊点 1、9，因此捯链张拉顺序为：吊点 1、9→吊点 3、7→吊点 5。张拉需分两次进行，塔式起重机拴钩后将单元起吊前张拉一次，初步保证每个捯链均处于持力状态；塔式起重机将单元调离地面 10cm 后第二次张拉，确保每个捯链处于均匀持力状态，如图 11-4 所示。

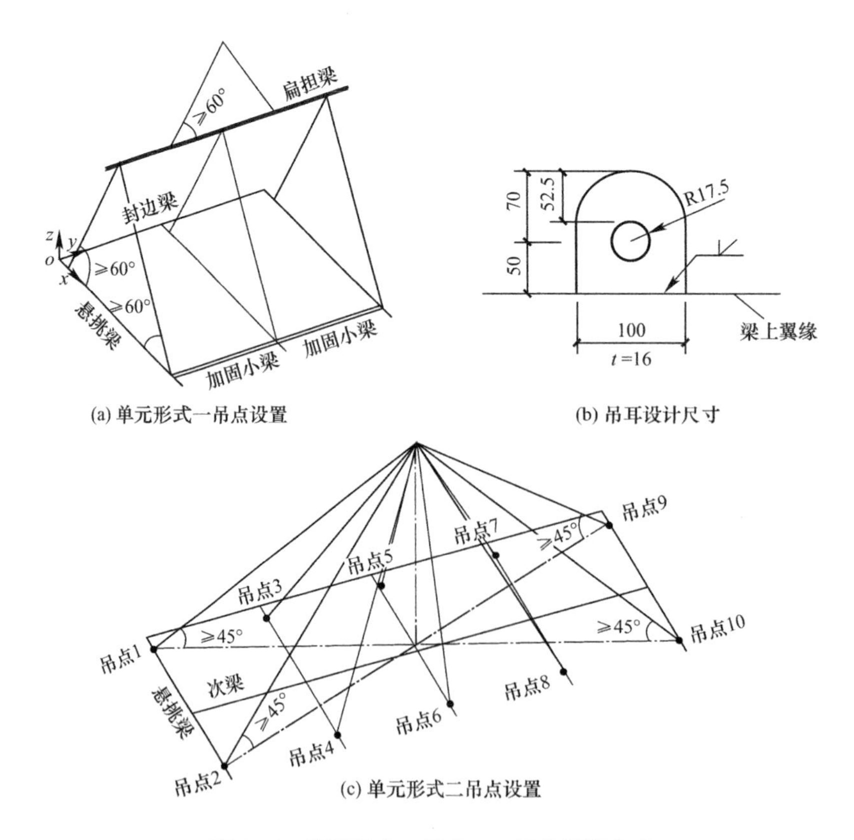

图 11-4　单元形式一吊点、二吊点设置方式

（2）吊装索具选用

整体吊装单元上每根悬挑梁所选用的吊索吊具如表 11-1 所示。

扁担梁采用截面为 H400×200×8×13，材质 Q345B 的 H 型钢。

整体吊装单元上每根悬挑梁所选用的吊索吊具　　表 11-1

构件	单元类型	卡环选用	钢丝绳选用
悬挑梁	1	悬挑梁 5t 及以上国标卡环 扁担梁 8t 及以上国标卡环	ϕ28 钢丝绳
	2	8t 及以上国标卡环	ϕ28 钢丝绳

(3) 吊装加固措施

采用吊装单元形式一时，虽然每根梁上的吊点合力方向均垂直于单元平面，但单元平面内仍需采取加固措施，保证吊装过程中各悬挑梁的水平间距及整体平面尺寸保持可控。因此拟在平面内距悬挑根部 500mm 位置设置双钢管（或槽钢）在垂直向连系各悬挑梁，增强整体单元平面刚度。钢管采用 ϕ48.3×3.0 脚手管，材质为 Q235B（或采用 10 号槽钢）。单元平面加固措施如图 11-5 所示。

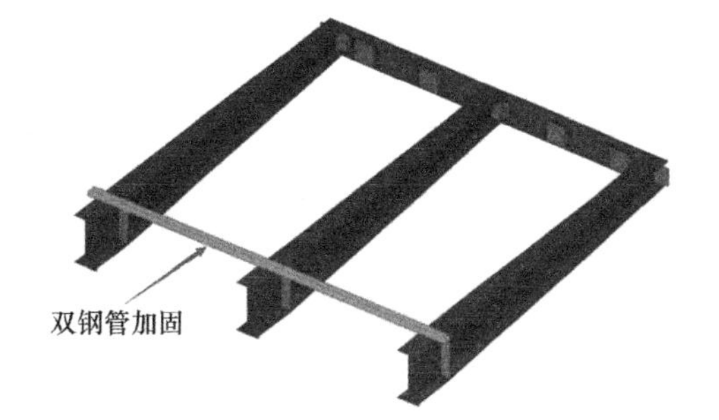

图 11-5　平面单元加固措施

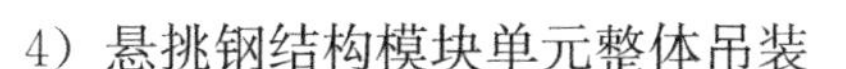

4) 悬挑钢结构模块单元整体吊装

(1) 吊装单元与结构框架的安装固定

整体单元吊装就位后进行节点的安装固定。根据节点设计要求，悬挑梁与钢柱牛腿之间采用腹板安装螺栓固定，在安装校正完成后进行全截面焊接。悬挑梁与钢框架梁之间采用腹板高强度螺栓连接，翼缘焊接，如图 11-6 所示。

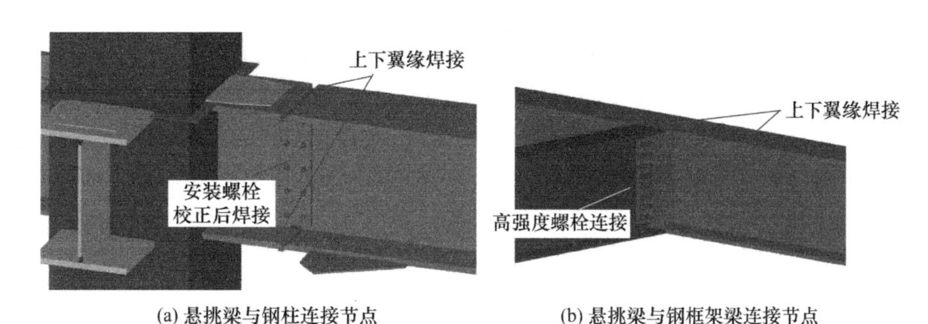

(a) 悬挑梁与钢柱连接节点　　(b) 悬挑梁与钢框架梁连接节点

图 11-6　悬挑梁与钢柱、钢框架梁连接节点

(2) 吊装单元与吊装单元之间的连系固定

整体单元吊装完成后，相邻单元间为嵌补的封边次梁。在相邻单元安装焊接完成之后吊装嵌补次梁。次梁两端与悬挑梁采用腹板临时螺栓固定，校正完成后用高强度螺栓替换紧固。

(3) 吊装安全防护措施

吊装过程对整个吊装区域拉设警戒线，安全员全程旁站，高空焊接作业设置生命线且安全网满挂。

11.1.4 总结

本施工技术通过借助 Tekla Structures 建模软件模拟施工及 midas GEN 有限元软件分析，提出了悬挑钢框架结构的地面单元体拼装，再模块式安装的方法、工艺流程等，保证悬挑结构安装过程中的变形及内应力处于可控范围之内，有效避免了传统大悬挑钢结构下方设置支撑的方式，节约了成本；减少了高空散件拼装的工作量，有效降低了施工安全风险；同时，整体模块吊装，有利于整体控制安装平整度和端部标高调节，保证了施工质量，提高了施工效率，可为以后类似工程提供相应的借鉴。

11.2 下挂式大直径钢拉杆施工技术

11.2.1 工程概况

深圳技术大学图书馆地下一层，地上 6 层，该工程为钢框架＋局部钢斜撑＋钢筋混凝土组合楼盖结构体系。结构在三层位置内收，四层至屋面层四周为悬挑结构，悬挑结构通过钢拉杆垂直悬挂于屋面以上架构层桁架下方，结构形式较为复杂。

本工程所使用的钢拉杆直径均为 ϕ210，单根最长为 11m 长，传统的施工工艺一般采用“钢拉杆张拉法”进行施工，而本工程钢拉杆体量较大，截面较大，使用张拉法进行施工过程管控难度高，工效、质量及安全均无法得到有效保障。通过优化，项目最终采用“预上扬一逐级卸载”的方式进行施工。

11.2.2 安装施工工艺原理

通过有限元模拟，计算出悬挑端部所需上扬值，设立相应高度的临时支撑，安装过程中使用手拉葫芦，调节悬挑端部上扬值大小，保证安装精度。利用钢拉杆的可微调性，根据现场标高复核情况，调节拉杆长度进行安装，待屋面混凝土强度达到 100％后卸载。卸载采用对称、分级、同步卸载的方式，使主体结构变形协调、荷载平稳转移。实现由支撑受力向结构自主受力的平稳转化。

11.2.3 施工工艺流程及操作要点

1. 施工工艺流程

钢结构受力计算一临时支撑制作一临时支撑安装一悬挑安装一调节上扬一钢构整体安装完成一安装钢拉杆一临时支撑卸载。

2. 操作要点

1）上扬值计算

首先，建立整体结构模型，使用有限元软件对施工过程进行模拟，计算悬挑梁在自重+附加恒荷载作用下的变形值，综合焊接的影响，确定悬挑端部上扬高度。

2）悬挑结构施工阶段计算

使用Etabs和midas软件对悬挑结构在施工过程中进行计算分析，验算结构安装安装过程中临时支撑体系的安全性和稳定性，同时验算结构在临时支撑作用下各楼层悬挑挠度；验算临时支撑体系对已施工完成结构的影响。

经过计算可以确定以下几点：

（1）在施工阶段未拆除临时支撑前，各层原钢结构应力比最大为0.727，满足承载力及稳定要求，结构安全、可靠。

（2）在施工过程中悬挑远端部虽然存在向下变形的情况，但变形值均较小，满足规范要求。

3）临时支撑制作和安装

（1）根据楼层标高和悬挑上扬高度确定临时支撑柱长度。

（2）根据临时支撑传力形式不同，需采取不同措施。当支撑柱下方落在组合楼板上时，需验算结构受力是否满足要求，不满足受力要求或者下方无结构梁时，需设反梁，将荷载均匀分布。

4）悬挑构件吊装

（1）悬挑钢构件安装前复核预设的临时支撑柱的标高及平面位置。

（2）将悬挑钢构件吊至安装标高处，与预设在钢柱上的牛腿进行对接。

（3）将悬挑梁远端预设的吊耳使用手拉葫芦与钢柱吊耳连接，并初拧高强度螺栓。

5）悬挑上扬控制

（1）使用全站仪对安装过程进行测量。

（2）用手拉葫芦精确调节上扬高度，并重复复核端部上扬高度。

（3）将支撑和悬挑进行焊接，牛腿翼缘打底，塔式起重机松钩。

（4）再次复核悬挑标高，高强度螺栓终拧，焊接上下翼缘。

6）钢拉杆的制作和安装

步骤1：钢拉杆采用的是可调拉杆，根据设计值出厂前进行1∶1拉伸试验，保证受力满足设计要求。

步骤2：现场复核连接件的标高后反馈至加工厂进行钢拉杆初步调节；

步骤 3：现场拉杆吊装过程中，一端采用软吊索进行连接，另一端采用手拉葫芦连接方便起吊姿势调节；

步骤 4：先将吊带一端与上连接件连接，销轴固定；

步骤 5：微调拉杆根部至实际标高；

步骤 6：对拉杆进行最终固定。如图 11-7 所示。

图 11-7　钢拉杆安装完成效果图

11.2.4　卸载工艺

1. 卸载思路

卸载过程实现由支撑受力向结构自主受力转化。考虑支撑数量多，卸载面积大，单个支撑柱所受荷载存在较大差异，同时考虑人力物力和卸载组装协调性，卸载采用对称、分级、同步卸载的方式，使主体结构变形协调、荷载平稳转移。

2. 卸载总体顺序

图书馆悬挑结构整体平面大致呈东西、南北向对称布置，因此卸载时以南北侧对称卸载，东西侧对称卸载。卸载时，先进行南北侧卸载 1 区、卸载 2 区，6 层临时钢斜撑支撑点卸载。卸载顺序为东西两侧向中间进行。1 区、2 区钢斜撑卸载完毕后进行东西侧卸载 3 区、卸载 4 区的临时支撑卸载。平面卸载顺序为从南北两侧向中间进行。立面卸载顺序为从上至下进行，即：6 层→5 层→4 层→3 层→2 层。

3. 卸载步骤

1）临时支撑从上至下拆除，拆除时每次割除临时支撑截面的 1/2，监测悬挑结构沉降，再割除临时支撑截面的 1/2，再监测悬挑结构沉降……如此循环直至悬挑结构无可监测到沉降时，割除剩余的临时支撑，使结构受力体系转换平稳过渡。

2）为确保卸载同步性，卸载操作人工选取素质较高人员，同时在悬挑端部设立观测点，监测下沉情况。如发现下沉同步误差超过 3mm 的情况，需要及时校正。

3）先卸载标高较高处的支撑，再重新进行一次同步卸载。如此一个循环，直至卸载完毕。

4. 卸载监测

卸载前应对变形较大的部位设置观测点，每次卸载前后数据应详细记录；卸载前后应对受力变化大的部位进行检查，检查情况详细记录；检查记录人对检查记录信息应及时反馈，出现异常情况应及时处置，必要时应暂停卸载工作。卸载过程中，重点的监测部位主要包括以下几点：

1）监测临时支撑变形和位移情况。

2）监测构架层上弦桁架结构变形和位移情况。

3）监测钢拉杆部位的悬挑下挠情况。

5. 卸载操作要点

1）在分级同步卸载过程中，保证每一级卸载量是保证卸载同步的关键，在对称卸载区域设置专门的指挥人员，同时设立总指挥对卸载负责总协调和监控。

2）为保证每次卸载下沉量，需要在支撑柱上进行标记每次切割的量，当出现误差时，应及时修正。

3）每级卸载后，应派专业人员对节点焊缝进行检查，如发现异常应立即停止卸载，上报项目相关部门采取应急措施。

11.2.5　总结

本工程下挂式大直径钢拉杆施工技术采用“预上扬一逐级卸载”的方式，有效解决了传统钢拉杆“张拉”和“卸载”难题，下挂式大直径钢拉杆施工技术从施工组织、技术攻关、施工控制、过程监测等多方面形成一个施工技术完整体系，有较高的可行性和经济性。

11.3　高层建筑钢框架-混凝土核心筒结构同步施工技术

深圳技术大学建设项目（一期）Ⅱ标项目中的其中一栋构造物——大数据与互联网学院，其结构形式塔楼为钢框架-混凝土核心筒结构体系，建筑高度 99.0m，建筑面积约 5 万 m^2，钢结构用钢量约 8000t。框架柱为箱形钢管混凝土柱，楼板为钢筋桁架楼承板——混凝土组合楼板。

11.3.1 案例背景

传统情况下，高层钢框架-混凝土核心筒结构一般遵循核心筒先行，使用爬架或者爬模先行施工核心筒，外框钢结构落后核心筒 5～6 层的顺序进行施工，而采用钢框架与混凝土核心筒同步等高攀升施工则较为少见。

项目为约 100m 的钢框架-核心筒体系结构，工期约 6 个月，核心筒因无爬架而无法施工，导致外钢框架钢梁连接核心筒时无受力点，也无法施工，会影响到整个项目的工期。为了解决该上述问题，研究在核心筒周围设置支撑体系，作为核心筒未施工时的钢梁受力点，将外框钢结构独立成全钢结构的形式，实现外围钢框架与核心筒同步施工，外围楼板与核心筒墙柱同步浇筑。

11.3.2 实施要点

本工艺原理是施工方案的优化：一是充分利用作业面组织施工，减少结构施工工序外的工作对主体结构施工关键线路的占用，以达到工期优化的目的；二是减少施工冷缝的设置，确保施工质量，消除施工不便性；三是消除垂直交叉作业产生的施工安全隐患，提升安全文明形象。

外框钢结构安装工程临时支撑是实现本工法的关键技术，其作为临时结构体系，附加在工程结构上，对整体建模分析，验证其是否满足施工阶段的承载力和稳定性要求。

主要实施要点和步骤如下：

1. 熟悉图纸，收集和分析结构特征

通过 BIM 和 Tekla 对结构体系建立三维模型，直观区分出结构的主次关系，分析施工过程中的先后，确定施工荷载传递的路径，识别需要设置临时支撑的点，为临时支撑设置提供思路。

2. 根据结构特征，设计临时支撑体系

在核心筒结构未施工并达到强度前，为外框钢结构的安装提供受力支撑，与外框钢结构形成稳定体系，将施工荷载传递给已完成施工的结构上，是实现核心筒结构与外框钢结构同步攀升施工的核心。

3. 设置成品箱形钢柱

在核心筒四周，存在主梁连接核心筒的跨度大于 2.5m，且需要承担上部组合楼板的质量以及施工荷载。靠核心筒一端各向均无约束时，其上部荷载较大，需要在靠近核心筒一端设置承载能力较强的品箱形钢柱，做完临时支撑。同时，为了保证靠核心筒一端不发生倾覆，需在临时支撑箱型钢柱上端设置连系梁，与外框钢柱结构连接，形成稳定体系。

则根据承载力需要，选取箱形支撑柱的截面与材质，比如采用箱形截面口 200mm×10mm，材质为 Q235B。为加强施工阶段临时结构的稳定性，在各柱顶部设置水平连系梁。连系梁同样根据承载力需求选取，比如：截面采用热轧 H 型钢 H300mm×150mm×6.5mm×9mm，材质 Q235B。

具体形成后的支撑三围表示如图 11-8 所示。

图 11-8　支撑柱、连系梁立面图

4. 完善临时支撑体系的连接节点

实现临时支撑体系和外框钢结构的有效连接，优化节点后，为临时支撑的安装和拆卸更容易，达到快速建造的效果。

1）设置支撑柱柱脚节点

设置在有临时箱形支撑柱部位的底部钢梁，焊接于主梁上表面，用于箱形支撑柱壁厚同厚的钢板，制作钢板埋件，埋件高度同外框结构楼板厚度。临时箱形支撑柱与埋件板直接焊接，拆除时则可以直接使用气刨，刨除焊缝后，对临时支撑柱重复利用。比如：临时支撑柱采用箱形截面口 200mm×10mm，则柱脚埋件板的板厚为 10mm，外围楼板板厚为 120mm，则柱脚节点埋件高度为 120mm。

2）设置支撑柱顶部与钢梁连接节点

设置在有临时箱形支撑柱部位的上部钢梁，形状为两个槽形，用于箱形支撑柱壁厚同厚的钢板制作，焊接于钢梁的上下翼缘，起到加强主梁的抗剪和抗弯能力的作用。避免主梁承载过大，发生端部翘起变形。

3）设置连系梁连接节点

在临时箱形支撑柱的柱顶往下150mm位置，在钢柱两侧提前焊接与连系梁腹板2倍厚度的连接板，连接板上根据受力需要开设螺栓孔，以便连系梁可以提供螺栓与临时支撑柱连接。将临时支撑柱形成整体，加强临时支撑体系的侧向稳定性。同时，螺栓连接的节点，便于连续梁及箱形支撑柱的安装和拆除，使得临时支撑柱与连系梁能够实现重复利用和快速周转。

5. 复核验算临时支撑体系

验算支撑体系，得到支撑体系的主要受力特性和信息，为临时支撑体系的可行性与安全性，提供判断依据。

1）应力验算

将施工时的荷载量进行归纳换算，并将施工荷载按1.2倍的系数进行放大。然后，开始建立计算模型，计算模型建立时，由于核心筒顶部2层核心筒未施工或浇筑时间较短，未达到强度，需按无约束考虑，体系需选择4～5层支撑同步验算。模型建立后，将施工荷载输入软件，自动计算出支撑体系的应力分布。根据应力验算结果，对比构件材质和屈服强度，看验算是否能通过最低承载力的要求。

2）变形量与稳定性验算

利用验算内力时建立的计算模型，通过计算软件，直接计算输出支撑体系的变形梁与稳定性验算结构，根据主体外框结构与支撑体系变形位置和变形大小，判断结构体系是否稳定，是否需要采取措施进行侧向刚度加强。

6. 划分流水施工作业面，内外框结构同步攀升施工

合理的流水作业面划分，能更好地形成流水作业，避免窝工及缩短施工停歇，达到缩短工期和降低人工成本的目的。

1）空间平面划分

根据结构的对称性或者构件的数量和塔式起重机布置情况，进行两个以上区域的划分。每个区域的构件数量、面积大小应大致相等，以便达到各区的整体作业时间基本一致，流水节拍相等。比如：将塔楼平面，按空间总体分为东西两个分区，两个区的作业内容、面积、构件吊次等基本一致。流水可按先施工东区，后施工西区，各工

种的施工顺序为：n 层东区→n 层西区→($n+1$) 层东区→($n+1$) 层西区→……

2）作业工种划分

区域划分完成后，由于单层作业的工作比较多，可根据结构特点和要求，划分工种作业区，形成独立工种作业，减少交叉作业，达到提高作业安全性的目的。比如：主体结构存在钢柱钢梁安装及焊接、安装收尾及楼承板铺设、钢筋绑扎及支模及混凝土浇筑。将核心筒和外框进行划分，突显出外框的钢结构工种作业区和核心筒的混凝土工种作业区，减少交叉作业。再根据作业工种和区域的大小，每个区域的每个工种的施工时间均为 3d，从而形成等节拍流水施工。如图 11-9 所示，根据上东西向区域划分后，进行工这种区域划分，形成施工流水：

（1）1～3d 通过临时支撑体系的支撑，可以先安装东侧钢结构；

（2）4～6d 施工西侧钢结构，同时东侧的外框组合楼板、绑扎核心筒与外框楼板钢筋；

（3）7～9d 施工通过临时支撑体系的支撑，可以先安装第二层层东侧钢结构；同时，施工西侧第一层的外框组合楼板、绑扎核心筒与外框楼板钢筋，以及同时浇筑东侧的外框结构混凝土及核心筒混凝土。

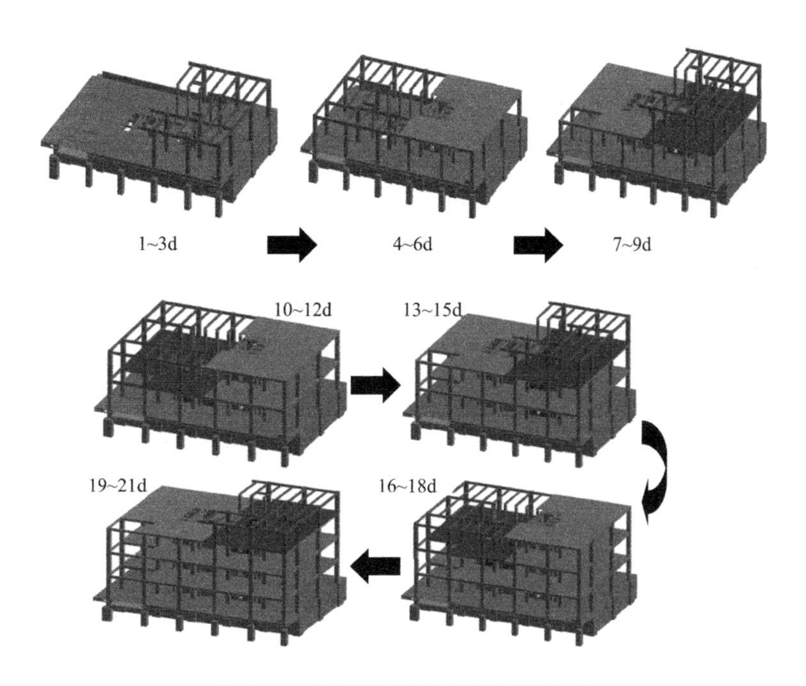

图 11-9　根据区域划分后施工流水图

以此类推，实现外框结构提前插入安装、核心筒与外框混凝土同时浇筑，同步攀升施工。

7. 对临时支撑的转换循环使用进行规划

临时支撑的转换循环使用的规划，是指根据验算和流水施工的需要，确定一次性需投入多少临时支撑，多少层进行一次转换，挪用至下一个循环单元层，进行重复使用。规划临时支撑的转换循环使用，明确转换次数，可减少临时支撑的投入，节约成本。

1）规划一次性投入量

与大跨度支模架的拆除时间要求一样，临时支撑体系的拆除，需要在所支撑的楼承混凝土强度达到100%强度后，方可拆除该层临时支撑。因此，需根据流水节拍，计算最先安装的一层，其核心筒及外框楼板混凝土达到28d龄期时，看最后安装一层在第几层，两者之间的差则为一次性投入临时支撑体系的回顶数量。

比如：经计算，实际施工的流水节拍为6d/层，在所支撑的楼承混凝土达到28d龄期。核心筒与外框楼板混凝土强度达到100%时，则需要28÷6≈5d，需要一次性投入5层的临时支撑量。

2）规划周转循环的次数

经过计算和规划一次性投入量后，临时支撑的每次周转单元数则与一次性投入量的层数一致，循环次数则等于楼层总层数除以每次周转单元数，并在最后封顶前，逐步将临时支撑体系拆除清理出楼层。

比如：规划计算得出一次性投入5层的临时支撑量，则临时支撑的每次周转单元数也为5层。若楼层高为35层，则周转循环次数为35÷5=7次。

8. 筒内外钢筋同步绑扎施工

外围水平结构与核心筒整体现浇，避免留设施工冷缝，能够更好地控制外框与核心筒交界面混凝土的施工质量，保证钢框架与混凝土核心筒的协调作用。同时，避免了交界面板筋预留带来的后续楼承板施工不便。

11.3.3 经验总结

高层钢框架－混凝土核心筒结构同步等高攀升施工技术主要适用于建筑领域内高层钢框架－混凝土核心筒结构施工。

目前国内在建的所有“钢框架＋混凝土核心筒”高层结构施工，均采取核心筒先行，外框钢柱、钢梁、组合楼板（或钢筋桁架楼承板）后施工的“不等高同步攀升”的施工组织形式。而实践得出结论，在主体结构高度小于100m时，塔楼结构出±0.000后，采用外围钢框架与混凝土核心筒同步等高攀升施工的组织形式，相较于前者有以下几方面的技术特点：

1）进度快。塔楼结构出±0.000 后，针对 1600m² 外框、200m² 核心筒的范围，实现外围钢框架与混凝土核心筒 6d/层同步等高攀升施工，减少核心筒爬升式脚手架安装和拆卸的等待时间，比传统爬架施工，约节省 32d 工期。外围水平结构与核心筒整体现浇，能够更好地控制外框与核心筒交界面混凝土的施工质量。

2）减少垂直方向交叉作业。同步等高攀升施工，消除了核心筒先行、垂直交叉施工时上方混凝土凿毛坠物等对外围钢结构施工的安全隐患；避免了核心筒混凝土浇筑、养护水下淌等污染下方已安装完成的钢结构构件表面，提升成品保护质量及安全文明形象。

3）节约成本。同步等高攀升施工，采用可周转、安拆方便的临时支撑，其材料回收率高。核心筒无需采用爬架，避免爬架施工的安全风险。采用结构同步施工时，支撑体系和转换使用人工总成本为 40.5 万元，相较于传统使用爬架和人工总成本 231.2 万元，节约成本 190.07 万。

但该项技术也存在一定局限性。①外框面积与核心筒面积不宜过大，外框面积宜不大于 1600m²，核心筒面积宜不大于 600m²。因为面积过小，对于工序衔接、工作面划分有限制，单层施工时间不好控制；面积过大，外框与核心筒施工难形成流水；②结构高度宜不大于 150m；③同步施工，造成外框钢结构与核心筒均为关系线路，建筑高度越高，各工序不确定性因素越多，与核心筒先行的方法相比，该施工方法没有调节余地。

综上，在无爬架情况下，高层钢框架一核心筒混凝土结构施工时，要颠覆传统思维，需根据“同步攀升施工”的原则收集分析结构特征，设计可靠、稳定的临时支撑体系，完善体系的连接节点并进行充分的复核验算。在合理划分流水施工作业面和流水节拍后，实现外框钢结构组合楼板与核心筒混凝土同时浇筑，两者同步往上攀升施工。

11.4 出屋面钢结构节点防水经验

11.4.1 项目背景

深圳技术大学图书馆地下 1 层，地上 6 层。该建筑屋面为桁架楼承板混凝土结构，屋面上方有钢桁架体系，故存在大量钢结构方柱穿出屋面混凝土结构层。

11.4.2 施工方法

传统屋面钢结构柱一般在屋面楼板处采取收头节点处理，但本工程图书馆屋面上方设计有钢桁架体系和钢结构出屋面悬挑结构，所以存在大量钢结构方柱穿出混凝土屋面层。

同时，由于混凝土与钢结构方柱属于两种不同的材料，而且两者收缩系数不同，导致屋面交接节点属于薄弱点，增加了渗漏隐患。

1. 原设计节点分析

1）屋面结构为桁架楼承板混凝土结构，在楼板标高位置处，钢柱上设计栓钉，钢柱周边设置加强筋：该节点可以在一定程度上减少混凝土的收缩作用，但在实际操作中，钢柱与混凝土楼板交界处会出现细微裂缝，存在渗漏隐患。

2）为了对柱脚的保护，同时也为了降低渗漏风险，要求柱脚在地面以下的部分采取C20混凝土包裹，包裹的混凝土高出室外地面不应小于150mm，室内地面不宜小于50mm，并宜采取措施防止水分残留。

3）屋面建筑面层为地砖屋面＋种植屋面做法，即：防水屋面结构层2.0mm厚、非固化橡胶沥青防水涂料4mm厚、SBS耐根穿刺防水卷材40mm厚、挤塑板聚苯乙烯泡沫板、聚酯无纺布50mm厚、C25细石混凝土保护层面层做法。

通过经验以及现场试验，发现此种做法在经历暴雨、长时间积水等情况下，会出现不同情况的渗漏。因此，项目组、管理公司、监理单位、设计院、总包单位、防水单位联合召开专题会，对出屋面钢结构柱脚防水节点进行优化。

2. 原设计节点分析

通过对以上原设计的三个节点进行分析，发现存在以下问题：

1）结构板：混凝土楼板虽然在与钢柱交界处进行了加强处理，对混凝土收缩产生一定的约束，且采用了抗渗混凝土，降低渗漏风险。但通过现场闭水试验发现，在交接处仍会产生缝隙，存在渗漏风险。

2）柱脚保护：该做法初衷是为了增加对柱脚的保护，防止柱脚被积水、土壤等侵蚀。但在特殊节点处，无法有效起到良好的防水断水作用。原因有以下三点：整体混凝土厚度小，无抗裂筋且无膨胀特性，易产生开裂；由于混凝土厚度小，与地面接触面小，渗漏路径短；柱脚保护混凝土上口为水平面，易存在积水或者雨水沿着钢柱与混凝土接缝处造成渗漏。

3）建筑层防水：该做法中未明确防水卷材与钢柱交接位置的详细节点，未对卷材上返高度进行明确，未明确卷材是上返后的收头处理，易造成节点不明确而产生的工艺缺陷。

3. 设计节点优化

针对以上存在的渗漏风险，针对各道工序采取优化补强措施，从而总体上达到消除渗漏隐患。

1）结构层：屋面混凝土结构楼板已经施工完成，且经过闭水试验发现存在渗漏隐患。针对存在渗漏隐患的部位，采取环氧树脂注浆，注浆后进行不少于 24h 的闭水试验。

2）柱脚保护：将原普通混凝土替换为 100mm 厚的 C20 微膨胀混凝土（根部的楼板进行凿毛处理），顶部采取 45°斜面收口，并配有 ϕ8@150 的钢筋，增加混凝土的约束性，减少混凝土的开裂风险，并增加渗漏路径，减少渗漏隐患。

3）建筑层防水：明确防水卷材在柱脚保护混凝土外侧进行铺贴，上返至柱脚保护混凝土顶部后与钢柱进行粘结，并且外砌 50mm 厚水泥砖作为防水卷材保护层；同时，在保护层顶部采用不锈钢盖板或耐候性硅酮胶进行封闭，彻底避免顶部积水或雨水沿钢柱与混凝土交接缝隙造成的渗漏问题，杜绝隐患。

每一道工序完成后进行不少于 24h 的闭水试验，合格后方可进行下一道工序。同时，经过多次台风暴雨等天气的考验，证明该做法切实可靠，对图书馆出屋面钢结构节点处起到了有效的渗漏遏制作用。

11.4.3　总结

出屋面钢柱在施工过程中易出现防水薄弱点，尤其是钢柱节点复杂、屋面功能多、跨度大或荷载大的屋面结构，更容易出现渗漏隐患。因此，需要在设计阶段重点考虑各种渗漏风险点，避免设计因素风险；施工过程中更应严格按照设计要求、规范要求进行施工，降低人为因素风险。本工程图书馆出屋面钢结构节点通过对各种因素的分析从而进行了设计优化加强，有效地避免了校方使用后期渗漏隐患，降低了后期的维保成本，保证了施工质量，提高了施工效率，可为以后类似工程提供相应的借鉴。

11.5　大跨度悬挑钢结构变形控制施工技术

深圳技术大学建设项目（一期）Ⅲ标项目中的其中一栋构造物——4 栋新能源与新材料学院，其结构形式塔楼为钢框架＋局部钢斜撑＋钢筋混凝土组合楼盖结构体系，建筑高度 36m，钢结构用钢量约 1700t。框架柱为箱形钢管柱与 H 形劲性柱、十字形劲性柱相结合，楼板为钢筋桁架楼承板一混凝土组合楼板。

11.5.1 案例背景

传统情况下，大悬挑钢结构施工的支撑体系都是由工厂直接将焊管发至现场，由现场二次下料再焊接组立。采用这种方法会大大增加现场施工难度和施工周期，而且无法保证现场下料规范程度和组立完成后支撑体系的各项性能。

项目因为工期较紧，如果按照传统施工方法无法满足施工需求，采用了装配式的支撑体系，避免了现场的下料与焊接过程。材料到场后，只需按实际需要进行空中拼装，大幅减少施工时间，支撑体系本身的性能也能得到充分保证。

11.5.2 实施要点

本工艺原理是施工方案的优化：充分利用作业面组织施工，减少结构施工工序外的工作对主体结构施工关键线路的占用，以达到工期优化的目的；通过支撑架设置，保证结构标高的准确性；消除垂直交叉作业产生的施工安全隐患，提升安全、文明形象。

大悬挑钢结构临时支撑架：

大悬挑钢结构安装工程临时支撑是实现本工法的关键技术，其作为临时结构体系，对整体建模分析，验证其是否满足施工阶段的承载力和稳定性要求。

主要实施要点和步骤如下：

1）熟悉图纸，收集和分析结构特征

通过 BIM 和 Tekla 对结构体系建立三维模型，直观区分出结构的主次关系，分析施工过程中的先后，确定施工荷载传递的路径，识别需要设置临时支撑的点，为临时支撑设置提供思路。

2）根据结构特征，设计临时支撑体系

待土建施工到第 7 层时开始施工悬挑钢结构。安装临时支撑架，将施工荷载传递给已完成施工的结构上，是实现大跨度悬挑钢结构变形控制的核心。

3）临时支撑架架设材料

临时支撑架为四立杆装配式支撑架，支撑架立杆采用 $\phi133\times8.0$ 钢管、材质为 Q345B，直腹杆和斜腹采用 $\phi70\times4.0$ 钢管，材质为 Q235B。支撑架顶部设分配梁，分配梁 GL1、GL2 采用矩形管，规格为□400×10，材质为 Q345B。

4）临时支撑架稳固措施

A、B 楼悬挑钢结构的临时支撑架全部布设在地下室混凝土顶板（−1.5m 标高）楼面上，连廊钢结构的临时支撑架布设在 2 层混凝土楼面上，每个支撑架立杆底部铺设钢板（长 1.0m×宽 1.0m，厚度 20mm）。施工时，对每个临时支撑架进行回顶，回顶时采用点对点回顶方式，回顶时使用千斤顶顶紧上部，下部使用钢楔楔紧。回顶支架采用 ϕ133×8.0 钢管，材质为 Q345B。

回顶施工时按要求放线定位，在施工过程中派专人进行观察、监测，确保安全。施工前对施工人员进行技术、安全交底，并履行签字手续。建筑结构的安全性验算应报经建筑设计院复核。

A、B 楼悬挑钢结构的临时支撑架与临时支撑架之间用连接杆进行连接，并与主体结构设置 2 道连接杆进行稳固，连接杆采用 ϕ113×8.0 钢管，连接杆一端与临时支撑架焊接连接，另一端则与混凝土梁通过埋件进行焊接连接。

5）大悬挑安装方法及顺序

（1）步骤一：临时支撑架搭设完成，经检查、验收合格后，方可开始吊装悬挑结构。

（2）步骤二：4 层悬挑结构的外端钢梁第 1 段和第 2 段地面对接拼装好后吊装。吊装就位、调整后用临时立杆和 2t 手拉葫芦进行稳固。

（3）步骤三：安装与第 1 段和第 2 段外端钢梁相连的钢梁。

（4）步骤四：继续安装 4 层外侧钢梁和其相应的钢梁。形成稳定体系后拆除临时立杆和 2t 手拉葫芦。

（5）步骤五：继续安装 5 层的悬挑钢结构。

（6）步骤六：继续安装 6 层的悬挑钢结构。

（7）步骤七：继续安装 7 层的悬挑钢结构。

（8）步骤八：悬挑主体钢结构全部安装好，且焊缝质量经检验合格后，开始拆除临时支撑架。

11.5.3　经验总结

1. 装配式临时支撑架技术运用优势

目前国内在建的所有“大跨度，大悬挑”结构施工大部分采取现场下料并组立支撑架的方式进行施工。而实践得出结论，装配式临时支撑架的引用，相较于前者有以下几方面的技术特点：

1）进度快

支撑架所有的构件都是由工厂预制完成，现场不存在任何的切割和焊接作业，约减少现场支撑架搭设2/3的施工周期。

2）减少垂直方向交叉作业

装配式支撑架组立无需现场焊接，所有连接方式均使用螺栓连接，并且可以在非支撑架安装区域进行组立，再由起重器械吊装至支撑架安装位置，避免了传统支撑架只能在安装位置组立的局限性；同时，因为装配式支撑架只有螺栓连接，现场安装不存在垂直方向的施工交叉作业，大大提高了项目施工的安全性，提升了项目的安全文明施工形象。

3）节约成本

传统支撑架的杆件因为是根据现场的工况来进行下料组装的，在一个工程完成后，拆除下来的支撑架不可避免地大部分无法应用于别的工地，因此在别的工地需要使用时只能将现有杆件再进行切割和重新焊接组立。根据规范，杆件超过一定的焊接端口时，支撑架的杆件将无法使用，大大增加了项目的施工成本。

4）装配式支撑架因为每一节都是相同的标准块，可以根据工程的实际需求，灵活地组立成不同的形式，因为没有切割和焊接作业，支撑架理论上能够使用50年之久。这大大地节约了项目的施工成本。

2. 装配式临时支撑架技术运用存在问题

1）对于施工的作业面要求较高

支撑架因为是由标准块组立形成，与地面接触部分需要一定的平整度，不能存在过高的高差。

2）承载力有限

无法应用于单点荷载极大的支撑体系。

3）支撑架组立高度有限制

不能架设超过30m的独立支撑架。

3. 装配式临时支撑架技术推广

工期紧张且现场施工条件允许的情况下，可以使用装配式支撑架作为大悬挑结构的临时支撑体系。同时，在考虑采用前我们需要收集分析结构特征，不同施工现场的施工环境，并进行充分复核验算。在合理划分流水施工作业面和流水节拍后，实现工期缩短的重要目标。

第12章 机电安装工程

12.1 装配式机房的BIM一体化运用

12.1.1 背景分析

我国相继出台《中国制造2025》《绿色制造工程实施指南（2016—2020年）》，装配式建造技术成为绿色发展的一项重要突破。对此，机电工程中装配式机房的机电施工技术在2018年以后有了新的突破。与传统的设备机房相比，装配式机房有以下突出优势：

传统建造方式的机房，是将大量原材料运到施工现场，工人通过现场切割、焊接等动火方式，进行现场的安装作业。不仅会造成现场场地凌乱，人员、机械通行不畅，还存在严重的火灾等安全隐患。装配式机房是通过精细的BIM排布、工厂化和标准化精密加工，通过车辆把加工好的设备族、管段、管组、模块等运输至现场，工人在工地如搭积木一般按图快速拼装即可。这不仅保证了加工的标准化，还大大减少了现场的动火作业，施工质量和美观度都大大提升，更重要的是极大地提高了工地现场的施工效率。

12.1.2 实施要点

1. 施工前的准备

1）收集机房设备、管道、部件参数，建立族库；

2）根据机房数据建立初始BIM模型，完成整体管线深化工作；

3）根据全站仪机器人、三维扫描仪等测量设备，复核现场建筑结构，将偏差参数反馈于初始BIM模型中，继而深化调整模型；

4）结合运输车辆、吊装孔及运输通道尺寸，确定管线划分标准，编制管道加工图、装配图及总装配图；

5）利用三维扫描仪对管道预制件进行实测实量，将实测数据与BIM模型数据对比，实现施工成果的检查验收；

6）机房管道装配施工部署：编制管道运输方案、管道支架定位安装、竖向管道整体提升、成排水平管道整体提升、压力表、温度计安装、管道验收。

2. 施工工艺流程

机房模块化预制及装配化施工工艺主要包括基于实物尺寸的机房BIM模型。机房建筑结构复核测量、编制加工图、装配图及总装配图、管道管段实测实量控制体系、机房管道装配施工部署、机房模块化预制及装配化施工验收。利用全站机器人对机房建筑结构复核测量，主要测量点位为机房建筑标高、结构倾斜度及设备就位后接管法兰位置及标高，将测量的实际尺寸以三维数据的形式反馈到机房管线BIM模型中，并根据实测值对机房管线BIM模型进行调整或对已有结构构件进行修正。

3. 施工步骤

1）使用测量机器人对现场结构数据采集。

2）收集运输车辆、吊装孔及运输通道尺寸，确定管线划分标准；对管线模型进行科学的数字化模块分段、编码，并形成加工图、装配图及总装配图。

3）自动化模块加工。

4）分段验收。

5）分段编码配送。编制装配方案，形成物流运输方案，确认运输车次及管道装车方案。管道物流运输：结合吊装孔尺寸（长6000mm×宽4500mm）以及大型运输车（长8000mm×宽2400mm×高1500mm），将管道主管长度限制为7200mm一段，利用大型运输车配送，通过吊装孔吊至机房；对于竖向小管道，利用小型运输车通过坡道，直接配送至B1层制冷机房。

6）模块化组装

（1）管道单元组装加工制作完成的管道，根据装配图纸与阀门等组装成管道单元，便于后期的安装；组装完成的管道单元，编号后运输到现场组装区域。

（2）循环水泵单元模块化组装每个水泵单元模块为一个独立的单元，每个单元模块包括水泵惰性块、水泵、阀门、管道及其他附件。该过程一般分为水泵惰性块安装和阀门、短接组装。各类泵组和管段模块安装到位后，及时用螺栓与水泵进行固定连接。

7）现场装配

编制装配总控计划、装配分解计划，采用竖向管道提升装置以及气动扳手、小型汽车吊装机械设备，运用管道整体提升技术，完成中央制冷机房装配化施工。具体步骤如下：

管道支架定位安装：机房施工过程中管线布设、支吊架预埋点位坐标、设备安装轴线和净高的数据均来自于调整或修正后的机房管线 BIM 模型的三维数据；首先，以机房管线 BIM 模型为基础，利用 Revit 软件绘制机房管线支架分布图，为放样三维数据提供依据；然后，根据支架分布图结合现场施工操作要求进行放样点位选取，放样点主要包括管线支架安装点位以及辅助管线吊装点位；接着，将选取的放样点位以三维坐标形式导出储存，在选取放样点前应确保施工坐标系与图纸坐标一致，能通过轴线网实现二者间的相互转化，根据点位特征分类整理放样三维数据；最后，将点位坐标三维数据及施工设计图以放样文件的形式载入全站仪的放样管理器，进行现场施工放样。

12.1.3　经验总结

在装配式机房机电工程施工过程中，其中的关键技术在于保证管线的安装精度。因此，有以下几点尤为重要：

（1）机房间管线的 BIM 排布。既要保证房间内的净空和通行要求，又要利于管段分割。

（2）管线的分割和加工图的出图要分段合理，并预留调整段。

（3）现场拼装的顺序要根据场平布置，按照由主管到支管、由里到外的顺序，先安装管线与支架再安装压力表、温度计等仪表，精准定位，逐步逐层完成机房整体拼装。

12.2　半开敞式外走廊防水施工经验总结

12.2.1　背景分析

深圳技术大学建设项目 12 栋城市物流与交通学院、2 栋健康与环境工程学院单局部设计为半开敞式外走廊。施工完成后，该区域与室内隔墙交接处存在不同程度的渗水，对室内装修成品造成损坏。下面将通过设计做法与现场实际对比、剖析，分析渗水原因及防水做法，为后续项目建设提供参考。

1. 设计做法

根据原图纸设计做法，外走廊地面施工需回填轻质混凝土，涂刷JS聚合物防水涂料，并沿墙边上翻300mm高，上部建筑完成面为铺装装饰层。外走廊相邻房间主要为实验室，交接处墙体为砌体墙。

2栋健康与环境工程学院二层架空区域建筑做法为楼6做法，此做法不存在防水，因二层为敞开区间，下雨时因刮风将导致二层敞开区域都存在雨水，建筑找坡仅在悬挑板位置，中间区域引起导致积水。

2. 现场情况展示

开敞走廊往室内或电梯井倒灌水，此现象在开敞走道及架空区域均存在。如图12-1所示。

图12-1 现场照片展示

12.2.2 经验总结

外走廊底部回填层应按设计要求回填轻质混凝土，不允许回填陶粒，在外走廊与室内交接处应设置反梁结构，并将涂刷JS聚合物防水涂料做法，更换为铺贴防水卷材。在上部建筑面层石材铺装时，应采用水泥纤维砂浆作为粘结材料，因为水泥纤维砂浆具有抗裂性、抗渗性，从而使砂浆的整体性、柔韧性、连续性、耐久性得到改善，并且能够形成致密层，从内预防地面积水渗入底部。

12.3 室内中庭排水设施使用经验总结

12.3.1 背景分析

深圳技术大学建设项目 12 栋城市物流与交通学院、2 栋健康与环境工程学院局部设计为半开敞式中庭，该区域地面做法为石材铺装，中庭侧面设置排水浅沟及地漏，一到雨季降雨量较大时，地面疏水系统疏水速度较慢，导致出现积水现象。下面将通过设计做法与现场实际对比、剖析，分析渗水原因及防水做法，为后续项目建设提供参考。

12.3.2 设计做法

根据原图纸设计做法，半开敞式中庭地面施工为石材铺装，侧面设置宽度为 150mm 的浅沟，按 0.5%的坡度找坡。

12.3.3 现场总结

1）图纸审核环节把控：应对施工图纸排水系统进行审核及复核，在施工前夕提出优化措施及方案，并提交设计单位审核。主要对排水沟布置、宽度、深度、坡度、地漏数量及布置进行审核和复核，确保排水系统完善。

2）结合现场实际，正确选择地漏的样式及尺寸。

3）当现场施工发现排水不畅通时，应及时提出解决方案，例如增加排水孔或者做引流措施，并将方案及时提交设计院审核。设计院结合实际情况及建筑外观效果、适用性等因素，确定优化措施。

第 13 章 幕墙工程

13.1 图书馆悬挑屋面铝板吊顶吊装施工技术

13.1.1 案例背景

深圳技术大学建设项目（一期）Ⅱ标项目装饰幕墙中的其中一栋单体——图书馆，其幕墙体系主要为：竖明横隐玻璃幕墙体系、装饰铝格栅幕墙体系、铝板幕墙体系、屋面玻璃采光顶体系，建筑高度 45.0m，建筑面积 4.6 万 m^2，幕墙面积约 6.2 万 m^2，幕墙结构形式为框架式幕墙；其中，屋面檐口向外悬挑最大达到 16m，悬挑屋面上下装饰面层均为铝板。

2020 年 5 月开始施工悬挑屋面时，由于受场地狭小、作业面有限等因素影响，在无法使用传统脚手架施工的情况下，通过对屋面铝板装饰吊顶进行 BIM 建模，划分成若干单元板块。在地面进行加工，随后利用卷扬机进行吊装安装，板块与板块间利用 58m 高空车进行打胶收口，合理安排作业面，组织施工工序。使得屋面悬挑部位底部吊顶顺利安装完成。历时 60d，完成全部铝板单元板块吊装，确保履约考核节点。

传统情况下，铝板吊顶一般先安装主龙骨，后安装次龙骨，最后安装装饰面板。措施一般采用满堂脚手架进行施工，或者可将吊顶铝板做成板块，利用吊车进行整体吊装。幕墙项目部开始进行实施策划时发现，图书馆的悬挑屋面下方南面及西面为主要的材料通道入口，北面为景观连廊，整体高度达到 44m，如采用传统的脚手架进行施工，不仅时间漫长，高度超高且体量巨大，所产生的成本费用也是高昂的。即便是分段施工都无法实现，且会影响项目的整体进度施工；其次，因场地受限，采用大型吊车吊装会导致整个项目的交通瘫痪；而且，由于高度太高，利用吊车吊装施工难度大，不仅进度缓慢，影响工效，还会影响安装精度和整体质量。在此情况下，满堂架方案及汽车式起重机均被否决。为解决安装问题，确保安装精度，项目部研究利用在屋面架设卷扬配合滑轮组进行板块吊装，实现铝板吊顶的顺利完成。

13.1.2　实施要点

本工艺原理是施工方案的优化，具体为：充分利用作业面组织施工，减少结构施工工序外的工作对主体结构施工关键线路的占用，以达到工期优化的目的；确保施工质量，消除施工不便性；消除垂直交叉作业产生的施工安全隐患，提升安全、文明形象。

由于卷扬机吊装设备过重，只能固定于屋面结构板上，无法移动。为确保板块的安装精度，需将吊点设置于待吊装板块主龙骨吊耳处。通过在悬挑屋面设置导向滑轮，附加在工程结构上，对整体受力进行验算，验证其是否满足施工阶段的承载力和稳定性要求。主要实施要点和步骤如下：

1. 熟悉图纸，收集和分析结构特征

通过 BIM 建模，全面了解结构的类型、性能，掌握方案通过基础信息，避免出现考虑不全的情况。同时，了解结构的稳定体系和施工荷载的传递特点，为实现板块吊装施工的临时支撑设置提供思路。对图纸的结构类型、板块的大小、吊点的设置、收边收口等关键信息进行收集，同时形成记录。

2. 布置卷扬机、设置导向滑轮

由于屋面悬挑主体钢结构跨度大，为给底部吊顶铝板安装提供受力支撑，与主体钢结构形成稳定体系，将施工荷载传递给已完成施工的钢结构上，是实现铝板板块吊装的核心。

3. 安装上人屋面通道

由于顶部悬挑为非上人屋面，为保证屋面施工时，工人、管理人员等所有人员进行屋面与设备平台位置的上下，在图书馆 RF 层搭设两个钢楼梯作为垂直上下的安全通道，保障所有人员上下屋面时的行走安全。

4. 安装卷扬机、导向轮，设置吊点

在前期施工图纸深化中确定采取板块吊装，栓接方式，板块尺寸宽 4785mm，长 11467mm，质量 2.05t。通过结构受力计算，在板块均匀设置 6 个吊点（为了提高安全系数和保证，板块吊装平衡，实际施工采用 8 个吊点）。在屋顶楼板设置两台电动卷扬机，结合可拆卸式滑轮组、手摇葫芦，如图 13-1、图 13-2 所示。

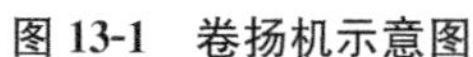
图 13-1　卷扬机示意图

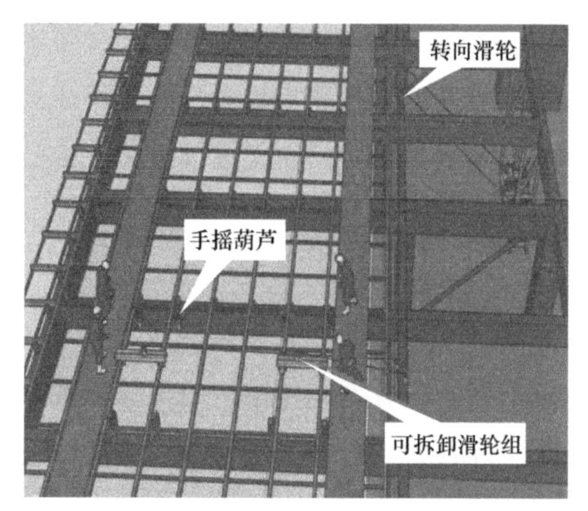

图 13-2　滑轮及吊点布置图

5. 划分流水施工作业面，进行板块吊装

1）空间平面划分

根据结构的对称性和构件的数量和卷扬机的布置情况，结合现场的实际施工情况，由于南面为主干道路，吊装时会对此路段进行封闭，因此将进行 3 个区域的划分。A、B 每个区域的构件数量、面积大小应大致相等，安装时从北侧分为两组吊装人员，依次沿反方向流水吊装，以便达到各区的整体作业时间基本一致、流水节拍相等，最后进行南面主干道路部分吊装。

如图 13-3 所示，进行屋面空间平面区域划分。

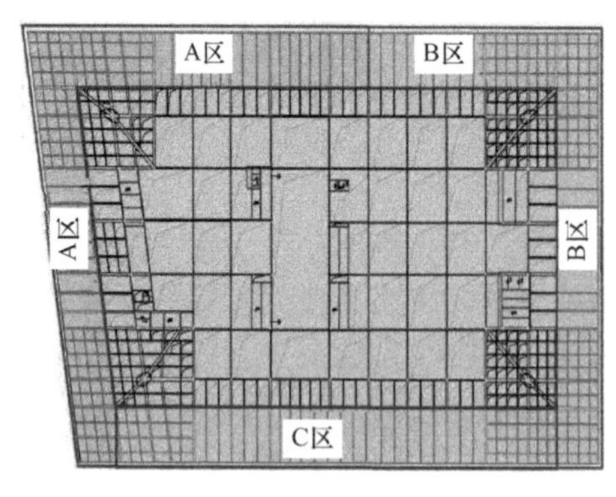

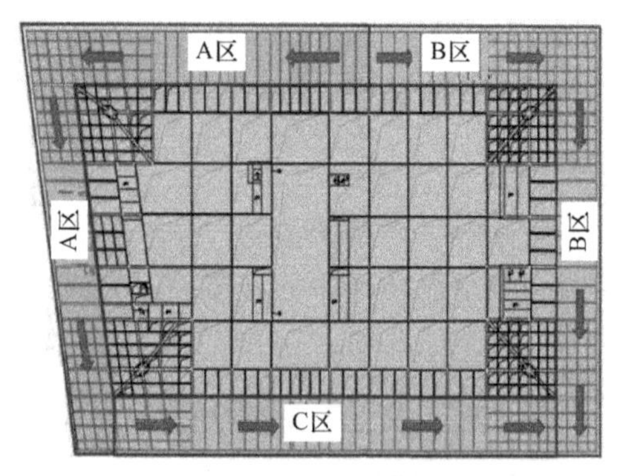

图 13-3　屋面空间平面区域划分

2）作业工种划分

区域划分完成后，由于单层作业的工作比较多，可根据结构特点和要求，划分工种作业区，形成独立工种作业，减少交叉作业，达到提高作业安全性的目的。比如：考虑悬挑底部存在施工主干道、楼内安全通道、连廊主体施工，市政管网施工及回填土施工等不利因素，悬挑上方存在铝板龙骨施工。将整个悬挑部分进行划分，突显出吊装作业区和焊接作业区，减少交叉作业，再结合工期，根据作业工种和区域的大小，分成两组作业人员同时沿反方向依次吊装。吊装完成后，焊工插入满焊作业，将板块上下龙骨连接，与顶部龙骨形成整体。

注：一定要注意流水区域划分的目的是实现流水施工，分区的确定需要准确了解各分区的工作内容和作业条件，再根据分区进行劳动力的投入，实现区域流水节拍相同。

6. 板块加工及吊装

在地面加工区将吊顶单元板块进行组装，组装流程：钢骨架组装→铝板安装→打胶，完成后通知监理验收，验收合格后进行吊装。如图 13-4 所示。

图 13-4　吊顶单元板块组装

将验收合格的吊顶单元板块采用两台同功率的卷扬机进行吊装（功率不同则需使用同步器），如图 13-5 所示。吊装过程中，上下必须有管理人员进行旁站监督，屋面上铺设木板作为施工人员临时作业平台，下部需拉设好警戒线，禁止人员通行，避免交叉作业。吊装完成后，采用 58m 高空车打胶收口（单元板块之间的胶缝）。

图 13-5　吊装示意图及现场实施图

需要注意：第一，钢支座安装的轴线、进出位及标高的准确度；过程中做好复核，关注焊接质量。第二，吊顶单元板块铝板的平整度和胶缝的质量；过程中做好实测，做到一次成优，避免出现后期返工。第三，吊装时的安全作业；关注板块之间的拼缝平整度，板块在吊装到位后需经过二次校正，过程中跟踪实测。最后，排查成品损坏或损伤情况，关注胶缝质量，完成后劳务自检、项目部复检后报监理进行分项工程验收。

7. 檐口收口铝板施工

在地面加工区将檐口单元板块进行组装，组装流程：钢骨架组装→铝板安装→打胶，完成后通知监理验收，验收合格后进行吊装。吊顶单元板块完成后，进行檐口单元板块吊装，将验收合格的檐口单元板块采用50t吊车进行吊装。吊装过程中，上下必须有管理人员进行旁站监督，下部需拉设好警戒线，禁止人员通行，避免交叉作业。吊装完成后，采用58m高空车打胶收口（单元板块之间的胶缝）。

13.1.3 经验总结

深圳技术大学图书馆悬挑屋面吊顶吊装施工技术，利用卷扬机吊装取代传统满堂架施工。通过实践后，其主要优点体现在以下几个方面：

1）施工周期短，进度快。

所有板块在地面组装完成，大大减少了高空作业的工作量，在有条件的情况下，可组织增加吊装设备，进行平行施工，相较于传统的汽车式起重机或满堂架，工期可至少缩短一半以上。

2）减少垂直方向交叉作业。

3）板块吊装施工，大部分焊接作业量在地面均可完成，规避了一定的消防安全隐患；提升成品保护质量及安全、文明形象。

4）通过实践板块吊装施工，可减少人工及措施的投入，相较于传统的满堂架或汽车式起重机，措施成本相差悬殊。

通过本案例经验在大悬挑屋面需做吊顶施工时，现场场地受限制的情况下可直接使用；在异形悬挑或其他装饰面层的情况下，可启发借鉴。

13.2 体育馆直立锁边金属屋面安装

13.2.1 案例背景

14栋体育馆屋面总面积为22000m²，其中金属屋面8600m²；由于金属屋面部分均为室内封闭场馆（羽毛球馆、篮球馆）。为达到通风效果，在屋顶沿南北方向分别设置两道通风连桥；金属屋面周边外立面幕墙贯穿于金属屋面和阳光板屋面之间。通常情况下，金属屋面的构造措施越多，屋面的渗漏风险也便随之加大，金属屋面的整体组织排水系统为虹吸排水沟，沿南北方向设置。本项目铝镁锰板屋面系统采用直立锁边形式，主要材料有180mm×60mm×20mm×3mm C形钢檩条、0.53mm厚镀铝锌底板安装、4mm镀锌几字钢托、30mm厚玻璃纤维吸声棉、120mm厚玻璃纤维保温棉带铝箔贴面防潮层、$\phi1$的50mm×50mm镀锌钢丝网、1.2mm三元乙丙防水卷材、0.2mm厚玻璃纤维布、0.9mm厚铝镁锰合金面板。

13.2.2 实施要点

1. 对金属屋面利用BIM建模，对施工图进行深化

首先，通过对节点单独建模，可更加直观地展示金属屋面的细部构造，结合主体结构模型对比，查找出相互碰撞、缺少连接的地方，对节点进行深化；重点分析屋面与立面交接、与出屋面构造物交接等容易引发渗漏风险的节点部位。其次，利用建好的模型梳理材料，分析完成后进行材料下单排产。通过运用BIM建模辅助，能够预先将问题暴露出来，大大提高施工图的精准度，降低设计变更风险，能够精准地提料，提高施工效率；同时，也可以避免因设计变更而引起的工期延误等。

2. 施工准备

体育馆铝镁锰板屋面系统位于篮球馆和羽毛球馆的屋面，主体钢构为管网架（插板＋相贯口），根据现场施工进度，羽毛球馆直立锁边系统已经完成，篮球馆檩条已安装完成，其他材料可根据安装位置分别由塔式起重机或吊车吊至檩条处。安全钢丝绳和安全大绳铺设完成；天沟已施工完成并铺设木板，作为作业通道，屋面作业通道搭设完成，屋面安全平网已铺设完成。

3. 施工工艺流程

1）镀铝锌板安装

施工人员从钢斜梯上屋面层，在已架设好的钢丝绳或安全大绳上挂好双钩安全带，从篮球馆北端木跳板往南铺设，行走和放线过程中必须挂好双钩安全带且确保至少有一个钩挂在安全绳上。

0.53mm厚镀铝锌底板从北侧沿通道向南铺设，镀铝锌板随铺随打钉（间距≤200mm）固定于檩条上。施工人员安全带挂于钢丝绳或安全大绳。

2）几字形支座安装

4mm镀锌几字钢托从北侧沿通道向南铺设，几字钢托按两侧采用自攻自钻螺栓钉穿过镀铝锌板固定于檩条上。施工人员安全带挂于钢丝绳或安全大绳。

3）玻璃纤维布安装

0.2mm 厚玻璃纤维布从北侧沿通道向南满铺，搭接不小于 100mm，施工人员安全带挂于钢丝绳或安全大绳。

4）玻璃纤维吸声棉

30mm 厚玻璃纤维吸声棉从北侧沿通道向南满铺。施工人员安全带挂于钢丝绳或安全大绳。

5）玻璃纤维保温棉安装

120mm 厚玻璃纤维保温棉带铝箔贴面防潮层：从北侧沿通道向南铺设，保温棉铺设必须铺设严密，接缝处将铝箔折两叠用钉书机钉紧，间隔 200mm 连钉三下，防止漏缝。施工人员安全带挂于钢丝绳或安全大绳。

6）镀锌钢丝网安装

$\phi 1$ 的 50mm×50mm 镀锌钢丝网：从北侧沿通道向南铺设，满铺。施工人员安全带挂于钢丝绳或安全大绳。

7）三元乙丙防水卷材安装

1.2mm 三元乙丙防水卷材从北侧沿通道向南铺设，满铺，搭接不小于 100mm。施工人员安全带挂于钢丝绳或安全大绳。

8）铝合金固定支座安装

铝合金固定支座沿铝镁锰金属板锁边方向，从北侧沿通道向南铺设两侧采用自攻自钻螺栓钉固定于几字支座。施工人员安全带挂于钢丝绳或安全大绳。

9）铝镁锰板安装

施工人员将板抬到安装位置，就位时首先对板端控制线；然后，将搭接边用力压入前一块板的搭接边，面板下的泡沫塑料封条；最后，进行锁边，修剪檐口和天沟处的板边，安装檐口滴水片。施工人员安全带挂于钢丝绳或安全大绳。

4. 金属屋面防水质量保证

1）建立项目质量管理组织架构

严格执行深圳市相关质量规范和标准。严格贯彻执行 ISO 9001 质量管理体系，使本屋面工程质量始终处于受控状态，确保质量方针的贯彻执行和该屋面工程质量目标的实现、完成。

2）建立技术交底制度

坚持以技术进步来保证施工质量的原则。技术部门编制有针对性的施工组织设计。在工程正式施工前，通过技术交底使参与施工的技术人员和工人，熟悉和了解所承担工程任务的特点、技术要求、施工工艺、工程难点及施工操作要点以及工程质量的标准，做到心中有数。

技术交底的主要内容为：设计意图、施工图要求、构造特点、施工工艺、施工方法、技术安全措施、执行的规范、规程和标准、质量标准和材料要求等。

技术交底应当符合实施施工组织设计和施工方案的各项要求，包括组织的实施、技术措施、安全措施等。同时，技术交底应全面、明确、突出重点、具有针对性；突出可操作特点，尽量将内容"图示化""步骤化""通俗化""数字化""明确化"，切忌含糊其辞；有合理可行的保证质量及安全的措施。

技术交底应进行书面留底，并将签名后的书面资料及时归档。

3）建立质量三检制度

建立三检制度，实行并坚持自检、互检、交接检制度，自检要做好文字记录，隐蔽工程由项目总工组织工长、质量检查员、班组长检查，并做出较详细的文字记录，不合格的产品不得进入下道工序施工。对于质量容易波动、容易产生质量通病或对工程质量影响较大的工序和环节要加强预控、中间检查和技术复核工作，从设计采购到加工安装等过程均作为主要的质量控制要点，充分保证工程质量。

4）质量否决制度

质量控制实行一票否决制度，不合格的焊接、打胶等安装必须进行返工。

5）淋水试验

当金属屋面面层完成后，邀请监理、业主进行现场淋水试验及闭水试验，观察是否存在渗漏，确保质量合格。

13.2.3　经验总结

深圳技术大学 14 栋体育馆金属屋面工程，通过科学、严谨的管理手段，结合先进的施工工艺，包括新技术的运用，从深化设计至材料下单，总工期 60d 完成，共投入人工 60 余人次。经过实践可以证明，这项施工技术具有一定的安全性，在使用中也存在明显的优势，值得推广使用。

13.3　大体量框架式幕墙材料 BIM 下单分析

13.3.1　项目案例背景

深圳技术大学建设项目（一期）Ⅱ标项目中包含三栋单体——图书馆、大数据与互联网学院、体育馆，幕墙形式为框架式幕墙，幕墙面积分别4.3万m^2、4.9万m^2、1.4万m^2。幕墙类型多，有玻璃幕墙、石材幕墙、铝板幕墙、玻璃采光顶、屋面阳光板、铝镁锰板等系统。

2019年4月进场后，面临项目下单材料繁多、时间紧、任务重、人员不足的情况，决定采用全过程BIM技术下单，确保下单的迅速完成。满足现场安装进度，确保项目进度可控。

在传统下单情况，框架式幕墙材料下单一般使用CAD深化节点、平立面放样、面板龙骨放样、绘制加工图、制作提料单等一系列步骤，前期需要大量的设计人员进行放样工作，而且放样图受到施工现场结构偏差的影响。如果提前进行放样，在劳务、结构复尺之后需要再调整放样图，并影响到加工图，费时、费力。2018年，在其他异形幕墙项目上BIM应用取得较大应用成果，决定将深圳技术大学项目继续使用BIM应用全过程下单中。

13.3.2 BIM技术材料下单实施要点

1. 使用BIM技术下单的优点

模型及数据的可视化，所见即所得，方便观看，避免漏下单、下单重复；参数化下单，通过GH程序导出材料的信息，自动导出加工图，自动填写提料单，避免人工填写的错误；修改方便，结构有偏差，只需要调整模型即可；与其他专业进行碰撞检查，提前发现安装等问题。

2. 主要实施流程和步骤

1）前期策划，熟悉图纸，制定建模标准

深入熟悉项目的各个幕墙类型，幕墙节点做法，安装工序，同时考虑优化创效的空间。统一使用Rhion6.0和Grasshopper软件（参数化插件），制定建模的标准，导出加工图的标准，填写提料单的标准，制定下单的顺序及时间的计划。

2）节点建模，优化分析

对本项目所有的幕墙节点进行单独建模，分析其结构连接、安装工序的合理性，如图13-6所示。共完成图书馆104个，大数据与互联网学院83个，体育馆71个，共258个节点模型。通过对节点模型的分析，检查出有自碰撞、缺少连接方式、缺少转角位置做法节点共109个。通过修改节点模型，在满足受力的条件下进行优化。

例如：体育馆屋面通风连桥的招标图中缺少详细的做法，且收口铝板位置不合理。通过调整模型之后，增加了百叶及收口铝板的做法，防水更加合理，如图13-7所示。

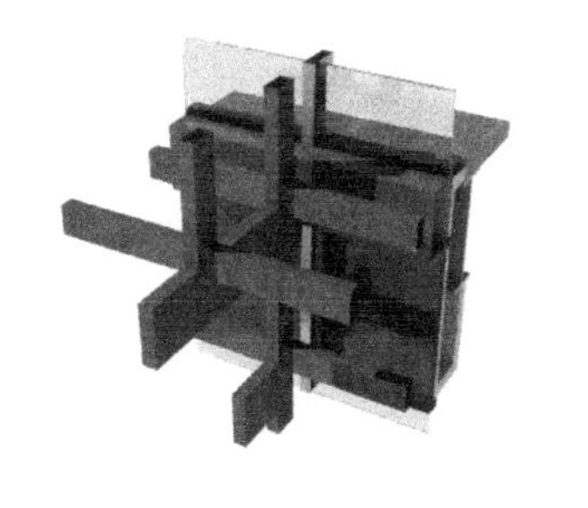

图 13-6　分别为三栋楼的典型幕墙节点

(a) 通风连桥节点修改前

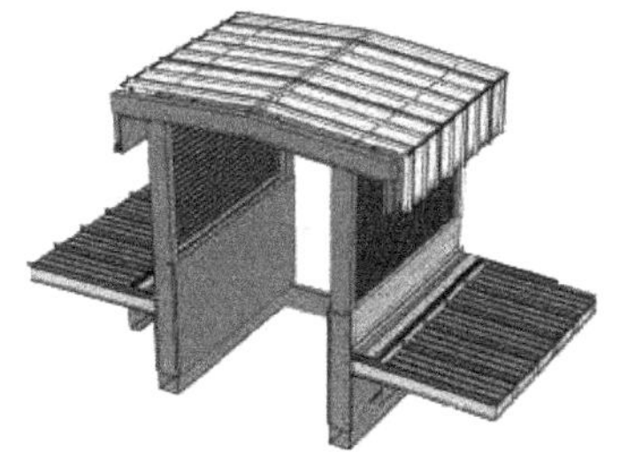

(b) 通风连桥节点修改后

图 13-7　通风连桥节点修改前后对比

3）建立表皮模型，碰撞分析，复杂大样分析

先对幕墙表皮进行粗略建模，按幕墙类型分层分色，表达出幕墙位置、进出位、种类，保存一个表皮的版本，以便进行下一步的深化及模型碰撞检测，如图 13-8 所示。

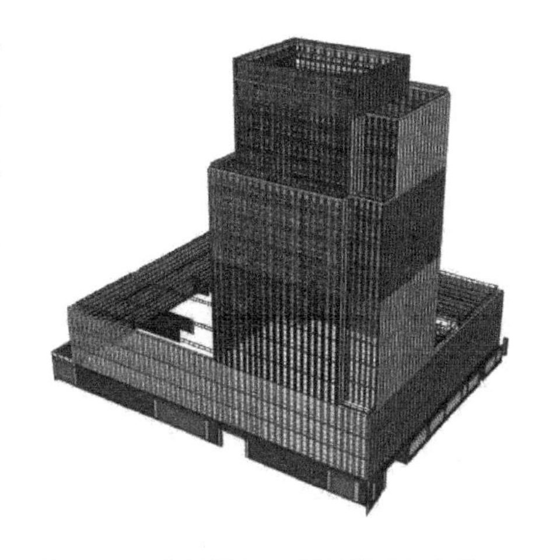

图 13-8　大数据与互联网学院表皮模型

幕墙与主体结构、钢结构、园林等其他专业的模型碰撞检测，提前找出问题。如图 13-9 所示。

对于复杂位置的处理，例如图书馆大悬挑屋面的龙骨连接与布置，横向龙骨悬挑长度超长，连接牛腿定位多，铝板分格尺寸多。通过使用 GH 参数化建模：①分析牛腿与钢结构连接位置，根据现场全站仪定位点，布置牛腿；②调整屋面铝板分格，分析屋檐与塔楼立面玻璃幕墙收口位置做法。

4）模型参数化，导出加工图、提料单

使用 GH 插件程序，将尺寸、规格、加工图等信息写入模型中，然后导出加工图、提料单。如玻璃等面板，可以将相关信息自动写入模型，按照施工段区域统一排序，再导出到提料单中。铝型材等需要定尺、开孔的，则以储存的面板信息为基础，将型材的参数表链接进 GH 程序中。将型材的各种参数保存到玻璃模型中，或者选择生成模型。套裁之后形成提料单，即可发往材料厂生产。生成提料信息时，选取其变化的信息（长度、数量），用于下一步的加工单。

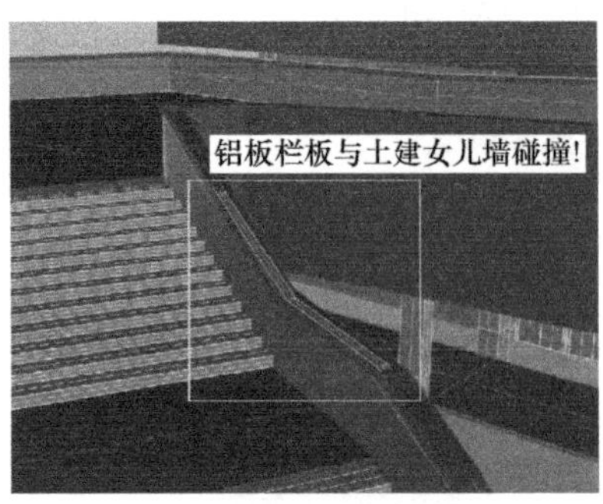

图 13-9　幕墙与其他专业的模型碰撞检测

13.3.3　经验总结

1. BIM 新技术应用适用范围

运用 BIM 下单技术主要适用于超大体量的框架式玻璃幕墙系统，以及体量一般但外立面装饰造型复杂的外立面幕墙系统和异形幕墙系统等。

2. 与传统技术对比总结显著特点

1）缩短时间，提高效率

传统 CAD 出图需要大量的图纸放样，加工图绘制费时、费力。通过 BIM 下单技术，将繁多的数据以参数的形式写入到模型中，从而导出提料单、加工图、装配表，保证正确率的同时也节省了大量时间，整体提高约 3 倍的效率。

2）降低下单错误率，节约成本

通过可视化 BIM 模型，分区域、位置下单，避免漏下、重下的情况。参数化程序导出提料单也能有效避免手动输入数据造成的失误，减少材料浪费。通过碰撞检测，提前发现安装问题，减少返工，减少现场工人窝工情况，节约人工成本。

在同类型大体量常规框架式幕墙中，使用 BIM 下单技术能有效提高效率，类似情况可以借鉴。

13.4　铝板龙骨整体吊装工艺

深圳技术大学中德制造学院大楼，属于深圳市第三所本土本科高校，是深圳市建筑工务署全力推进的重点项目，交付标准高和交付工期紧。13 栋中德制造学院外立面的铝板幕墙，总高度 99.9m，其中大面积是异形铝板幕墙。

13.4.1　案例背景

一般铝板施工流程是测量放线→埋件检查修补→连接件安装→竖向龙骨→横梁龙骨安装→铝板安装→注胶密封→清洗，其中竖向龙骨和横梁龙骨需要在吊篮上进行大量的安装、焊接作业。基于吊篮上工作人数和作业环境等各方面的限制，楼层越高，钢龙骨的安装周期越长。

13 栋屋面有中央空调冷却塔等设备各种管道，施工单位交叉作业多，多种原因造成延误了吊篮交付开始使用时间。本项目金属铝板幕墙系统，为了缩短安装工期，依据本铝板幕墙的结构特点，项目部集中讨论采用新的铝板龙骨整体吊装工艺。

13.4.2　实施要点

1. 熟悉图纸

幕墙施工图纸为幕墙施工的基础性依据，重要性不言而喻。熟悉图纸，可以提前发现施工重难点，指导施工，避免出现返工、材料浪费等现象；熟悉图纸，还可以合理、有序地安排施工步骤、施工措施及施工进度计划，为项目的快速、高效及科学推进，提供有力保障。

2. 放线是保证施工质量的关键工序

根据确认幕墙施工图纸在底层确定幕墙定位线和分格线；由于土建施工允许误差较大，而幕墙工程施工要求精度很高，所以不能完全依靠土建外轮廓边缘线，必须依据建筑施工单位提供的基准轴和水平基准点，重新测量并校正复核。作为“质量控制点”来检验。本项目实际是依据总包单位提供的基准轴和水平基准点，用经纬仪检查主体结构，并用固定在钢支架上的钢丝线以及在墙体零时焊接钢架做好标识，作标志控制线。

3. 检查预埋位置

预埋件的位置误差应按设计要求进行复查。当设计无明确要求时，预埋件的标高偏差不应大于 5mm，预埋件的水平位置偏差不应大于 5mm。

4. 分板块焊接整体钢架，控制加工精度

依据确认的幕墙施工图，在工地的专业加工场地，加工 1100mm、2100mm 两种规格三角造型钢钢骨架。本项目铝板幕墙竖向钢龙骨为 120mm×60mm×5mm 热镀锌方通，横向钢龙骨为 50mm×50mm×5mm 热镀锌角钢，钢连接件下料尺寸允许偏差，立柱±1mm，各小横梁±0.5mm，加工焊接精度控制在±2mm，分别加工成 1100mm、

2100mm两种规格三角造型骨架。加工过程中，依据国家相关规范，检查钢构件是否有严重裂纹、扭曲、破损等缺陷，其质量是否达到规范及设计要求。

5. 起吊安装

起吊设备——卷扬机满足设计及相应国家规范要求并验收合格；实施吊装作业单位的有关人员应对吊装区域内的安全状况进行检查（包括吊装区域的画定、标识、障碍）。警戒区域及吊装现场应设置安全警戒标志并设专人监护，非作业人员禁止入内。固定牢固钢架构件，缓慢试吊。信号工确保周边安全情况下，由卷扬机缓慢吊运至安装位置，配合吊篮作业人员进行垂直与水平、进出位置点焊定位，敲击调平后焊接固定。

6. 安装控制

构件竖向偏差应控制在1mm，轴线前后偏差不应大于2mm，左右偏差不应大于3mm。幕墙安装允许偏差如表13-1所示。

幕墙安装允许偏差表　　表13-1

项目	幕墙高度（H）（m）	允许偏差（mm）	检查方法
竖缝及墙面垂直度	$30<H\leqslant60$	≤15	激光经纬仪或经纬仪
	$60<H\leqslant90$	≤20	
	$H>90$	≤25	
幕墙平面度		≤2.5	2m靠尺、钢板尺
竖向缝直线度		≤2.5	2m靠尺、钢板尺
横向缝直线度		≤2.5	2m靠尺、钢板尺
缝宽度（与设计值比较）		+9	卡尺
两相邻面板之间接缝高低差		≤1.0	深度尺

7. BIM应用

施工阶段每个构件的ID与BIM模型对应构件ID绑定，BIM模型与现场互通互联，信息化管理操作人员将构件的库存状态、吊装信息、安装情况、成品检验等情况录入并上传，通过平台数据，BIM模型查看。使施工管理人员对项目的整体进度安排有了精确的数据支持，保证施工质量、安全、工期等。

13.4.3　注意事项

放线时，应考虑到土建的结构偏差，及时反馈、调整，从技术上消除土建施工中的偏差累计。

严格执行建筑工程有关安全生产的规程和规定，现场所有钢架整体吊装安装施工的人员必须经过专门培训、安全教育和技术交底，关键岗位应当实行持证上岗。

钢骨架安装前，先进行防腐处理。安装钢骨架位置准确，焊接牢固。钢骨架安装施工过程中，用经纬仪对竖、横向打激光控制线并拉紧钢丝绳固定好控制线，保证现场安装的准确度及精度。

13.4.4　经验总结

1. 节约时间，加快进度

一般铝板幕墙安装方法是先安装立柱，再安装横梁。对于异形铝板龙骨安装，在吊篮上高空作业需要的时间更长。采取整体吊装作业时，在没有拆脚手架的情况就可以开始骨架制作，大大节约施工时间。

2. 减少高空作业量，提高安全

变高空作业为地面作业，将不利位置施工改到有利位置施工，降低劳动力强度。减少了楼层焊接量，减少作业人员在高处作业的强度，也降低了吊篮上作业人员的风险。

3. 施工质量更有保证

有效地保证骨架整体水平和垂直度，大大节省安装时间。施工设备可以灵活布置，可利用已有结构作为承载系统，对施工地场、环境的要求较低，可以在常规机械不能开行的位置施工。可以多作业线并行、多工序并行，可以集成多种技术和手段，具有工厂化、流水线等现代生产特点。

13.5　简易、安全的吊篮安装方案

深圳技术大学建设项目一期幕墙施工Ⅱ标，其中 13 栋中德制造学院建筑楼高 99.9m，幕墙施工内容有玻璃幕墙、铝板幕墙、铝合金窗等内容。本项目外立面的施工措施为采用吊篮作业。

13.5.1　案例背景

由于 13 栋中德制造学院大厦屋面面积小，并布置众多机器、设备及管道，比如大厦的多台中央空调主机、消防水箱、冷却塔以及各种管道等，屋面显得非常拥挤。而且屋面上部还有 6.5m 高的花架梁，现有层面的条件无法采用标准的吊篮搭设方式。通过现场勘查，结合经验，吊篮公司提出新的吊篮搭设方案。

后支座斜拉式吊篮，即采用在结构梁上设计后置锚固支座，通过后端钢丝绳与后置锚板支座可靠连接，达到平衡前端吊篮施工荷载的作用。

13.5.2 安装要点

1. 吊篮的选型

本项目幕墙施工材料主要为玻璃、铝板、百叶，材料的运输工作主要依靠吊机、卷扬机。吊篮不能作为材料转运的垂直运输设备，只作为施工工作人员运送到指定工作位置的垂直运输设备。所以，按照实际施工需求，计算出符合要求载荷的吊篮型号。

安装过程中，需承载质量计算如下：

施工过程中吊篮上安排两名工人安装固定，需安装的材料由各个楼层内搬出，随装随运，不允许在吊篮上堆放材料。安装时，常规材料规格为1块1050×1700mm（6+1.52PVB+6+12A+6）钢化中空夹胶玻璃，因玻璃最重，采取玻璃验算［最重材料规格为1块1050×1700mm（6+1.52PVB+6+12A+6）钢化中空玻璃，采用电动葫芦安装，吊篮上不承受玻璃的质量，只承受工人安装时承托玻璃少量的质量］。

1）玻璃质量=玻璃面积×玻璃厚度×玻璃密度（2.5）=1.05×1.7×18×2.5=80kg

2）载荷计算：

（1）玻璃质量≈80×1×1.2（恒载分项系数）=96kg

（2）2名安装工人体重≈75kg×2×1.4（活载分项系数）=210kg

（3）安装工具质量≈20kg×1.2（恒载分项系数）=24kg

3）总质量=96kg+210kg+24kg=330kg（施工时放入材料吊篮的总质量）

经计算此工程施工中吊篮的最大载荷不超过330kg，吊篮额定载重为630kg，本工程最长6m吊篮额定载重为480kg（正常使用时安全载荷应控制在额定载荷的80%，即480kg×0.8约为380kg），符合此工程的承载要求。

2. 安装与拆除需注意的安全技术措施

1）装拆人员必须经过培训，熟悉吊篮的性能特点并持有特种作业人员上岗证。

2）装拆作业区内应派专人负责警戒，专职安全员到场监督，严禁闲杂人员进入施工区域。

3）作业前应做好安全技术交底工作，使每个作业人员都熟悉安全措施。

4）现场指挥对高空作业吊篮做全面的检查，对安装、拆卸区域安全防护作全面的检查，电工对电路、配电箱、控制、制动系统等作全面检查。安装、拆卸班长对已准备的机具、设备、绳索、卸扣轧头等作全面检查。

5）装拆工作必须有专业人员统一指挥，作业人员要听从指挥，严格按照施工方案规定进行。

6）高空作业人员必须有安全防护措施，戴好安全帽、安全带；严禁高空坠物。

7）作业人员防坠措施：安全绳（生命绳）独立悬挂在建筑物顶部，绳的一头拴在屋顶上的梁、柱上或其他牢固的构筑物上。安全绳与建筑物的转角接触的部分用橡皮、麻布等软性材料作为填衬，加以保护。每根安全绳用于 2 人的安全保护，作业人员进入吊篮系好安全带，安全带挂在自锁器上。自锁器与安全绳是连在一起的，拨动扳口可使自锁器在安全绳上滑动。当吊篮停在某一位置作业时，作业人员拨回扳口，使自锁器卡在安全绳上。当发生坠落时，能立即卡住安全绳。

8）天气恶劣，如雷雨、大风、六级以上大风时，不得进行安装作业。

9）承重钢丝绳与挑梁必须牢靠，并应有预防钢丝绳受剪的保护措施。

10）挑梁前支点与屋顶搁置处加垫防滑垫块，如橡胶板或木块等。

11）吊篮挑梁的挑出的长度与吊篮的吊点保持垂直，挑梁挑出端略高于另一端，两组挑梁前后两端应用钢管连接牢固，成为整体。

12）配重块安装完毕后，用钢丝绳把配重块与支座拴牢，防止配重翻侧和随意拿走，并做好“禁止搬移”的警示标牌。

13）安装完毕试机前，应检查所有连接螺栓、连接销、钢丝绳卡等紧固情况，在确认安装无误后方可试机。

3. 生命绳的设置

定制钢构件，用 M18 的化学锚栓固定在混凝土结构上，并按相应规范校核生命钢丝绳及支座的承载力及强度达到规范安全要求。

13.5.3　经验总结

1. 安全、可靠

通过对钢丝绳承载力验算，楼板受力计算，吊篮的抗倾覆计算，非标支架验算，达到吊篮的每个承载部件计算安全、可靠，并组织专家对计算书及施工专项方案进行论证，证明该吊篮安装方案是安全、可靠的。

2. 节省空间

标准安装的吊篮前支腿放置在屋面层，后支腿长且配重块落在屋面层上。在吊篮使用期间，需要占用设备基础，影响屋面设备安装，严重地延长施工总工期。非标准新吊篮方案前支腿在屋面花架梁凝土结构上，后支腿斜拉在剪力墙或者结构柱上。空间占用量小，不会影响屋面设备、管道的安装。

3. 快速安装

普通标准的吊篮支臂长（前支臂 $L \leqslant 1700$mm，后支臂 6500mm$-L$）。非标准吊篮支臂长（前支臂 $L=1400$，后支臂 1600mm），而且不需要配重块。标准吊篮安装、拆除时间长，转移的配件多。相对而言，后支座斜拉式吊篮由于配件少，安装起来快捷得多。

13.6 隐形铝板缝施工工艺

本标段范围内的建设内容为1栋南区宿舍的幕墙工程，建筑面积约 40600m^2，幕墙工程总面积约 6900m^2。主要施工内容为铝板线条幕墙，是为了配合施工总承包Ⅳ标的建设内容。

13.6.1 案例背景

通常铝板安装完后，下一道工序是打胶；铝单板幕墙采用隐性胶缝打胶难度较大，打胶时需要特殊的尺子戴在胶枪上，保证打胶厚度。一般采取以下控制打胶程序：

1）铝板幕墙安装完毕后，进行泡沫条的填塞工作，泡沫条的选择，应根据胶缝的大小进行选择，填塞前将泡沫棒切割开，切割面向内侧。泡沫条填塞深浅度要一致，不得出现高低不平现象，在铝单板中应采用靠尺进行填塞。

2）泡沫条填塞后，进行美纹纸的粘贴，美纹纸的粘贴应横平竖直，不得有扭曲现象。

3）打胶过程中，注胶应连续饱满，刮胶应均匀、连续、平滑，不得有跳刀现象。且需注意：

（1）胶缝注胶采用从下向上施胶注意注胶的均匀性，施胶后胶缝表面刮压，修整光洁可克服一些起泡现象。

（2）安装打胶工人正常可选择上午在建筑物西侧或北侧打胶，下午在建筑物的东侧或南侧打胶。打胶后，经过一段时间的固化，表层已固结；再经过太阳暴晒时，就有了一定的耐抗性，不易出现起泡现象。

（3）特别是在炎热的夏季，当太阳暴晒金属板时，铝单板表面温度会达到 80℃，此时注胶极易引起胶缝起泡。这时，打胶的时间最好是下午 3：00～4：00 以后。

（4）胶缝质量好坏往往决定于工人的打胶技术，不同工人打出来的胶缝大小、垂直、水平度、光滑度都不一致。而在原有胶缝位置改采用铝扣盖设计方案，不仅从外观保持整体性，同时节约施工时间。

13.6.2　实施要点

1）精准安装铝板钢龙骨框架，为后续铝板安装打下良好的基础。

2）如果铝板龙骨框架精准地安装完毕，则该项目铝板幕墙工程质量易有效控制。它的施工质量，直接影响铝板幕墙的铝板缝宽度、垂直度、水平度的安装质量，因此采取合理的铝板龙骨框架安装工艺非常重要。

（1）以中心轴线为基准轴，按设计图纸位置要求向两侧排基准，拉通线。

（2）加工制作铝板龙骨框架，并按照施工进度计划将要安装横向、竖向框架到指定位置。

（3）将加工龙骨框架通过钢连接件与主体埋件连接，待整体框架安装调试位置无误后，再紧固螺栓，满焊钢连接件与埋件，并及时做防锈处理。

（4）严格控制铝板在工厂的加工精度、安装精度，直接影响铝板缝垂直、水平、缝宽。

（5）铝板到现场，按照国家相应规范复查铝板质量及外观尺寸等技术参数，严把到场铝板的质量关。

（6）面板安装前，应检查校对龙骨的垂直度、标高、水平位置是否符合规范及设计要求。

（7）现场安装后，调整上下左右的位置，保证面板水平偏差在允许范围内。

（8）幕墙全部调整后，应进行整体立面的平整度的检查。

（9）螺钉固定时，应严格按设计要求或有关规范执行，严禁少装或不装紧固螺钉。先临时固定，然后调整面板至正确位置，最后拧紧固定螺钉。

3）检查铝板幕墙质量及控制标准，如表 13-2 所示。

铝板幕墙质量及控制标准　　表 13-2

项目	尺寸范围	允许偏差	检测方法、量具
竖缝直线度	—	≤2.5	经纬仪
横缝直线度		≤2.5	经纬仪
缝宽度（与设计值比较）		±2.0	卡尺
两相邻墙板之间接缝高低差		≤1.0	深度尺
幕墙平面度		≤2.5	2m 靠尺、钢板尺

续表

项目	尺寸范围	允许偏差	检测方法、量具
竖缝及墙面垂直度	幕墙高度（m）		经纬仪
	≤30	≤6	
	>30，≤60	≤10	
	>60，≤90	≤18	
	>90	≤20	

4）铝型材扣盖安装

（1）清理：清理铝板保护膜、板缝中的杂物；

（2）固定：用不锈钢螺钉将铝支座型材固定在钢骨架上（图 13-10）。

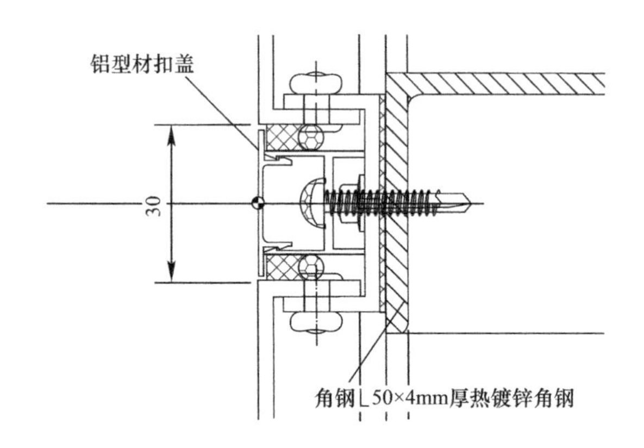

图 13-10　不锈钢螺钉固定铝支座型材

（3）硅酮耐候密封胶密封内侧：先用美纹纸将铝型材端头贴好（步骤同上），扣盖支座两侧注入硅酮耐候密封胶，螺钉头用硅酮耐候密封胶密封。

（4）铝型材扣盖的安装：测量好铝板缝的长度，扣盖长度决定于铝板缝长度。加工完送到指定位置，同时注意其表面的保护。铝型材盖板对准铝型底座，轻敲压紧扣盖。

5）清洗

金属面板清洁收尾是工程竣工验收前的最后一道工序，虽然安装已完工，但为求完美的饰面效果，此工序亦需认真、细致。

（1）金属表面的胶丝迹或其他污物：可用刀片刮净，并用中性溶剂洗涤，再用清水冲洗干净。不得大力擦洗或用刀片等利器刮擦，只可用溶剂、清水等清洁。

（2）金属幕墙的构件、面板和密封胶等重要构件：应依据产品本身的特性制定相应保护措施，不得使其发生碰撞、变形、变色、污染等现象。

（3）清洗幕墙和铝合金构件的中性清洁剂：应进行防止化学反应的测试。中性清洁剂清洗后，应及时用清水冲洗干净。

13.6.3　经验总结

1. 施工简单、快捷

铝板安装前，对普通的技术工人进行技术交底，也能很快地掌握技术要领，进行熟练的施工操作，施工技术难度小。

2. 整体效果美观

铝板之间的缝一直是铝板幕墙美学很重要的组成部分。对于本项目铝板装饰线条幕墙而言，在保持铝板幕墙防水密封功能之外，实现铝板大装饰线条无缝拼接，是本项目建筑设计师对大装饰线条设计感的极致追求。铝板胶缝采用铝扣板的构造设计，正是该建筑设计构想的完美结构设计体现，完美实现了大装饰铝线条整体设计效果美感。

3. 清洁维护简单、便利

正常的耐候密封胶缝，在现实环境中极易被污染，而且不易清洁干净，特别是非深色的胶缝，更难以清洁成原有的颜色。而板缝采用铝盖板设计，则完美地解决了这个问题。胶缝内置，满足了防水密封功能要求；铝外装饰盖板与铝板材质基本一致，不易被污染，而且易于清洁干净。

4. 推广

铝单板幕墙应用的场所非常的多，不仅可以应用在室外装饰中，还可以应用在很多公共场所的室内装饰中。如何实现板块间密缝甚至微缝连接，本项目的构造设计提供了一个很好的设计思路。

13.7　玻璃成品防烫伤措施

本项目范围内的建设内容为建筑幕墙工程，是为了配合施工总承包Ⅳ标的建设内容，施工总承包Ⅳ标建筑面积约268880m²。本次项目的幕墙工程总面积约63000m²，其中包括1号南区宿舍、2号健康与环境工程学院、12号城市交通与物流学院、13号中德智能制造学院建筑单体。

13.7.1　案例背景

13号中德智能制造学院玻璃幕墙4978m²体系。通过分析项目组的既定目标，以目标为导向，并根据本工程的特点和现场的实际情况，为确保其施工顺利完成，整个项目在合理、有序、清晰的组织下，分阶段地开展，充分利用公司的各项优质资源。

由于工期紧，施工总包建筑单体主体还有部分收尾活，采取穿插施工。其中，13号玻璃幕墙安装时间比异形铝板要早。异形铝板龙骨焊接量很大。如果已完成幕墙玻璃没有作保护，很容易造成玻璃大面的烫伤。一般的玻璃成品保护措施都是在玻璃外表面贴塑料保护膜，保护膜的施工周期长，保护膜施工成本较高。本项目由于工期紧，运用贴保护膜进行已完成玻璃成品防护，在时间、成本上难以满足项目要求。经项目部讨论和研究，决定采用一种新型的玻璃防烫伤的防护措施方式。在安装好的玻璃表面涂刷双灰粉防护液，待防护液干燥后，自然在现有玻璃表面形成一层双灰粉防护层。

13.7.2 措施要点

1. 玻璃防烫伤措施

一般的做法，是玻璃上墙后，贴上一层塑料薄膜，保护玻璃防划伤。这种做法在室内起一定的作用，但是并不适合在室外。室外贴塑料保护膜，容易被风吹掉。塑料薄膜极容易被引燃，存在一定的火灾风险。

准备一个大的涂料桶，将双飞粉倒入一定的量，加水稀释搅拌，使用大软毛刷将整个玻璃面从上往下刷满；双飞粉有一定的黏性，能很好地附着在玻璃表面，不容易被风吹散；双飞粉的主要成分是碳酸钙，传热系数小，粘在玻璃上能很好地阻隔热传导到玻璃上。

上部掉落的水泥砂浆因双飞粉的附着，不容易污染玻璃。

上部有零星焊渣跌落时，由于有双灰粉防护膜，不易对现有玻璃表面形成烫伤。

玻璃表面附着的双飞粉防护膜容易清洗，只要清水冲洗，用湿布轻微刷，即可将玻璃面上的双飞粉清理干净。

注意，在调制双灰粉防护液时，不可加入纤维素、白乳胶等材料。

2. 少量烫伤玻璃或划伤玻璃修复原则

即使做了防护措施，可能仍有少量玻璃出现烫伤或划伤的情况。对于微量、局部划痕小的玻璃，不会影响外观及使用性能。但对于施工现场造成的轻微划伤、烧伤的玻璃，每平方米玻璃表面存在明显划伤和长度＞100mm 的轻微划伤、大于 8 条长度≤100mm 的轻微划伤、擦伤总面积大于 $500mm^2$ 的玻璃需进行更换。

13.7.3　经验总结

1）材料简单，施工成本低。

2）双飞粉，成分为碳酸钙，是装修中对墙面找平的常用材料，普通的五金店都有售卖，价格便宜。调制双灰粉防护液仅需要定量的双灰粉和清水即可，十分简单，易于操作，施工成本低。

3）施工简易、快捷，能满足工期短、软防护的施工防护要求。

4）双飞粉防护液，运用滚筒和毛刷的涂刷，1～2 名普通技术工人 3～5d，就可以完成整个项目的近万平方米玻璃防护措施。相对普通的塑料薄膜需 2～3 人同步张拉粘贴操作，费时、费工。

5）环保、节能

双灰粉是普通的建筑材料，主要成分是碳酸钙，可重复利用，不会对现有环境产生污染。

6）易清洁维护

双灰粉防护膜的清洗，简便、快速，只需在吊篮布置水龙头冲洗，局部有粘结的块状灰粉，可用软的湿布轻轻擦洗即可去除干净。这个清洗步骤可与竣工前的玻璃幕墙清洁一同进行。

13.8　后置埋板外露处理失效的教训

施工总承包Ⅳ标建筑面积约 268880m^2，本次项目的幕墙工程总面积约 63000m^2。其中，12 栋城市交通与物流学院框-剪结构层高 53.5m，玻璃幕墙 813m^2、幕墙格栅 9356m^2，金属门窗 2995m^2、铝板幕墙 3450m^2。

13.8.1　案例背景

根据幕墙施工图纸，本幕墙格栅采用 10 号热镀锌槽钢做连接件，将幕墙竖向铝立柱（160mm×100mm×3mm）与安装在结构表面后置热镀锌钢锚板（300mm×200mm×10mm）连接。由于钢锚板外观尺寸大于铝立柱外观尺寸，且外墙主体先完成抹灰作业，造成后置埋件外露。经过设计方、甲方、监理及幕墙公司项目部共同讨论，决定采用铝板装饰盖装饰外露这部分后置锚板，要求该铝装饰盖板要与现有装饰线条颜色材质统一，而且布置均匀。但在后置锚板的安装过程中，由于主体的结构偏差较大，同时安装后置锚栓过程中，有些部位钢筋过密，原设计位置无法安放锚栓，需偏位。造成现场的局部锚板错位，表面的平整度偏差过大。最终反映到外装饰盖板上，从立面位置看，局部位置与原设计位置偏位；局部铝板盖板与墙体存在大小不一间隙，有些无法遮盖住后置埋件。整个外立面效果没有达到建筑设计的预期。

13.8.2 原因分析

1. 幕墙深化设计考虑不精细

由于该幕墙部位埋件、连接件、幕墙龙骨都会外露，在深化设计该部位施工图细部节点时，需充分考虑到所有节点制作的工艺能满足质量和外观美学要求。本次深化设计中，并未充分考虑结构偏差及现场实施偏差的状况，导致后置锚板处理效果，无法充分表达到设计师意图。

2. 由于工期紧张，没有充分利用 BIM 技术作为信息支持

由于本项目深化设计和施工周期非常紧张，BIM 设计团队还未来得及完善该部位的模型工作，深化设计已完成且已进入施工阶段了，因此 BIM 技术没来得及对消除原有的深化设计隐患提供有力的支持。

1）项目开始可以借助原 BIM 模型，在 BIM 幕墙模型的基础上，对模型进行深化，消除各专业间的碰撞，形成深化后的 BIM 幕墙模型，利用可视化模型，除关注整体效果，还需要特别注意各部位细节。

2）施工阶段的 BIM 实施是本次项目的重要部分，其主要目标是通过 BIM 技术的应用，提前发现施工现场可能出现的各种潜在问题，并提前讨论和确定解决方案，避免施工现场的返工和工期浪费。运用三维可视化技术对本项目作必要的方案研究、设计模型调整，提前发现潜在需求或设计不足的地方，有效提高与业主的沟通效率，尽可能减少后期的方案变更。应用 BIM 模型与各单位沟通，并进行施工班组的施工交底。

3. 现场项目部管理人员工作还不够细致

本次在施工过程中，出现外露埋板问题，未引起项目管理人员的重视。现场管理人员工作不够细致。应由项目经理组织项目部对深化图纸研究，组成以项目部为核心的技术小组，以项目经理为组长，技术负责人为副组长，施工员与班组带班的技术骨干为成员。通过探讨，熟悉图纸，并依据图纸复核结构尺寸，将准确现场数据，发现问题及时反馈给设计师，协调商量解决方案。并将解决方案汇报给监理、甲方、设计院，经各方审核同意，再组织现场按图施工。

13.8.3　经验总结

1. 重视深化设计

1）派遣优秀的深化设计师组成深化设计专项小组。

2）首先要掌握业主对本项目的使用及观感要求。

3）制定本项目设计指导原则、思路和设计方法。

4）重点抓好初步设计、施工图设计、详图设计、工艺设计工作，从而达到以下目的：

（1）消除或最大限度地减少设计上的错、漏、碰、缺；

（2）各专业工程之间的配套与衔接；

（3）确保工程的使用功能和设计风格；

（4）使施工图纸满足《建设工程设计文件编制深度的规定》，完全指导施工，满足工程竣工图的要求；

（5）便于从工程全局角度通盘运作、组织安排各工序和交叉施工。

5）加强公司内部深化设计图纸的审查、论证工作，确保深化施工图的合理性、完备性和可行性。

2. “样板引路”是保证工期和质量的关键

通过具有可操作性的施工方案，制订出合理的工序、有效的施工和安全措施以及质量控制标准，从而更进一步地指导现场施工。

采取“样板引路”方法，每个分项工程或工种，在开始大面积操作前，做出示范样板，以此解决施工问题、统一操作要求，确保操作质量。

1）方案确认

（1）由招标人指定完成现场样板段或样板墙的位置，并确保样板段或样板墙的效果须完全达到效果图、施工图纸和招标人的要求。

（2）须把幕墙的典型设计、安装情况反映到现场局部 1∶1 实体样板，并考核各幕墙系统相和土建系统交接情况。

2）样板施工

按照技术标准、施工图设计文件以及审批通过的专项方案进行样板施工。对于工程质量样板的制作过程，应当进行拍照，保留照片资料。关键部位、重点工序应分层解构。样板制作过程中应请监理进行旁站监理，监理应做好必要的检查和记录等工作。

3）样板验收

样板施工完毕，监理单位应协助业主，组织设计、施工单位进行工程质量样板验收。验收完毕，业主、监理单位应出具工程质量样板验收的意见。

4）样板交底

样板经三方确认后，技术负责人对施工班组进行交底和岗前培训，交底、培训过程应有相应的记录，监理必须派人监督检查。

每个班组施工前，选定一有代表性的部位按样板的要求进行施工，施工员和质量员加强过程中的跟踪检查；施工完成后，组织对每个班组的施工质量、外观、设计展示效果进行综合考评。

3. 充分理解设计意图，对项目全过程实行动态管理

为更好地保证工程质量及设计效果，由技术总监组织负责深化设计师、项目部负责技术人员成立临时小组，充分理解甲方与设计院的设计意图。建筑艺术效果的控制，即以预控为主，对设计图文资料提出合理化建议；辅以现场实时动态管控的方法，对施工进行中的品质面貌与艺术效果进行调校。在纠偏改错基础上进行优化调整与提升。衔接设计与施工两大体系，协调深入设计、材料选样、工艺技术、施工组织诸多环节。

13.9 系统窗与抹灰收口做法

13.9.1 案例背景

深圳技术大学项目幕墙Ⅰ标，本标段由7栋建筑体联合构成，分别是3栋创意设计学院，4栋新材料与新能源学院，5栋学术交流中心，6栋先进材料测试中心，9栋校行政与公共服务中心综合楼，10栋会堂，11（A/D/G）栋公共教学与网络中心。各栋建筑造型不一，形成多样性组。

其中，3栋创意设计学院，4栋新材料与新能源学院，5栋学术交流中心外墙是由系统窗与外墙涂料组成。涂料与窗框收口是否顺直、美观，直接影响外立面的效果。

13.9.2 具体做法

1）涉及系统窗与外墙收口，一般做滴水线（鹰嘴）或滴水槽，如下所示：

（1）滴水槽做法。一般在抹灰前提前预埋粘好滴水槽，待砂浆达到一定强度后，用刮刀将槽内砂浆清理干净，形成滴水槽。

（2）滴水线（鹰嘴）做法。滴水线的施工与外墙抹灰同时完成，阳角凸出底面10mm左右，坡度i=20%左右。

2）但以上两种施工工艺，有以下几种缺陷：

（1）质量受制于施工人员的手法、经验，抹灰时可能由于没有通过拉通线控制；或者结构施工偏差太大，同一层窗户的上下口不在同一水平线上，而且线条的笔直度往往达不到图纸要求的顺直一致。

（2）抹灰时，要注意门窗型材及玻璃的保护措施，容易污染型材及玻璃。

（3）易破损。外墙抹灰一般采取的措施是脚手架或吊篮施工，在脚手架拆搭和吊篮升降，容易对阳角抹灰造成破损。

（4）基于以上几点考虑，通过利用型材本身笔挺、不容易变形的特点，考虑在窗四周增设 3mm 铝角码，通过射钉与结构固定，抹灰直接收口在角铝上。

3）主要实施要点和步骤如下：

（1）铝角码开模。根据工程需要，确认 L 形角铝尺寸，进行描摹，本工程采用∟70×25×3 角铝。

（2）角铝发至现场后，根据现场洞口实际尺寸进行裁切。

（3）将窗边混凝土构件、门窗过梁、梁垫、圈梁、组合柱等表面凸出部分剔平。

（4）将角铝通过射钉与主体结构固定，射钉间距 350mm 布置，注意角铝安装的横平竖直。

（5）角铝安装完成后，外墙抹灰收口。

13.9.3　经验与总结

1）外墙抹灰与窗洞收口，增加角铝，减少了人为因素的影响，保证了窗边收口阳角笔挺、顺直。又能让抹灰与窗框有清晰的分界线，也增加了外窗塞缝的防水效果。

2）但是，该工艺有一定的局限性：

（1）对基层材质要求必须是混凝土，才能使用射钉固定。若基层是加气块，应另选胶钉或采用其他固定方式。

（2）对混凝土基层平整度要求较高，以防固定的射钉有打空等现象。

13.10　大分格吊顶铝板面板做法

13.10.1　案例分析

随着建筑行业的不断发展，建筑师对于建筑立面效果追求的多样性，金属幕墙的应用越来越广泛，而铝板幕墙一直在金属幕墙中占据主导地位。其一，铝板是一种轻量化的材质，减少了建筑的负荷，为高层建筑提供了良好的选择条件；其二，铝板幕墙防水、防污、防腐蚀性能优良，保证了建筑外皮的持久长新；其三，铝板加工、运输、安装施工等都比较容易实施，为其广泛使用提供强有力的支持；其四，铝板颜色的多样性及组合加工成不同形状，吸引建筑师选用；其五，铝板幕墙拓展建筑师设计空间，有较高的性价比，易于维护，使用寿命长。

但是，铝板幕墙也存在一些缺陷。首先，就是板面容易产生变形，常规使用板厚2～4mm，加工时如果工艺控制不到位，板面容易扭曲；运输时不注意成品保护也会有变形；其次，安装时各个固定点受力不一致会造成板面变形，而且铝板块固定点较多，对施工细致程度要求较高。

13.10.2 具体做法

以深圳技术大学9栋大雨篷为例，对于铝板幕墙的设计选材进行解析。考虑到雨篷最高处标高为23.2m，悬挑结构，受风面大；同时，板面分格较大，达到了1020mm×3020mm；而且，此雨篷为9栋建筑亮点，容不得任何闪失。如果采用3mm铝单板，一方面是板面加工变形较大，另一方面受风后板面变形大，很难通过加强筋达到理想的平整度。

通过软件SPA2000对面板自身挠度进行计算，3mm铝板分格1200mm×3020mm，加强肋间隔400mm布置，板面变形值为5.93mm。板面计算变形较大，虽然满足规范要求，但如果考虑板面自身变形和安装变形的叠加，安装后会有严重起鼓现象，在自然光照下变形效果更加明显。

蜂窝铝板是结合航空工业复合蜂窝板技术而开发的金属复合板产品系列。该产品采用“蜂窝式夹层”结构，即以表面涂覆耐候性极佳的装饰涂层的高强度合金铝板作为面板、底板与铝蜂窝芯经高温高压复合制造而成的复合板材。该产品系列具有选材精良、工艺先进和构造合理的优势，不仅在大尺度、平整度方面有出色的表现，而且在形状、表面处理、色彩、安装系统等方面有众多的选择。

计算模拟采用面板1.0mm+底板1.0mm+蜂窝芯铝箔厚18mm，总厚为20mm的蜂窝铝板，通过软件SPA2000对面板自身挠度进行计算。20mm蜂窝铝板，分格1200mm×3020mm，板面变形1.55mm（蜂窝板抗变形能力强，变形区域小）。

经过计算对比（如下），挠度变形值仅为原3mm铝单板的1/5，可以大大提高雨篷的整体平整度，并最终选用了20mm的蜂窝铝板。如图13-11所示。

13.10.3　经验与总结

图 13-11　9 栋大雨篷采用 20mm 蜂窝板效果图

幕墙板面较小、受风不大的情况下，可以选用铝单板作为面板材料，但是要控制好加工、运输、安装这三个环节对板面平整度的影响；当板面较大、颜色较深时，推荐使用蜂窝铝板。

蜂窝铝板兼具铝单板优势的前提下，有效解决了铝单板容易产生变形的缺点。蜂窝铝板可以在变形很小的前提下，做到更大的分格，满足本工程分格大、受风压影响大的要求。实际安装效果可以看出，蜂窝铝板色泽鲜亮、平整度好，缝隙拼接均匀，完美呈现建筑设计的意图。

虽然造价较铝单板高，但是其呈现效果比较理想，避免后期整改带来更多损失。

13.11　大分格吊顶铝板施工工艺

13.11.1　背景

随着科学技术的发展，具有独特造型幕墙的建筑不断涌现，大跨度、大分格的幕墙外饰效果越来越受业主和设计师的青睐；同时，也对幕墙的设计与施工技术提出了更高的要求。

图 13-12　深圳技术大学项目 9 栋西面大雨篷 BIM 图

深圳技术大学项目 9 栋西面大雨篷，雨篷跨度 68.4m，雨篷高度 23.2m，雨篷悬挑侧三根钢柱支持，跨度大，造型奇异更是本项目的亮点。如图 13-12 所示。

雨篷原图纸设计上下包 3mm 铝单板，铝板大面分格尺寸为 1200mm×3020mm，项目部根据施工经验判定，吊顶的铝板采用 3mm 的铝板。由于铝板本身分格尺寸大、板材薄、安装平整度差，效果肯定不尽如人意。项目部以以往的优秀工程案例为例，沟通业主和建筑师，将吊顶铝单板改为蜂窝铝板。

13.11.2 具体做法

1）项目部同设计师沟通，在原图纸的基础上加以优化，优化如下：

（1）将吊顶面板优化成单元板块；

（2）板块支座加高，将与原钢结构下方的连接点转移到钢结构上方；

（3）考虑钢结构安装的误差，在雨篷支座的上端，增加钢调节块，内设 M12×80 的调节螺栓，以便消化钢结构的高低误差；

（4）蜂窝铝板与钢架的固定点，改在钢架的侧面，以便板块的安装。项目部就此思路，制定专项吊装方案。

2）在雨篷方案细化及实施过程中，总结以下几点：

（1）铝板板块的划分，要充分考虑铝板板块的合理性、可操作性和便于吊装等几个方面，板块太大，组装难度大，运输成本高；板块太小，会减缓现场吊装的效率。建议板块的面积大小在 10～16m^2。

（2）由于吊顶板块的特殊性，装饰面朝下，运输过程中肯定是面板朝上。那么运输到现场以后，卸货及存放涉及板块的翻身。翻身过程中稍有不慎，就会伤及铝板，导致铝板变形。根据现场条件，项目部决定面板现场安装，现场支座吊装平台，将钢架吊起约 800mm，再进行铝板安装。

（3）板块调节钢块安装，建议在板块大致定位准确以后再进行焊接，原因有两个：

1）考虑土建钢构误差，图纸调节钢块可调节高度为 0～50mm。一旦结构误差超过这个范围，调节螺栓就失去调节的意义。

2）考虑板块垂直吊装，调节钢块在吊装提升的过程中，会与板块支座冲突。需要现场进行斜拉才能将板块调节块提升至支座上方，建议在板块大致定位准确以后，将调节钢块焊接在板块支腿上，再进行微调。

（4）吊装空中转换：板块吊装采用吊车，电动葫芦配合。在板块安装位置架设好电动葫芦，用汽车式起重机将板块吊至要安装的正下方，将电动葫芦挂钩挂在板块的吊装点，慢慢提升电动葫芦钢丝绳。待钢丝绳完全受力以后，将汽车式起重机摘钩，实现空中吊装系统转换。转换成功以后，注意两侧电动葫芦的同步，以防板块的两侧受力不均，发生侧翻。

（5）由于雨篷下方无操作空间，待雨篷大致定位完成以后，在板块上方参考板块拼角位置的平整度，以确认板块调节到位。

(6) 待板块全部吊装完成以后，再对板块支座进行满焊、加固。

(7) 本项目雨篷板块在各方的努力下，工期 15d 时间，安全、顺利地吊装完成，装饰板面的平整度也得到了大大提升。

13.11.3　总结

幕墙的分格综合了美学、人体工程学、施工工艺、施工工序、材料规格和性能，分格形式直接影响外墙装饰的效果；而蜂窝铝板又具有以下优势，大分格金属幕墙可以优先考虑使用：

1) 蜂窝铝板采用“蜂窝式夹层”结构，可以达到大版面、高平整，蜂窝铝板面板尺寸可达 1.5m×5m，并能保持极佳的平整度。

2) 强度高，不易变形，能满足超高层建筑抗风压的要求。

3) 施工工艺上尽量考虑整榀吊装工艺。相比较传统散装的方式，既提高了加工和安装的精度，方便管理人员检查焊接质量；又减少了高空作业，提高了安全系数，加快了施工工效。

13.12　幕墙外装饰条吊装工艺分析

13.12.1　案例背景

深圳技术大学项目幕墙Ⅰ标，在建筑设计上，3 栋创意设计学院、9 栋校行政与公共服务中心综合楼和 11 (A/D/G) 栋公共教学与网络中心，深大设计院在外立面的设计上采用了大量的装饰条，使得建筑物大气、美观；但同时，也增加了施工的难度。

13.12.2　具体做法

由于外立面装饰条工程量大，单条装饰条的规格尺寸也大，安装的效果直接影响外立面的美观。在图纸深化设计初期，多次组织设计院和项目部进行研讨，并结合深圳技术大学 11 栋一期已完工项目的效果，提出了优化方案。

外立面装饰条外形尺寸为 250mm×600mm，原幕墙方案的做法，钢骨架外包 3mm 铝板，项目部认为原方案有以下弊端：

1) 钢架外包铝板，安装工序烦琐，工期难以保证，工序如下：

安装钢架——➤满焊——➤安装铝板——➤打胶。

2）3mm铝板折边为圆弧角，没有棱角且安装平整度难以保证，并且铝板胶缝多，既不美观，又有渗漏的隐患。

综合各种因素，在不改变外立面效果的基础上，将铝板装饰条改为型材装饰条。铝型材具有以下优点：

1）铝型材为开模件，精度高，同时前端为直角，效果更加笔挺；

2）铝型材平整度高，同时上、下楼层装饰条采用套芯穿接，整个线条的垂直度更好；

3）由于装饰条分格是整层通高，并且凸出400mm；如果采用铝单板，在运输和吊装过程中容易变形，成品保护和效果较难控制；

4）采用铝型材，横向与竖向拼接位置的效果会更加简洁；

5）采用铝型材，现场安装定位更简便，安装效率更高，同时整体受力更好。

13.12.3 总结与经验

对比铝板线条和铝合金线条，铝板厚度一般为3mm厚，铝板自身刚度不大，虽然经过折弯后具有一定的刚度，但宽度或者深度大于300mm的铝板装饰线条，刚度依然较差，安装的效果不尽美观，需要采取安装加强筋增加截面的刚度，铝板与铝板拼接位置一般采取打胶处理，除了有渗漏隐患，也会打断线条的整体性。

改为铝型材后，既优化了安装节点，便于现场安装和操作，又增加建筑外立面美感，可以达到缩短工期、降低施工成本的效果。

13.13 幕墙与墙体收口做法

13.13.1 案例背景

深圳技术大学项目，11（A/D/G）栋公共教学与网络中心，外立面幕墙形式为洞口式明框幕墙，每个洞口四周都涉及幕墙与外墙涂料收口。

原设计方案为幕墙四周保温棉，室内打胶密封，室外设闭水铝板，抹灰收口，然后涂料施工，但施工后现场发现大面积的开裂现象。

1. 具体做法

1）施工图纸做法：

（1）明框幕墙与墙体缝隙填充保温棉。

（2）室内打耐候胶密封，室外采用 2mm 厚防水铝板，射钉与结构固定。

（3）外墙抹灰、刷涂料。

（4）现场按图施工完毕后，抹灰与闭水铝板收口处，出现大面积开裂，部分抹灰层甚至即将脱落，有严重的渗漏和高空坠物安全隐患。

2）经现场研判，开裂原因有二：

（1）2mm 闭水铝板表面处理为铬化，比较光滑，且收口位置抹灰没有挂网，导致抹灰层与金属面板粘结不牢固。

（2）抹灰层与铝板的热胀冷缩系数相差很大。在外界温度的变化下，也会导致抹灰层与金属面板剥离，产生裂缝。

2. 后续改进措施

后经过沟通设计院，更改收口方案，取消收口岩棉和室外闭水铝板。参考系统窗塞缝做法，改为聚合物防水砂浆（强度 M15、抗渗等级 P6）塞缝。

1）具体实施步骤如下：

（1）塞缝施工前，由施工方及项目部会同监理，对窗框的安装质量进行联合隐蔽验收。验收内容包括：窗框的垂直度、固定片安装间距是否符合设计要求、是否牢固，窗立柱的插芯与埋板的焊接质量是否符合设计要求。

（2）门窗框进行塞缝前，门窗周边必须清理干净，基面需要平整、牢固，无油污及其他松散物，基层表面淋水湿润，以清除上面的浮灰，避免到时填塞后出现分层现象，等防水砂浆凝固结实后再淋一次水进行养护。塞缝处型材保护膜撕掉，安装玻璃侧及室内侧做好成品保护。

（3）防水砂浆搅拌必须用砂浆搅拌机或手提电钻配以搅拌齿进行现场搅拌，不能采用人工拌和，搅拌好的砂浆要在 1h 内用完。施工中因环境温度、风荷载等因素影响可适量加水，以标准比例拌制的稠度为准。

（4）塞缝缝隙太大处，分两次施工。第一次施工室内侧，待砂浆达到一定强度以后，再从室外侧将另一侧填塞，确保缝隙填充密实。

（5）当工作面完成 12h 以后，可做淋水养护，切忌在下雨天进行。

（6）立柱插芯与横料交界处、窗框横料与固定片交接处为塞缝的薄弱处，易填塞不密实，形成裂缝。此外，使用人应戴手套操作，务必保证砂浆填满整个窗框内部，外侧用灰刀收平。

（7）待砂浆达到强度并充分晾干以后，室外涂刷 1.0mm 厚防水剂，增加防水性能。

2）施工过程中，要注意以下质量通病：

（1）施工前没有把基层湿润、完工后没有进行养护，导致砂浆与结构面出现分层、脱落现象；

（2）窗框保护膜没撕，基层表面的垃圾没有清理干净，导致砂浆与结构面不密实，造成渗水；

（3）砂浆搅拌时间不够，搅拌不均匀，导致防水效果减弱；

（4）砂浆凝结后出现孔洞现象；

（5）缝隙大，没有分层填塞，造成砂浆虚实、空鼓。

3）防治措施：

技术交底要到位，加强质量检查控制，出现风险问题及时停止施工。

4）成品保护：

（1）防水砂浆应集中在室内整齐摆放，需采取下垫木方、上盖彩条布的遮挡措施，避免日晒雨淋；

（2）防水砂浆施工要按用量控制好，不能一次搅拌太多，避免时间长砂浆凝固，造成浪费；

（3）塞缝前应将窗框四周横梁立柱贴保护膜保护好，防止砂浆对型材造成污染。

13.13.2 总结与经验

外墙窗边渗漏水是建筑工程质量检查常见的通病，也是工程维修中投诉较多的问题，窗边渗漏防治也是工程维护保养中的棘手难题。

建筑的整体质量一直都是建筑企业和住户关心的热点问题；而建筑外墙窗塞缝部位漏水成为工程竣工后最易出现的问题，影响使用。维修过程烦琐且往往效果不佳。切实落实外墙窗塞缝防水施工技术，不仅有利于提高建筑整体外墙防水质量，也有利于对室内装饰装修面层的保护，延长使用寿命。

13.14 首层或半室外幕墙底部防水做法分析

13.14.1 案例背景

深圳技术大学项目，9栋校行政与公共服务中心综合楼，裙楼二层为模型展示区，更是学校接待、参观的必经之地。

在建筑设计上，裙楼存在多处半室外走廊，因此外走廊内侧幕墙收口对于室内防水，显得尤为重要。但本栋楼在交付使用后，在裙楼展示厅出现了多次渗漏。

经现场勘察，原幕墙底部收口做法与室外铺装存在高度差，幕墙底部收口存在密封胶开裂。

13.14.2　具体做法

1. 施工工艺

1）本项目幕墙底部型材横料与结构交接处采用满塞岩棉；

2）岩棉外侧使用 1.5mm 厚镀锌钢板进行封堵；

3）镀锌钢板与楼面交接处折边打钉固定后，在钢板折边处打硅酮结构密封胶。

4）室外面幕墙下口增加 100mm 高的铝单板收口封堵。

2. 可能出现的问题

上述工艺做法在初期可保证防水效果，但在后期可能会出现以下问题导致渗水：

1）建筑用硅酮结构胶在施工时因与结构面直接粘结，打胶前对混凝土表面进行清理后还是有少量的灰尘颗粒存在，影响建筑用硅酮结构密封胶的粘结性，时间长了会出现胶与混凝土开裂、脱层。

2）室外铺贴面与幕墙扣盖齐平，整体高于底部收口。在下雨时，下层的砂浆找平层吸水，砂浆层吸水饱满后，雨水无孔不入。在硅酮结构密封胶与基层出现脱胶后，雨水往室内倒流。

3）玻璃幕墙底部满塞岩棉，岩棉吸水率高且难干燥。在天气晴朗后，因岩棉和室外铺贴找平层存水的原因，室内仍然存在渗水现象。

13.14.3　总结与经验

1）首层或半室外幕墙底部是极易发生渗漏的部位，在幕墙底部增加混凝土反坎。防水卷材反卷至与反坎齐平，能有效阻挡雨水从底部渗漏进室内。在前期施工过程中，采用混凝土反坎的做法或幕墙底部横料与结构之间取消岩棉，使用防水砂浆进行塞缝后涂刷防水涂料，可减少幕墙底部岩棉吸水，导致室内返潮，减少精装墙面的返工。

2）对于建筑幕墙来说，防渗漏是重中之重。对于不合理或后期可能出现渗漏的地方，要及时向监理单位和甲方提出意见，让设计单位对易发生渗漏的部位增加防水措施。

13.15 外墙窗套做法分析

13.15.1 案例背景

深圳技术大学项目，4 栋新材料与新能源学院，外幕墙形式为洞口窗，窗四周有外凸 100mm×100mm 和 100mm×200mm 的混凝土窗套，整个楼栋有 1196 樘窗，长度约为 12000m。

外形新颖，在日光下立体感强，丰富了立面，既能有效引导墙面雨水排出，防止污染玻璃，保证幕墙干净不受雨水冲刷，而且兼顾美观。

13.15.2 具体做法

1）原图纸做法为混凝土线条，在洞口砌筑的过程中，采用支模现浇的方式施工，但在实际的实施过程中，由于窗套支模要求精度高，工程量巨大，现场窗洞施工进度极为缓慢，导致工作面移交极为缓慢。

2）经与设计沟通，为了加快施工进度，采用铝合金线条代替混凝土窗套，具体做法如下：

（1）为了保证与原设计外立面一致，窗套型材 100mm×100mm，与 L 形角码通过 M6×25mm 机械连接；

（2）窗洞周边土建先进行砂浆找平，此步骤尤为重要，直接影响窗套的安装效果；

（3）涂刷防水涂料；

（4）整个窗套在地面拼装成樘，通过膨胀螺栓间隔 350mm 布置，与主体结构固定，膨胀螺栓外凸不得超过 20mm；

（5）外墙抹灰，盖住角码及膨胀螺栓，外侧再次涂刷防水涂料。

3）但在实际实施过程中，有以下几点现场难以把控：

（1）土建洞口尺寸偏差，现场部分窗洞填塞泡沫砖，导致窗套直接固定在泡沫砖上，不仅有安全隐患，也会有渗漏风险。

（2）土建窗洞结构平整度差，采用砂浆找平层去找平，厚度难以把控，基本上找平层已经抹平外立面抹灰层，直接导致窗套角铝无法隐藏在抹灰层中，窗套角铝和膨胀螺栓外露，不仅影响美观，还有渗漏风险。

（3）结构平整度差，找平层厚度大，导致窗套安装后与窗框形成比较大的缝隙，缝隙宽度 1～3cm 不等，经现场多次样板施工，尝试多种方案，最终确定增加收口铝板遮盖缝隙，造成窗套与窗框缝隙二次增加铝板收口，不仅施工成本增加，又导致外立面措施迟迟无法拆除，拖延了整体工期。

13.15.3　总结与经验

系统窗四周窗套能增加整个建筑外围的立体感，但在图纸方案深化时，应充分考虑现场的实操性，并充分考虑项目本身的工期、进度等特点，慎重选择实施方案。

采用铝合金线条替代混凝土线条，安装方案需考虑现场实际结构误差，建议后续安装方案，增加幕墙龙骨。利用龙骨消除主体结构的误差，再安装窗套。

第 14 章

装饰装修工程

14.1 运动木地板施工工艺

14.1.1 背景分析

运动木地板是一种是由防潮层、弹性吸振层、防潮夹板层、面板层组成的具有优越的承载性能、吸振性能，抗变形性能的木地板系统，其表面的摩擦系数须达到 0.4～0.7，太滑或太涩都会对运动员造成伤害。作为篮球场的运动木地板，还需要具有 90％以上的球体反弹能力。运动木地板可用于乒乓球场、篮球场、羽毛球场、排球场等体育场的地板建设。14 号楼体育馆在篮球馆、羽毛球馆、武术教室等房间，均运用了运动木地板。

14.1.2 施工特点与难点

1）运动木地板起拱并伴随漆面爆裂现象

原因分析：木龙骨做防潮处理。现在施工通常选用松木板材锯刨而成的非干燥龙骨，提前 30d 左右固定于地面，地面和龙骨间也不铺设防潮层。到铺装运动木地板时，不检查龙骨含水率就直接铺设。其实，这时龙骨的含水率通常在 25％左右。而合格的运动木地板含水率一般在 12％左右。湿度差过大会使运动木地板吸潮，造成运动木地板起拱并伴随漆面爆裂现象。

2）木龙骨松动，踩踏地板时就会出现响声

（1）原因分析 1：木龙骨用铁钉固定。

施工中用打木楔加铁钉的固定方式，会造成因木楔与铁钉接触面过小而使握钉力不足，极易造成木龙骨松动，踩踏地板时就会出现响声。

（2）原因分析 2：龙骨铺设过程中，可能地面未作平整处理。

地面不平会使部分地板和龙骨悬空，踩踏时就会发出响声等一系列问题。

3）地板间缝隙较大或膨胀起拱

原因分析：地板拼装过松或过紧。

运动木地板膨胀、收缩是随着环境温度、湿度的变化而变化的。因此，在制定运动木地板铺装方案时，应依据使用场所的环境温度、湿度的高低，来合理安排运动木地板的拼装松紧度。假如过松，地板收缩就会出现较大的缝隙；过紧，地板膨胀时就会起拱。

4）运动木地板变形、开裂

原因分析：装修工程交叉施工。

施工时先铺好运动木地板，然后在地板表面从事别的施工项目，这是目前装修队的通常做法。这样，地板铺装完毕后，往往需要经过一个月甚至更长的时间才能打磨上漆。在此期间，地板与周围环境的水汽、化学品没有任何隔离措施，很可能导致木地板因含水率急剧变化而变形、开裂。

5）运动木地板接缝不紧密

（1）原因分析：材料问题，板材尺寸相差太多，或边角不正不直；

（2）原因分析：施工人员不够仔细，在铺设的过程中操作不规范。

14.1.3　具体做法

1）地面找平、分割

（1）水泥地面、墙面（安装踢脚板处）找平、清理现场；

（2）采用 9 点法，用水平仪确定水平面，标注侧面墙壁上；

（3）确定最外侧的分割线位置，标注侧面墙壁上；

（4）从场地中心轴线向两边按 337mm 间距等距离画 x 轴的平行线，其交点为垫块的主控点，做特殊标记；

（5）确认十字交叉处在同一水平面，凸起部分砸平，凹处部分采用图纸设计材料填平；

（6）用水准仪在主控点上测出基础地面的高度误差，做好记录，在主控点基础地面上标出设计高度值。

2）安装找平减振垫

在混凝土基础上按照 400mm×800mm 的间距放线并定点安装橡胶找平减振垫，橡胶找平减振垫用专用胶垫钉或地板专用钉与龙骨连接并找平。

3）上龙骨、下龙骨的安装铺设

（1）选材：

① 选用 60mm×50mm×30mm 木方，经四面刨光成 50mm×40mm×10～30mm 光方。按图纸中心距要求，在剔除缺陷前提下，合理确定长度，拼接成上下龙骨。

② 上下龙骨要求抗弯强度 17MPa，抗压强度 15MPa，抗拉强度 9.5MPa，弹性模量 10000MPa。

（2）上龙骨的安装：

① 将场地清理干净以后，找出场地中心点，并确定地场中心线，在墙面上做出标记。

② 上龙骨从中心开始平行放置间距 500mm，沿场地纵向中心线单根延续铺设，中心线与标示测绘的中心线重合，表面标高符合测绘标高。

③ 合格后，应用木夹板连接、捆绑、加固龙骨，即可铺设上龙骨。在上下龙骨间垫上专用橡胶垫，并固定、夹紧、钉牢。

（3）下龙骨的安装：

下龙骨从中心开始平行放置间距 500mm，每根龙骨间距 800mm，调整其平整度（用 3m 平直尺在全场主龙骨上部找平），通过固定码用 6mm 拉爆和螺钉固定于地面上，要求用钉子钉紧、牢固。

（4）龙骨安装交验：

① 上下龙骨安装时注意边龙骨端上龙骨与橡胶垫木、墙壁及相邻龙骨的位置，上下龙骨与墙壁应有一定间隙，上龙骨与下龙骨、龙骨与龙骨结合符合要求。

② 检查上龙骨与下龙骨组成的平面度并标示，检测后采用电刨进行局部找平，涂两遍防腐材料。

③ 在主控点处龙骨下面安装调整垫，胶垫上的标高与其设计标高误差不超过±1mm，根据主控点的高度误差确定使用调整垫找平，再用水准仪校对。

④ 调整高度并固定：用 3m 长度铝合金平尺，分别横向及纵向跨于两主控点胶垫上；然后，在铝合金平尺下面，调节调整垫的高度，使龙骨整体平整，并有效固定。

⑤ 检查整体木龙骨的平整度及整体骨架的连接强度，有无松动及倾斜。

⑥ 预埋件处、线管穿越龙骨处需增加龙骨，增加其稳固性。

⑦ 一般龙骨的接头，都要留出 1～3mm 的缝隙。

4）铺防潮膜

（1）选用防潮、无毒薄膜或无纺布，沿龙骨方向铺设防潮隔离层，卷材表面不得有洞、眼及撕裂，否则应修补。这样，既可防潮又能吸声，大大提高了运动木地板的使用性能。

(2) 铺接厚度 1.0～2.0mm 的地板专用防潮减振复合膜垫，接缝需重叠 100 mm，接缝可用胶带胶结。防潮膜与墙之间要有效搭接，须在墙角处上翻 100 mm 左右。

5) 面板安装

(1) 安装前检查运动木地板的面板质量；挑选无毛刺，无弯曲、翘角，表面美观、颜色相近的面板。

(2) 安装前，需了解安装运动木地板的场所的环境情况，如年均温度、湿度变化规律以及木材的平衡含水率。以这些数据为依据来调节此批运动木地板的含水率，以满足当地的需求不至于使地板产生较大的变化。

(3) 找到场地中心十字线，在上层龙骨的垂直面上从中间向两边安装面板。

(4) 沿中心龙骨方向逐根连接铺设中心运动木地板，表面与设计标高一致，位于中心位置，棱边呈直线，合格后从两侧加固，中心运动木地板为两侧榫头型。加固时在两头及中间每 400mm 处钉钢钉，用手钉枪在面板榫舌处呈 45°打钉。将面板固定在上龙骨上，并使用专用地板钉进行钉接，钉距不得大于 150～300mm。地板钉应冲入板中，以免影响合缝。

(5) 钉地板时钉应砸入地板内，不得损伤地板。钉眼处平整、光滑。运动木地板上沿不能有锤印痕，接头处相互错开 400mm 以上。

(6) 沿中心运动木地板的两侧，同时铺设其他地板。铺设过程中，相邻地板接头错开，地板与地板之间应有 3～5mm 的间隙。不得砸得太紧，防止损伤地板表面及棱角。

(7) 各面板之间缝隙保证均匀、笔直，缝隙宽度按照当地最大湿度留出，一般是 0.2～0.5mm，最大在 1.0～1.3mm 之间，拼缝高低差应不大于 1mm。当遇到墙体、柱子等硬件时，必须留出 20～40mm 的伸缩缝。裁口处应顺直，宽窄应一致。伸缩缝上面压通风式踢脚线。

(8) 地板需要截断时，正面向下，毛刺位于背面，切口平滑、整齐。

(9) 安装面板时，应注意成品保护。已安装好的地板严禁穿鞋踩踏。如需通行，应进行保护或穿专用鞋套方可进入。

6) 通风口安装

(1) 检查面板、毛地板与墙体 20～40mm 缝隙是否平直。在清除缝隙杂物后安装木线，木线与墙面的缝隙和与地板面的缝隙用相同的色料腻子填补。

（2）排气通风孔接缝均匀一致，在建筑物交角处的踢脚板接缝应切45°角，切口直平、光滑，接缝严密。

（3）运动木地板通风口，距墙边300mm，间隔3600mm，用直径28mm钻头按照长300mm、宽200mm，均匀钻通风孔。

7）踢脚板安装

（1）踢脚板布设合理，用钢钉钉入防腐木砖固定，钉头砸入木材内，钉眼填平。

（2）踢脚板安装注意清理通风槽中的杂物。

（3）踢脚板安装时，与相关工程接口协调配合。

8）画线

（1）一种是采用专用画线漆，在面漆底漆上画好球线。线画好后，再刷一层面漆。这种画法成本较高，但是这样可以使运动木地板整体较美观，防滑系数高，且球线不易脱落或磨损。

（2）另一种是运动木地板面漆上，使用专用球线胶带按照场地要求粘贴。这种方法成本较低，但美观度没有使用油漆的效果好。而且，容易脱落，落下胶痕，不易清除。另外，防滑系数没有专业画线漆高。

14.1.4 总结提升

（1）运动木地板铺设施工前需要放置在现场一段时间，运动木地板都是采用纯天然木材制作的，而这种木材在不同的环境中可能会表现出不同的一种状态，这也与周围环境的温度和湿度有很大的关系。为了能对这种类型的地板进行更好的铺设，铺设前需要将其放置在环境中1～2d。

（2）在运动木地板施工前，要对施工现场进行彻底的清理。运动木地板所铺设的地面一定要达到设计的要求。除此之外，还要做好防潮、防水的处理，并且要保持完全干燥。

（3）对运动木地板施工前，要保证室内的其他施工工程已经安装结束，并且已经达到了验收的要求，能够正常使用。比如：水、电、气、通风设施等。

14.2 体育馆看台聚脲施工技术

14.2.1 背景分析

随着国家体育事业的发展，许多大型体育设施的兴建，对看台的防水、耐磨及美观性要求越来越高。体育场看台采用喷涂弹性体聚脲防水，替代一般的涂料防水，取得了较好的防水和外观效果。深圳技术大学 14 号楼体育馆室内外看台共计 12000 座，可满足篮球、排球、足球、田径等比赛。14 号楼体育看台面层采用聚脲涂料 7000m^2。

（1）本工程重点及难点：

1）看台的造型复杂，阴角、阳角、预埋件多，落水口较多，施工处理时难度比较大。

2）基层采用防水卷材，为保证面层牢固，避免空鼓，立面采用砌砖，表面挂网抹灰，平台采用细石混凝土浇筑，施工周期长，工艺复杂。

3）本工程施工过程中与其他专业交叉作业，施工难度大，成品保护难度大。

（2）新材料应用情况

1）反应活性高、固化速度快、垂直面、顶面及任意曲面可连续喷涂不流挂聚脲弹性体，不需要催化剂，5～10s 凝胶，30min 达步行强度，一次施工厚度无限制，施工周期短、效率高。刚性聚氨酯固化时间 30s～10min。

2）100％固含量、无有机物挥发、无毒，系无污染的绿色喷涂技术。

3）金属、非金属底材均有极强附着力，如钢、铝、钢筋水泥、木材、玻璃钢、聚氨酯泡沫等。

4）对温度、湿度不敏感。施工时受环境温度、湿度影响小。喷涂聚脲弹性体时，在－40℃的低温、高湿度环境时可施工，甚至可在水面和冰面固化。聚氨酯弹性底材施工允许最低温度为 3℃，低湿度环境。

5）耐低温、高温稳定性好。聚脲弹性体涂层，可在－45～120℃下长期使用，并能承受 160℃的短时热冲击。聚氨酯弹性体涂层耐低温及高温性能，比聚脲稍差。

6）耐候性，耐老化性好。脂肪族聚脲不受紫外线侵蚀，不易变黄。肪香族聚脲虽泛黄，但无粉化和开裂，可长期使用，能耐冷热冲击及风雨霜雪的交变冲击。

7）弹性体和刚性体涂层有优异的物理性能（如抗拉强度、撕裂强度、冲击强度、粘结力、抗阴极剥离、绝缘强度、延伸率、耐磨性等）和优异的低温韧性。调节配方，硬度可从软橡皮（邵 A30）到硬弹性体（邵 D75）之间变化。弹性体是一种介于橡胶和塑料之间的高分子合成材料，它既有塑料的高强度，又有橡胶的高弹性。

8）优异的装饰、防腐、防水、防湿滑功能。可耐大部分腐蚀介质酸（中等强度以下）、碱、盐、海水等的长期浸泡，是优异的重防腐材料。

9）使用成套设备进行喷涂，可现场施工、快速固化、生产效率高。专用设备每班（8h）最高可喷涂厚 1mm 的涂层 2000 多平方米。涂层表面光滑、连续，无接缝。调节工艺参数，亦可得到橘皮状表面。

10）可根据使用要求，加入各种颜料、填料，制成不同颜色和功能的涂层。

14.2.2 具体做法

1. 基层处理

基层应清扫干净，凸出部位用角磨机磨平，去除基层表面凸出物、污迹、油渍、灰皮等。基层应坚实、平整。若有蜂窝、麻面、开裂等缺陷，则应按规定事先修补好。

2. 细部修补

基层表面如有残留物、硬块及凸出部分，应铲除干净；将尘土、杂物、油污清扫干净，基层表面凸凹处误差不应超过 1mm。对基层表面孔洞和局部不平整部位应进行修补。

3. 现场防护

喷涂前对施工现场周围所涉及的喷涂区域要进行防护处理，用防护布遮挡。对工作面所预留的埋件要进行封套处理，以免喷涂施工物料飞溅，污染墙面或影响其他工序作业。

4. 喷涂底漆

喷涂聚脲前必须使用专用的底漆，封闭底漆的作用主要有两个：一是封闭基层底材表面毛细孔中的空气和水分，避免聚脲涂层喷涂后出现鼓泡和针孔现象；二是封闭底漆可以起到胶粘剂的作用，提高聚脲涂层与基层底材的附着力。封闭底漆的黏度较低，以保证其渗透性，底漆一般为100%固含量的环氧类涂料。在干燥的基层表面，底漆的涂布量为 0.8～1.0kg/m^2，机械喷涂和人工涂刷均可。喷涂时应均匀，无漏点。底漆喷涂应间隔 6h 后，使其干燥后方可进行聚脲喷涂。

5. 喷涂聚脲及保护层

施工前，基层要清理干净，喷涂施工要分区域完成，1.5mm 厚的聚脲施工时要分三四遍完成，下一道要覆盖上一道的 50%，俗称“压枪”。同时，下一道和上一道的喷涂方向要垂直，以保证涂层均匀、厚薄一致。

1）平面施工

对于平面施工，除注意压枪和喷涂方向外，还要注意及时清理喷涂过程中落到基层上的杂物。在每一道喷涂完毕后，立即进行检查，发现缺陷及时进行修补处理。

2）垂直面施工

垂直面施工除进行以上步骤外，还要注意每道喷涂不要太厚。这既可以通过喷枪、混合室、喷嘴的不同组合来控制，也可以通过控制枪的移动速度来进行。

3）特殊部位的施工

防水层的阴阳角、金属预埋件等特殊部位，应做增强处理。可先喷一道聚脲弹性体防水涂料作为附加层。聚脲防水层的收头应喷入预留的凹槽内，并用密封材料封闭严密。

6. 表面造粒的具体操作

利用聚脲快速固化的原理，通过施工者对喷射角度和流量的控制，在最后一道涂层还没有完全固化前，在距离施工部位一定距离的地方打开喷枪，让已混合雾化的喷涂料自由地降落在施工部位上，从而形成一定的大的颗粒。

14.2.3　总结提升

施工完毕后，经过日晒雨淋，表观质量及整体观感质量良好，没有产生表面开裂、起皮剥落、涂层颜色不均匀和不固化、针孔等质量通病，得到了使用方的好评，具有很好的经济效益和明显的社会效益。下一步将继续完善、充实体育场馆看台喷涂型聚脲施工技术，加大推广力度，使本项目成果得到更广泛的应用。

14.3　运动场馆智能照明安装技术

14.3.1　背景分析

现代化多功能体育场馆按功能区域划分，可以分为两大区域，即主赛场及辅助区域。不同的区域对灯光的要求不同，所以存在不同的场景模式。此外，在同一个比赛场地由于不同体育比赛对场地的点灯模式要求各不相同，即使同一种比赛在不同时间段，如比赛准备、正式比赛开始、场间休息、观众席等，对场地灯光要求也不相同，因此对比赛场地的照明控制需适应不同的亮灯模式，用一般的控制器件难以实现多种的控制要求。所以，相对于传统的办公或者居家生活对灯光照明的需求，运动场馆的照明设计会相对复杂。通常会使用多种光源，气派而且富有层次，通过调光和场景预设置功能营造多种灯光效果，变换不同的光空间，给人以舒适、完美的视觉享受。由此带来施工上的难度增加，需要根据不同控制模式下的控制逻辑的需求来敷设管线，对施工造成了极大的不便。此外，场馆空间较大涉及大量的高空作业，还需要考虑大型灯具检修及日常维护。智能照明系统的基本控制方式：

（1）场景控制：按照预先设定好的场景进行灯区的控制；

（2）定时控制：通过设置定时开关；

（3）红外移动控制：通过红外移动传感器自动控制公共区域的照明；

（4）现场面板控制：各个灯区不但可以自动控制，同时提供现场就地控制；

（5）集中开关控制：通过为体育场定制的中央监控计算机上使用的监控软件；

（6）群组组合控制：通过中央监控主机，可以对所有的照明点进行大场景的组合控制。

根据现场灯具布置对整体空间照度进行模拟测试。

14.3.2 具体做法

1. 灯具选型

灯具选型需要考虑以下几点：

1）灯具需满足智能照明方案设计的逻辑控制需求。

2）室内体育照明灯具应该无眩光危害，一旦存在眩光能量，就会在运动球场的多个位置，不同的角度产生眩光危害。打球的运动员只看到一片具有强烈刺激的光幕，看不到飞行的球体，在视知觉系统中产生晃眼、耀眼、刺眼、眩目的不适视觉效应。

3）室内运动场馆照明灯光应该无频闪效应危害，球体的飞行速度与频闪频率有某种对应效应，频闪效应有时会导致羽毛球体、乒乓球体的飞行轨迹拖尾、重影模糊不真实、球体飞行速度或变快或变慢等瞬时现象，造成球体空中定位不准、球打不准。

4）室内球场灯光应该显色性能高。

5）室内体育运动场馆照明灯具应该节能省电。

6）应该追求的经济技术目标是，以最合理的球场灯具投资和最小的照明运行费用，达到最明亮、清晰、真实、舒适的照明质量。

2. 施工准备

大型体育馆灯具安装涉及高空作业，相应的高空作业安全措施一定要到位，从管理措施、施工作业人员、安全保证措施、施工机械设备等多个方面全方位地考虑，保障安全生产，杜绝安全事故的发生。

3. 导管和线槽敷设

测量定位→支吊架制作安装→线槽及线管敷设→跨接线连接→接地电阻测试。

注意事项：

1）放线务必做到准确，依据灯具定位图布管，避免灯位错位大，造成不必要的材料浪费；

2）认真熟悉图纸，注意消防回路和普通回路的区分，体育场馆设有消防应急照明；

3）体育场馆照明配管采用 JDG 线管，金属管切割部位一定要剔除毛刺，避免刮伤线缆；

4）套接紧定式导管与接头连接时，管端应插到止位环处，紧定螺钉应紧固并拧断钉头；

5）支吊架间距按照规范要求，在直接、线盒、转角处两侧 20cm 左右间距内增设支吊架；

6）在跨距较大、转弯较多的情况下，为了穿线方便，可以适当增设过线盒。

4. 管内及槽内穿线

穿引线→导线与引线的绑扎→放护套圈→穿导线→并头绝缘→线路检查→绝缘测试。

注意事项：

1）导线选择严格按照电气图纸选择，区分线径、材质等参数，不同回路要求有差异；

2）穿线前，提前安排人员清除管内杂物和积水；

3）穿线前注意预估回路线缆长度，避免裁剪错误，造成材料浪费；

4）穿线时应在管口上套护口帽，防止导线划伤；杜绝先穿线后套护口的做法；配管内导线总截面面积不应大于管内截面面积的 40%；

5）导管内严禁存在接头，接头只允许出现在线盒内；

6）同一回路的绝缘导线不应敷设在不同的导管或槽盒内；

7）导线并头处连接牢固，为了降低电阻，可以进行搪锡处理，绝缘一定要处理合格。

5. 灯具安装

开箱检查→灯具组装→安装接线→送电前检查→送电试运行。

注意事项：

1）注意区分普通灯具和消防灯具，消防灯具具有 3CF 认证，要获得消防器材供货证明；

2）灯具进场验收注意灯具的质量，目前市场存在大量假冒贴牌的灯具；

3）安装前仔细检查灯具的质量，尤其是绝缘外壳没有破损，测试绝缘电阻（≥5MΩ）；

4）高空安装的灯具，应该在地面通电试验合格后再正式安装；

5）大型的灯具注意采用加固措施，质量超过 10kg 的悬挂灯具应该做恒定均布载荷试验。

6. 控制逻辑及灯光参数的测定

灯具安装通电调试完成后，依据灯光设计方案进行控制逻辑调试及灯光参数（色温、照度、眩光值、显色指数、光衰）的测定。

14.3.3 总结提升

体育场馆通常是灯具回路多、功率大、布灯分散的特点，并且使用时需要不同的场景来满足不同场合的功能需求。传统的照明回路是从断路器接到开关再到灯具上，因为体育场馆回路多，造成去控制室的电缆众多，所以桥架尺寸越走越大，同时消耗很多线材和桥架。而智能照明控制系统的输出继电器和断路器一起安装在配电箱内，多个配电箱分布在体育场馆区域的各个地方，采用五类双绞线将多个配电箱连接起来，再用五类双绞线接至现场控制面板，再连接到控制室。在控制室内，就可以用面板来控制整个体育场馆的照明了。通过这种方式，可以节省大量的线材和桥架。传统方式若要实现多点、区域控制等复杂的功能时，线路特别复杂；而智能照明控制系统实现多点控制、区域控制等功能时的线路将非常简单。

14.4 泳池砖施工工艺

14.4.1 背景分析

泳池砖泛指铺贴在游泳池里的砖，包含釉面瓷砖、石材、玻璃马赛克、陶瓷马赛克、贝壳马赛克、大理石马赛克等主要材料，产品应能充分满足耐水压、耐浸泡的物理特性要求和色彩和纹理等艺术要求。对于运动标准池，还要满足运动心理学的要求。深圳技术大学 14 号楼体育馆建设 50m×21m 标准泳池。首先，根据泳池砖铺贴特点及难点进行以下分析：

（1）泳池砖之间铺贴要相隔 10mm。一方面，由于泳池砖刚铺贴的时候没有吸收足够的水，一旦长期泡在水里，泳池砖会产生吸水膨胀；另一方面，根据物理现象热胀冷缩，泳池砖会根据不同的季节、日照而变化。

（2）专业泳池砖排砖：

1）根据砖的规格尺寸结合平面净尺寸进行排砖，尽可能不出现非整砖（注意：各池底角处、跳水池及儿童池入池踏步台阶需要切砖)。

2) 泳池为专业泳池砖，排砖时注意泳道分色标志配件面砖（可先排出泳道部位)，按设计排砖图进行排砖即可，注意相关专业安装配件要求。如需切割时，应安排在砖的中间（或几块砖对称线上，必要时可作适度调整)。

(3) 专业用瓷砖的釉面耐腐蚀、耐酸碱性、抗冻性、破坏强度、吸水率等检测相关数据，都要符合国家标准。

吸水率：平均值 0.5%～3%，单个值≤3.3%；耐污染性：有釉耐污染砖试验后不低于 3 级；抗压强度：平均值≥30，单个值≥27；耐腐蚀性：经试验后不低于国家标准级；抗冻性：经验后无裂纹或剥落。

颜色标准：池内主砖颜色以白色为主，泳道中心线为深蓝色。

施工标准：必须设泳道，每条泳道宽为 2.5m，泳道中心设泳道中心线。训练池规格为 50m×21m，为 8 条泳道。

(4) 泳池专用砖采用“挤压式”或“干压式”生产工艺，吸水率很低，防止因吸湿膨胀而产生后期龟裂。游泳池内经常使用消毒剂和洗涤剂，砖釉面必须抗化学腐蚀性能好，装饰必须在釉层之下，和釉层一起经过高温烧成，不会被侵蚀。此外，泳池专用砖还具备足够的机械强度，以防止受压破裂。所以，游泳池的面砖和普通面砖是不一样的。

(5) 泳池专用砖粘贴前必须进行砖面排版的二次深化设计，二次深化设计中应考虑泳池专用砖排版与池底水处理的循环系统的给水、排水布水口及其他预埋件相协调，所以泳池专用砖的二次深化设计排版图尤为重要。经设计院审核认可后的二次深化设计，将控制和指导泳池专用砖的粘贴。

(6) 泳池的尺寸大小及池底标高控制极为重要，是工程测量的关键部位，泳池纵向长度偏差国际标准为不超过±30mm；另外，为保证泳池的水处理能正常循环（池里的水正常循环到池岸两侧的溢流水沟里)，避免水面死角的出现，泳池壁顶的砖平面误差必须控制在 2mm 以内。

14.4.2　具体做法

1. 施工准备

施工前审核图纸，编制施工方案，并进行技术交底；必须由专业队施工，持证上岗。采用的材料必须符合设计要求，材料进场时应有出厂合格证明和检验报告，并按规定进行现场抽样送检，合格后方可使用。

2. 基面处理

清理基面，待其干燥后再进行界面处理［水泥砂浆添加剂、水、水泥的容量比例是1∶2∶(3.8～4)］。池壁抹灰前加挂钢丝网，防裂、空鼓、剥落。

3. 水泥砂浆添加剂与水泥砂浆配合比（水泥砂浆添加剂、水泥、中砂为1∶10∶25）

作找平层砂浆批抹3～5.5cm。按配比配好的水泥砂浆分3～5遍，完成批抹3～5.5cm厚的水泥砂浆找平层。在找平层基层内每5～8m预留伸缩缝1～1.2cm。待找平层干固后（7d），再用防水浆料作防水处理。

4. 测量控制定位

在跳水池、游泳池、训练池的泳池专用砖施工过程中，采用内控点控制轴线的测量方法，利用SET2110型全站仪、ET-02型电子经纬仪、激光铅锤仪及50m钢卷尺进行。初次放线及复核时，利用全站仪严格控制三池的轴线位置和几何尺寸。用钢卷尺量距时，采用弹簧秤以保证标准拉力达到150N，并且分别对尺长、温度、倾斜进行改正：尺长改正根据钢尺检验证书确定的尺长改正值进行；温度改正利用温度计测量温度进行。为了消除钢尺的倾斜误差，利用水准仪控制钢尺两端标高。利用NI005A型精密水准仪控制池底及池壁顶标高。瓷砖铺贴前先确定基准线：对池体形状规方，25m两端池壁以中心线为基准，按2.5m（或20块砖）向两边分；水平面标高以池岸与溢流回水沟的堰口为基准，先在两侧池岸堰口线每隔2～3m做灰饼，用水准仪找准，两侧池岸和50m长边的水平标高误差均在±2mm以内；50m长池壁按1m分大格，1m大方格内按125mm×250mm分小格；纵向横向的积累误差分到大格中；然后，对全部基准线核准无误。

5. 瓷砖铺贴

池底、池壁套方、打底，为找平层抹灰提供依据；泳池砖采用专用玻化砖胶粘剂粘结，采用专用填缝剂填缝，灰厚3mm，要求基层必须平整、光滑；可选择在池壁垂直线铺贴数排瓷砖作为定位，选择靠近池底水平线往上铺贴瓷砖；十字分隔可直接插入瓷砖缝用来定位瓷砖之间灰缝6mm，但由于泳池砖多为原装边生产，非磨边尺寸，所以定位十字分隔仅供辅助使用，误差控制在1m格线内；当池壁完成铺贴后，可铺贴池底，最后是扶手位置及其他配件；铺贴池底时可以不使用十字分隔，但必须每隔1m挂线，以保证池底平整度；贴泳池专用面砖，贴砖前，经弹线、分格、选砖、浸泡，特别对池角的转角砖，要下功夫重点贴好。

将水倒入容器，然后再将粉剂慢慢倒入水中（边将粉剂倒入水中边搅拌效果更佳），用电动搅拌器充分搅拌成无结块、均匀膏糊状。若浆料静置2～3min后，再搅拌

1～2min 更好。按配比配好的浆料分 2～3 遍完成批抹 3～6mm 厚的浆料界面层，24h 可干固。在瓷砖背面抹浆，使其均匀分布；然后，将瓷砖揉压于上面即可。未完全干固之前，可用微湿海绵或布轻擦清洁饰面。铺贴完成 24h 后，方可踏入或填缝。

6. 防霉填缝剂填缝

填缝剂混合比例粉剂：水＝ 25kg：(4.3～4.6)kg。先按配合比所需水量的 80%～90%的水倒入桶内，后加入粉剂，并用电动搅拌器搅拌；逐渐加剩余的水，搅拌至无颗粒、均匀膏糊状。静置 2～5min 后，再略搅拌 1～3min 即可使用。在相同的施工条件下，每包填缝剂配加的水量宜保持一致，以保证色调一致。搅拌好的填缝剂应在 1h 内一次用完。用橡皮填缝刀，把搅拌好的填缝剂胶浆，沿砖面对角线方向压入缝里，填满缝隙；然后，将表面多余的胶浆剔掉。让其自然风干，等填缝剂有一定的硬度后，用橡胶抹刀或微湿润的海绵等工具将缝中填缝剂压紧和修整。然后，用微湿的干净海绵或抹布将瓷砖表面清洁干净。填缝和修整压缝的时间一般为 30～90min。气温越低时，需要的间隔时间越长。

当填缝剂完全干固后，才能用清水或专用的瓷砖清洁剂将尚未完全清洁残余在瓷砖表面的斑迹，或者用清水从上到下的顺序清洗整个墙面。在填缝剂未完全干固前，不可淋水湿填缝剂，以免影响填缝剂的色调一致等。填缝剂完全干固后，洒水养护 1～2d，可进一步提高产品的早期强度。

7. 质量控制

1）在游泳池瓷砖施工前，加强技术交底及样板引路，制定有效的管理措施，解决好“渗、漏、空、裂、污”等质量通病。

2）基层做到坚实、平整，无杂物并在铺砖前对基层浇水湿润。

3）加强材料进场验收并按设计要求控制好瓷砖铺贴的砂浆配合比。

4）注意泳池特殊部位瓷砖铺贴种类选择，瓷砖需切割的做到尺寸控制准确。

5）瓷砖铺贴前工人需先试铺，避免垫层砂浆局部不平整，进而造成面砖空鼓。

6）加大管理监督力度，及时检查工人的分格弹线、瓷砖拼缝，并使用水平靠尺检查已铺瓷砖的垂直度和平整度。

7）瓷砖铺贴完成后，及时做到覆盖，洒水养护。

14.4.3　总结提升

通过对泳池砖铺贴工艺进行分析，明确了泳池砖铺贴过程中的施工重点与难点，尤其对于泳池尺寸大小控制，为满足国际赛事要求提供了技术支撑，也为后期院校泳池施工提供了保障。

14.5 复合静电地板铺装技术

14.5.1 背景分析

复合防静电地板一般都是由四层材料复合组成：底层、基材层和耐磨防静电贴面层组成。其中，耐磨防静电贴面层的转数决定了复合防静电地板的寿命。复合防静电地板一般根据基材和贴面材料的不同来划分。基材有钢基、铝基、复合基、刨花板基（木基）、硫酸钙基等。贴面材料有防静电瓷砖、三聚氰胺（HPL）、PVC等。另外，还有防静电塑料地板、防静电网络地板等。架空防静电地板主要以可调支架、横梁、面板等组合拼装而成。支架、横梁、面板的技术性能应符合设计要求和国家现行规范的规定。

防静电地板又叫导电地板，由于人们行走时鞋子会和地板摩擦产生静电，带电的离子会在地板表面对空气中的灰尘产生吸引，对于电脑机房、设备房等会造成一定的影响。导电地板即地板是导电的，地板中含有导电纤维，在施工中地板下面要铺设铜箔，铜箔要连接到地下预埋导体，让地板产生的静电直接进入大地，从而使地板没有静电离子。地板铺设要使用导电胶水铺设。对于大中小型计算机机房，为了防止静电对电子机械设备的不良影响，必须考虑安装使用防静电活动地板。

14.5.2 具体做法

1. 工艺流程

基层清理→定位放线→建立支架起始点，安装支架→水平仪校准→安装横梁→铺设架空地板→收边地板切割→地板的清洁和保养。

2. 操作要点

1）基层清理

施工前，将地面的垃圾、灰尘等杂物清理干净。若地面出现凹凸物，必须填平或铲除。保证施工基层干净、无杂物，结构基层平整度符合要求方可施工。

2）定位放线

根据主体结构轴线，结构1m线确定房间方正度，放出房间完成面线，建筑1m线，架空地板安装完成控制线，根据排版图在地面弹好600mm×600mm的地板铺设基准线，以便于地板的铺设。

3）建立支架起始点，安装支架

根据所弹的地板铺设基准线放置支架。

4）水平仪校准

用激光水平仪校准地板支架，确保在 3m 之内其完成水平误差不得超过 0.5mm，且整层楼面不得超过 2mm。

5）安装横梁

从基准地板开始，将横梁装在支架上，用螺钉固定。安装横梁过程中，注意保持支架牢固、稳定。

6）铺设架空地板

沿着基准线铺设地板，用水平仪再一次确认地板板面的平整度。若不水平，必须调整好；否则，会影响到后面地板的铺设，将导致后面地板铺设得不平整，故刚开始地板出现任何不平整必须调校。

7）收边地板切割

铺设地板时，可用专门收边支架支撑周边切割的收边地板，收边地板宽度不得少于 15cm。每一种收边地板在地板与墙壁、柱子或其他墙面处切割都视为正常状况，地板必须先测量好，使得切割好的地板能符合且紧密接合在墙面之外的轮廓线。墙面和切割好的地板之间的间隙必须在±1.5mm，切割地板不可太紧，以致需用力安装；切割地板必须与其他地板一致且有相近的公差，铺设时也不必用力；地板需不规则切割，以配合柱子、圆管、圆弧。墙面收边时，必须精确测量且必须切至外观可接受为止，确认所有的切割地板都是以支架适当固定（用有需要可多用额外的支架）且保持水平、平整和排列整齐。确认地板切割处无锐角或毛刺，以避免施工人员工作时碰到切割处而受伤。

8）地板清洁和保养

施工完成后将地板杂物、灰尘清理干净，禁止尖锐重物在地板上运输，并定期对地板进行保养。

3. 质量控制

1）主控项目

（1）活动地板应符合设计要求和国家现行有关标准的规定，且应具有耐磨、防潮、阻燃、耐污染、耐老化和导静电等性能。

（2）检验方法：观察检查和检查型式检验报告、出厂检验报告、出厂合格证。

（3）活动地板面层应安装牢固，无裂纹、掉角和缺棱等缺陷。

检验方法：观察和行走检查。

2）一般项目

（1）活动地板面层应排列整齐、表面洁净、色泽一致、接缝均匀、周边顺直。

检验方法：观察检查。

（2）活动地板面层的允许偏差应符合规范规定。

14.5.3 总结提升

地板安装完成后底部可铺设电线和管道。电缆和电线利用地板底部空间，能够再次布线和更换升级，高架地板系统在加热和冷却方面也是有很明显效果。高架地板安装和传统模式的地板不一样，安装非常灵活且检修方便。

14.6 地面人造石施工工艺

14.6.1 背景分析

随着人造石制造水平不断提高，其质量和性能已经优于天然石材，使用时也会比天然石更加讲究。由于人造石吸水率极低，表面光滑，难以粘贴，用传统水泥砂浆粘结铺贴时，如果处理不当容易出现水斑、变色，导致出现比天然石材更多的空鼓、开裂、脱落、鼓包等各种问题。深圳技术大学7号楼2层中庭地面大面积采用人造石材。人造石应用过程中的铺贴工序极为重要，直接关系到人造石的使用寿命和后期保养强度。铺贴时必须请专业的施工队伍进行施工，绝对禁止空鼓（因为空鼓是导致人造石鼓泡和变形的直接因素）。人造石在铺贴前必须做好每块人造石六面防护和背面（底面）涂刷胶粘剂。一般除了表面做油性防护（亦称溶剂型防护），其余五面均需刷水性防护，背面防护刷完24h后即可进行涂刷胶粘剂，重复两次效果更佳，此举会极大地提高石材与水泥的粘结强度。为了达到最好的防护效果，在施工时应注重以下几方面：

1）所有要做防护的人造石必须完全干透后，方可涂刷防护剂。

2）水性防护刷完第一遍0.5h后，才可进行第二次水性防护，该做法能提高防护效果。

3）做溶剂型（油性防护）一般采用喷洒式工艺，这样能节约成本且均匀，不会产生色斑。

4）由于做过防护可能影响人造石与水泥的粘结度，因此在铺装前在所有人造石背面刷一至两遍胶粘剂，以增强石材与水泥粘结强度，杜绝或预防空鼓、水泡和爆裂等现象。

5）施工面应无任何化学药剂残留于表面。

6）施工前一定要重视基面处理，地面应平整（先行打底的水泥砂浆）、结实、无空鼓，清洁干净，无油污、隔离剂、浮尘和松散物等污渍，无结构裂缝和收缩裂缝。

（1）必须使用干净湿海绵或湿抹布擦净石材背面的浮灰，至手掌触摸无浮灰。

（2）详细阅读胶粘剂使用说明，使用专用搅拌机将胶粘剂搅拌均匀（搅拌不均匀的胶粘剂本身结构不良，遇载重时可能会崩裂而损坏上层石材）。超过可操作时间的胶粘剂应废弃，切勿重复利用。

（3）确保已经用镘刀梳理好的胶粘剂还没过开放时间前（手指头轻触胶粘剂还粘手），必须将人造石及时铺贴好。

（4）人造石应避免滚摔、碰撞，造成板材的暗裂或损伤。

（5）保证基面在人造石材安装前已经完全固化。

（6）镘刀一般有 6mm×6mm、8mm×8mm、10mm×10mm、12mm×12mm 等规格，大齿镘刀使用的胶粘剂多。如果平整度不够高或者地砖尺寸大，就需要使用 8mm×8mm 齿以上的镘刀。

14.6.2　具体做法

1）弹线

用粉袋弹出水平线和基准线，并根据设计的分割图弹出分割线，并设置水平拉线和垂直吊线。

2）试拼

根据标准线确定铺砌顺序和标准块位置。在选定的位置上，对每个区域的人造石，应按图案、颜色、纹理试拼。试拼后按两个方向编号排列，然后按编号码放整齐。

3）试排

在现场的两个垂直方向，按标准线铺两条干砂，其宽度大于人造石。根据设计图要求把人造石排好，以便检查人造石之间的缝隙，核对人造石与墙面、柱、管线洞口等的相对位置。根据试排结果，在主要部位弹上互相垂直的控制线并引至墙上，用以检查和控制人造石的位置。

4）胶粘剂调制

浓缩型乳液与水按照 1∶3 的比例稀释，在搅拌桶内搅拌均匀。然后，将快干型胶粘剂（白）按比例倒入桶中，稀释后的乳液与浓缩型乳液的比例约为 1∶4，用低速电动搅拌器将两者搅拌均匀至奶油状，用批灰刀挑起搅拌均匀的胶粘剂后倒置，胶粘剂在 5s 左右从批灰刀上坠落，此时的胶粘剂的黏稠度为最佳。严禁在胶粘剂的配制过程中加水。胶粘剂在搅拌完毕后需静置 5min，再搅拌均匀即可使用。

5）人造石背面清理

用油漆刷刷去人造石背面的浮灰，用批灰刀或小铲刀清除背面的尖锐突起和硬的附着物，然后用海绵块蘸水，清洁人造石背面。同时，需要确认待安装的人造石背面有没有隔离剂等影响粘贴的物质。

6）地面胶粘剂施工

在找平层上先用锯齿镘刀的直边，将胶粘剂平整地涂抹一层（厚度约为 3mm），然后用镘刀的锯齿边将胶粘剂梳理出锯齿状。梳理时，镘刀与地面的夹角约为 45°。条纹应饱满、均匀，不得有断续。

7）人造石背涂

用镘刀的直边将胶粘剂在清洁的人造石背面压平，涂抹约 5mm 厚一层，用锯齿边以夹角 30°梳理胶粘剂，人造石背面成形的胶粘剂梳理方向应与地面上梳理的方向平行。用镘刀的直边以小于夹角 45°，将人造石四边的胶粘剂作出倒角，以免在粘贴时多余的胶粘剂被挤出，污染人造石表面，减少表面的清理工作。

8）人造石铺贴

将板材贴到基底之上，用铺石专用橡皮锤平均敲打，使石材能完全与胶粘剂密合，并同时校正水平与邻板之接缝。石板之间用专业十字区隔垫片留缝，宽度一般为 1.5～3.0mm。正式铺贴时，人造石要四角同时平稳下落。对准纵横缝后，用橡皮锤轻敲振实并用水平尺找平。对缝时，要根据拉出的对缝控制线进行，并要注意人造石的规格尺寸一致，人造石规格长度、宽度误差应在 1mm 之内。对于大于此误差的人造石，应拣出后分尺寸码放。铺贴后应及时清理人造石表面，用湿海绵抹去多余的胶粘剂并清洗干净。施工完毕后应注意成品保护，至少 72h 后才能上人。

9）人造石材铺设完成后，收缝操作尽可能地晚，至 14d 后方能收缝，以利水分蒸发。填缝时应使用人造石专用填缝剂，收缝后用湿布将溢出的填缝剂擦拭清洁（大面积的地面应于适当间隔处设伸缩缝，以防地面及结构体膨胀、收缩，导致石材突起或破裂）。

10）在石材铺贴后，经过验收与清理后才将薄膜撕开。

14.6.3　总结提升

通过本次总结，项目对人造石铺贴有了进一步的了解，保证了现场的施工质量，对后期工程保留了成熟的经验。

14.7　大面积铝格栅吊顶施工技术

14.7.1　背景介绍

铝格栅吊顶系统被广泛应用于地铁站通道、机场、高铁站、办公室、商场、会所、餐馆等开放式空间，铝格栅是许多大型工程的主要装饰材料之一，主要由主骨、副骨纵横分布，由格与格的连续组合所构成的吊顶顶棚，这样改变了其他顶棚板封闭式结构所造成的压抑感，令视觉效果连续平整、结构严谨。在设计施工时，可根据色彩、规格、施工方法及照明装饰出各种千变万化的顶棚吊顶。深圳技术大学 7 号楼图书馆大面积应用了此类吊顶。

14.7.2　具体做法

施工前期准备：顶棚的各种管线、设备及通风道，消防报警、消防喷淋系统施工完毕，并已办理交接和隐蔽工程验收手续。管道系统要求试水、打压完成。提前完成吊顶的排版施工大样图，确定好通风口及各种明露孔口位置。准备好施工的操作平台架子或可移动架子。在金属吊顶大面积施工前，必须做样板间或样板段，分块及固定方法等应经试装并经鉴定合格后方可大面积施工。

下单过程中由于施工面积较大，每部分尺寸均不一致。如按现场尺寸复核，则每部分格栅尺寸需大量增加，对下单、工厂加工、现场安装都是不小的工作量。所以，采取定量+变量的下单方式，根据包柱的位置，确定铝格栅的纵向尺寸，横向尺寸根据喷淋及灯具点位进行统一定量尺寸下单，两侧的尺寸作为变量下单，提高了下单、加工、安装的效率，节约了工期。

吊杆→弹吊顶标高线→标高线以上刷黑色涂料→安装水、电、通风管道→金属格栅初步安装→设置吊顶起拱位置和高度→按吊顶起拱线调整消防喷淋头高度→设备调试→按起拱高度调整金属格栅→调直消防喷淋头→安装灯具→细调格栅。

1. 弹线

根据格栅吊顶的平面图，弹出构件材料的纵横布置线、造型较复杂的部位的轮廓线，以及吊顶标高线；同时，确定并标出吊顶吊点。用水准仪在房间内每个墙（柱）角上抄出水平点（若墙体较长，中间也应适当抄几个点），弹出水准线（水准线距地面一般为500mm），从水准线量至吊顶设计高度，用粉线沿墙（柱）弹出水准线，即为吊顶格栅的下皮线。同时，按格栅吊顶平面图，在混凝土顶板弹出主龙骨的位置。主龙骨应从吊顶中心向两边分，最大间距为1000mm，并标出吊杆的固定点，吊杆的固定点间距900～1000mm。如遇到梁和管道固定点大于设计和规程要求，应增加吊杆的固定点。

2. 固定吊挂杆件

采用膨胀螺栓固定吊挂杆件。可以采用$\phi8$的吊杆。吊杆可以采用冷拔钢筋和盘圆钢筋，但采用盘圆钢筋应采用机械将其拉直。格栅吊顶吊杆的一端同∟30×30×3角码焊接（角码的孔径应根据吊杆和膨胀螺栓的直径确定），另一端可以用攻丝套出大于100mm的丝杆，也可以买成品丝杆焊接。制作好的吊杆应做防锈处理，吊杆用膨胀螺栓固定在楼板上，用冲击电锤打孔，孔径应稍大于膨胀螺栓的直径。

3. 轻钢龙骨安装

轻钢龙骨应吊挂在吊杆上（如吊顶较低可以省略掉本工序，直接进行下道工序）。一般采用38型轻钢龙骨，间距900～1000mm。轻钢龙骨应平行房间长向安装，同时应起拱，起拱高度为房间跨度的1/200～1/300。轻钢龙骨的悬臂段不应大于300mm，否则应增加吊杆。主龙骨的接长应采取对接，相邻龙骨的对接接头要相互错开。轻钢龙骨挂好后应基本调平。

4. 弹簧片安装

用吊杆与轻钢龙骨连接（如吊顶较低，可以将弹簧片直接安装在吊杆上，省略掉本工序），间距900～1000mm，再将弹簧片卡在吊杆上。

5. 格栅主副骨组装

局部格栅的拼装，单体与单体、单元与单元，作为格栅吊顶的富有韵律感的图案构成因素。必要时应尽可能在地面拼装完成，然后再按设计要求的方法悬吊。将格栅的主副骨在下面按设计图纸的要求预装好。

6. 格栅安装

调平与固定，木格栅就位后，将下凸部分上拖用吊杆拉紧，将上凹部分放松使吊杆下移，然后再把格栅部位加固。对于条格布置紧凑且双向跨度较大的格栅式吊顶，其整幅吊顶面的中央部分也应略有起拱。

将预装好的格栅顶棚用吊钩穿在主骨孔内吊起，将整栅的顶棚连接后，调整至水平即可。

14.7.3　总结提升

图书馆因各层面积较大，所以必须处理好金属格栅与吊顶之间、吊顶与墙、柱之间的垂直或平行关系。对此，应将相关轴线引测到墙柱立面，并按此基准线拉线找规矩抹灰，从而保证墙面均与轴线平行，并且两个相邻面相互垂直。以此作为吊顶平面位置的基准面。

14.8　源头质量管控的三维立体放线法

14.8.1　案例背景

深圳技术大学是全国首家“空中大学”，用位于二层的大走廊将教学楼、办公区、生活区等建筑全部在“空中”连接在一起，不仅便利学校日常的教学、科研工作，更是一个空中流动的图书馆。整体设计风格为“工业风”风格，朴素、大方、简约，教室及实验室等众多区域均采用铝格栅吊顶造型，墙面为普通的涂料饰面，地面为瓷砖、环氧地坪设计。这样相对于星级宾馆而言，比较简单的设计风格也是近些年大学类建筑的常用风格，不仅仅能够大量地节约造价，同时也体现了国家提倡的创建节约型社会的口号。深圳市近些年在短期时间里新建了一大批大学，这也是改革开放 40 多年的全国一线大城市在这个阶段该有的样子，用教育资源来增强经济发达地区的软实力。纵观这些大学的设计风格，基本上还是维持了简约、朴素、大方的室内设计风格，同时建筑体量非常大，动辄几十万平方米。这类建筑从内装装饰施工的角度来讲，总体造价因其采用的都是常规普通材料，工艺也非常简单，致使造价都非常低。再加上建筑的体量非常大，这给装饰公司也提出了一个难题：如何在造价极低的情况下做好政府投资工程的质量管控工作，放线工作尤为重要。

一般我们进场放线的时候，通常做法都是将线放在地上。一旦我们瓦工进场开始找平，地面前期放的线都会消失。地面找平完成，项目部将会面临二次放线。地面石材铺贴完成，又会导致我们地面的线找不到。很多部位需要三次放线，这无疑增加了我们的放线成本。而且，每一次放线，都会存在误差。

由于大部分的材料收口都是硬接收口，没有可以调节的尺寸，对基层质量、平整度、垂直度要求较高，由于当时进场放的线，在施工过程中很多被遮盖、污染，所以我们发明了立体放线，将所有尺寸用木板固定在墙上，模拟我们材料上墙安装的实际完成面，可以更加直观地检查我们基层质量，便于后期材料的下单、安装过程的管控，提高施工质量的同时减少造价。采用三维立体放线，可以减少二三次放线带来的尺寸误差，可以更加明确各材料收口关系及尺寸，提前锁定尺寸，将关键尺寸的三维放线投影在墙上，可以更好地推动辅助联合下单，实现施工现场的产品化。

14.8.2 实施要点

立体三维放线的概念提出，主要是用现场废旧木板，切割成统一大小的尺寸，在我们所有的门洞部位，关键收口的地方，将定位板钉在墙上，在定位板上弹线，将我们的所有完成面尺寸在立面直观立体地反映出来。

施工方法：

1）项目进场后全员读图，熟悉图纸，确认基层做法，明确各材料收口关系，绘制放线图。

2）现场放线，基层完成面，面层完成面（必不可少的步骤）。

3）放线完成后，首先将门洞、交叉收口部位龙骨安装到位。

4）将事先切割好的定位板安装在龙骨上，每条边至少两块板，根据放线尺寸，将所有线反馈到定位板上且标上尺寸。

14.8.3 经验总结

1）控制基层平整度较高，节约石材胶粘剂。

2）无需增加二三次放线成本。

3）加快我们联合下单进度，现场关键尺寸和线一目了然，避免再次测量尺寸。

4）主材下单尺寸错误率极低，现场安装对缝、硬收口关系控制较好，无返工。

14.9 卡槽式铝板安装工艺

整体设计风格为“工业风”风格，朴素、大方、简约，教室及实验室等众多区域均采用铝格栅吊顶造型，不仅造价低而且便于后期的维护及后续功能的局部调整而进行的二次变更。

14.9.1　案例背景

目前，在我国的装饰工程领域，顶棚铝型材的种类不胜枚举，因其具有塑形快捷、安装便利、一次成型等鲜明特点，大大降低了传统工艺中收口等技术难度。随着我国教育水平的高速发展，推动着教育手段、教育环境以一个健康的步调不断精进。

随着新冠肺炎在世界范围内的肆虐流行，远程互动交流的发展以前所未有的速度流行于各种社会交流活动中，特别是视频课堂、远程作业与测试等异于传统教学的授课手段随处可见。随着我国疫情防治取得突破性进展，远程互动式教学方式作为一种新生事物，伴随网络通信水平的快速发展，正在做大做强。新挑战、新机遇带动着大量具有远程教学功能的学校工程应运而生，智慧校园的概念蔚然成风，“以人为本，技术驱动”，教学空间作为智慧校园的最重要组成部分，信息技术不但要深度融合教学活动的全过程，并提供高效率、高品质的支持，还需要考虑到整体系统最优性能的发挥和未来系统的升级扩充。比如，远程互动式教室内的多媒体、智能灯光照明、音响等智能化装置，从历史经验来看，这些装置更新换代速度快、汰换率高，因此在教室环境的面层，特别是顶棚设计与施工时，需要采用与其特点相匹配的材料和工艺手段，才能在新的智能化电气设备的更换与组装时，避免因大面积拆卸对装饰成品面层造成破坏。就目前大量使用的铝型材顶棚来说，铝型材的纵横节点都是锚固或者一次性钉死安装。当顶面需要安装新型设备，或者对设备的位置进行调整时，就很容易对整个天花的稳定性造成难以修复的破坏。另外，目前还有另外一种事实存在影响着装饰工程的进度与成本控制。那就是，在设计、放线、下单、现场安装这些流程之间，不可避免地存在着大量的设计变更。特别是当材料下单甚至到场后，这些变更对装饰企业的成本和节奏进度控制的负面影响是巨大的。因此，在不破坏天花系统整体稳定性的基础上，研究出一种可以对顶棚进行局部的便利性调整，就显得非常具有现实意义。一方面可以降低装饰企业的后期维护成本，另一方面可以大幅度提升各种类型教学空间“教与学”的舒适度和便利性。

14.9.2　主要技术要点及制作工艺

具有备选插槽的铝型材安装构造，它包括：纵向铝型材、横向铝型材以及设置与其两端的连接插头。在纵向铝型材的常规安装部位，预设齿刀线插槽。安装时根据放线定位，可沿任一齿刀线施力开口，从而形成一个具有燕尾槽的安装插槽。

该新构造在型材制造时，通过预设齿刀线易开口。为了防止备用齿刀线在型材表面影响美观，齿刀线应设置在型材的内侧面；预设齿刀线插槽的数量可以根据安装现场顶面的复杂程度进行评估，可以集中相邻布设，也可以根据要求沿一定间距进行布设；此外，在插槽上设置燕尾槽。为了在安装时可以使得纵向、横向铝型材实现快速安装，不需调整，仅依靠材料的重力即可快速连接到位，并具有限位功能。

加工及施工方法为：

1）采用钣金技术制作齿刀线，精确度高。齿刀线插槽的数量可以根据安装现场顶面的复杂程度进行评估，可以集中相邻布设，也可以根据要求沿一定间距进行布设；设置燕尾槽，并对燕尾槽所形成的夹角进行定义，尽量使得两个燕尾所形成的最小的夹角，但是需要考虑避免两个之间夹角的凸角妨碍插头的工作。

2）通过放线定位，先安装纵向铝型材，根据现场 HVAC 及顶面智能化设备的安装要求，确定齿刀线插槽；

3）沿齿刀线施力开口，形成插槽；

4）安装横向铝型材，将连接插头放置于插槽中，并使得连接插头与燕尾槽的连接严密、稳定。安装结束。

14.9.3 施工工艺的优点

1）采用金属板齿刀线预设易开口，以便在材料下单至安装期间现场顶面隐蔽机电及智能化设备的位置变更，同时也为后期因设备更新、维修所造成的破坏性拆卸等野蛮施工对现场装饰产品的破坏。

2）现有技术均采用一次性锚固或卡死安装，对现场设计的一致性要求较高。一旦发生变更，已经到场或加工好的型材即无法正常使用；而且，在锚固或其他固定工艺需要对型材施力，容易对型材的表面或型材本身造成机械损伤。本技术的易开口及燕尾槽设计可以避免上述传统施工通病。

3）本技术的快速便捷连接方式，操作简单，安全可靠，连接严密，无烟尘、无噪声，同时有利于项目安装实施的连续性和赢得工期，降低建造成本，还可以降低因交叉污染诱发的各种质量通病的发生几率。

4）通过在型材内侧设置工业工艺齿刀线，不影响型材面层观感；纵横型材的连接点处的受力方式为受拉，因此备用齿刀线位置的型材强度不会影响结构的稳定性，符合现代装饰装配化的技术要求。

5）搭接区域的预留，不需对型材进行切割，提高了金属型材连接的观感质量。

14.9.4　推广优势

现阶段，因使用功能调整等原因常常对建筑物进行多次改造，产生大量的建筑垃圾，已成为严重的社会问题。这与国家提倡的“建设节约型”社会的理念严重不符。本次创新如因后期需要对插槽进行换位，可考虑对已开口部位进行修补。可采用具有一定硬度的背胶片等形式进行修补，因开孔位置在次面整体不影响顶棚的质量观感，同时不同规格的型材是按照一定的模数工业化生产，也为重复利用创造了良好的条件，在成品保护条件好的情况下材料可重复利用。

14.10　做好成品保护

本节讲述了对乳胶漆墙、顶面施工时交叉污染的控制、乳胶漆和踢脚线施工时交叉污染的控制、地面环氧施工和踢脚线等的交叉污染控制，金属门套、地面瓷砖、人造石、仿花岗岩瓷砖为形成系统，建议按照吊顶工程、墙面工程（石材、墙砖、金属板、玻璃）、地面工程、门窗工程、机电末端工程等进行分类。

14.10.1　案例背景

项目部根据项目本身的特点，综合各种因素，提出将成品保护工作提高到更高的项目管理高度。只要成品保护工作做到位，就能控制好该种类型的装饰质量管理。

14.10.2　主要施工工序及管控要点

项目部首先建立成品保护施工管理制度，建立以项目经理为组长的成品保护小组，将责任落实到人。

项目部在前期策划时，从施工开始到施工完成，将施工分为几个不同阶段，如 20、30、50、80 等几个阶段。再从施工的区域、不同的工种以及不同工序的交接等几个方面，将成品保护工作做了深入的细化。通过将细化的工作内容再进行分类合并，总结出本次深圳技术大学的成品保护工作，主要分为交叉污染管控及面层材料保护两个部分。交叉污染主要有如下几个方面：乳胶漆作业时，顶面、墙面乳胶漆施工时，如何避免乳胶漆作业间的相互交叉污染，墙面不同的分色乳胶漆施工时如何做好交叉污染管控，乳胶漆施工时如何避免对踢脚线、地面成品、门窗等的污染，地面找平以及地面面层施工时如何避免对墙面成品的污染。主要面层材料的保护主要分为：镀锌门套的保护、顶面铝板保护、地面石材瓷砖的保护。

乳胶漆墙、顶面施工时交叉污染的控制：顶面乳胶漆施工时，与顶面交接处以下100mm区域也同步施工，以确保交界处的顺直。如果墙顶面有分色造型处理，则顶面刷色时需要用红外线辅助施工，并给工人做好技术交底。随身携带一块小毛巾，对有缺陷的部位进行处理，做到及时“落手清”，以确保分色线的顺直。墙面乳胶漆施工前，先用美纹纸和薄膜将墙顶交接处保护到位，以确保顶面不被污染。同时，在遇到门、窗部位时，也采取同一措施将门窗、套全部保护到位。墙面乳胶漆施工完成后，在面层乳胶漆还未干透时，就需要将保护膜撕掉，以避免干透后撕除时造成成品的破坏。在保护膜撕除时，对工人也要交底到位，随身携带一块湿毛巾和修色笔对缺陷部位进行“落手清”处理。乳胶漆墙面分色时的处理由于本次均是浅色、深色交叉分色，工序安排上是先全部浅色乳胶漆，施工完成后再进行深色乳胶漆的施工。待所有浅色乳胶漆施工完成后，用红外线辅助贴分色美纹纸后再进行深色墙面乳胶漆的施工。交代工人也是在墙面深色乳胶漆还未干透后，就撕除成品保护美纹纸，同时随身携带湿毛巾和修色笔，确保分色处光顺。

乳胶漆和踢脚线施工时交叉污染的控制：由于技术大学本次的踢脚线是凹陷式施工工艺，即踢脚线和乳胶漆是在同一面，其对成品保护的要求就更高。瓦工师傅在完成踢脚线施工时，要做到完成一面清洗一面，清洗完成后的踢脚线立刻用宽度在150mm的美纹纸保护好。美纹纸的上口与瓷砖踢脚线的上口齐平，下口要盖过墙地面交接处的阴角部位。这样的保护措施不仅仅是完全做到踢脚线不被污染，同时也能保证地面的阴角部位能够得到有效的保护。因为后期污染最严重的地方就是地面阴角周围。待前面乳胶漆快干时，再安排工人将保护膜撕除。由于保护膜在底层腻子施工时就已施工到位，工人撕除时就要交底到位对于比较难撕除部位要用小铲刀慢慢铲除，并且带好湿毛巾和修色笔对缺陷部位进行“落手清”式处理。

地面环氧施工和踢脚线等的交叉污染控制，由于环氧地面是最后一道施工程序，此时的好多保护均已被破坏或撕除。项目部需要统一指挥，务必保证所有保护都到位的情况下再施工，因为环境的污染是无法清理的，否则之前的所有保护工作都将前功尽弃。需先将踢脚线下口、门套底部、门槛石均用美纹纸保护到位，美纹纸的下口与踢脚线、门套下口一平。环氧施工时，给工人的技术交底到位。在踢脚线部位需轻轻刮涂，确保成品保护不被破坏。面层施工完成后就开始锁门处理，对于要进入房间施工的其他工种实行登记管理制度，以避免成品受到破坏。

本次施工中有大量的金属门套造型，其造价高，但是为了确保整体施工质量项目部还是安排在墙面批腻子之前将其安装到位，以确保墙面与门套收口处的无缝隙收口达到整体感观美观的效果。门套施工完成后，房间内还有大量其他工种的作业还需要施工，因金属门套的造价太高，一套门套就要一千多元，所以项目部通过仔细测算，决定用模板制作造型后保护。这样的代价虽然很高，但是总体上只要能够有效地实施保护，还是非常值得的。项目也跟现场所有工人交底，平时如看到有人破坏成品即拍照、通知项目部，也安排专门巡场人员每天不定时对现场进行巡查保护。

本次有大量的地面瓷砖、人造石、仿花岗岩瓷砖，瓷砖铺贴后的成品保护必然是花费代价最大的部分。但是，由于现场人流量太大，高峰期时近六千多人在现场交叉施工。为了保证整体的施工质量，项目部最终还是决定采用全面保护的方法，尤其是人流量比较大的平台区域，在瓦工铺贴完成后即对表面进行清理。尤其是对瓷砖的缝隙处，用湿毛巾进行处理。瓷砖表面整体清理完成后，做好洒水湿润养护。待养护完成后，即铺设水泥纤维板保护。水泥纤维板之间用胶带粘结，以确保颗粒及灰尘落入瓷砖面层。

14.10.3　成品保护的优点

较之以往，本项目投入的成品保护费用平方占比是近些年项目最高的，但是关于后期交叉污染的清理、后期的精修费用也相应地明显减少，质量的整体管控上也通过成品保护得到了加强，整体视觉上的设计效果明显较以往项目有所改善。

14.10.4　双曲面铝板复合饰面分层装配系统工艺

整体设计风格为“工业风”风格，朴素、大方、简约，部分顶面造型采用了双曲面饰面板造型。对于多曲面顶面板材，如何能够更有效地衔接，同时在后期应力释放时能够保持曲面的整体面层效果不变形，板材交接处不出现缝隙，本装配系统可完全解决此类共性问题。

14.10.5　案例背景

金属板，主要为铝板上敷贴木皮，建材行业中称为铝合金复合板。其是当前世界领先装饰材料，大量运用于酒店、机场、轨道交通等公共建筑中，是深受建筑商青睐的 B_1 级防火装饰材料。2010 世博会建筑群中的中国馆、英国馆和意大利馆选用，作为主要装饰材料。

室内装饰中不可或缺的木、石等亘古不变的装饰元素，随着人们环保意识的觉醒以及越来越多高大结构中对受力等物理性能的苛求，天然木料作为一种可燃材料，不再以原木料的形式充当主要装饰材料了，仿制品和复合材料层出不穷。铝材因具有较好的刚度及平整度，而且具有抗老化、抗腐蚀、高耐候性等优异功能，在与天然木皮进行组合时浑然天成，既具有木质材料的观感和手感，又具有金属材料卓越的物理性能。随着材料加工技术的进步，当木饰面与金属材料组合为双曲面造型时，其曲线光滑平整，变化自如，能够充分体现设计个性与风格，目前在国内很多大型装饰工程中大量运用。

不过，因为木皮的延展性差，当其在一个双曲面金属胎体上进行二次加工时，拼花难度大，质量控制缺少现成、有效的措施。当采用常规厚度的金属材料制作胎体时，更容易发生翘曲、变形、坑洼等严重质量通病。虽然运用三维扫描、计算机模拟制图等先进手段，后场产品化的各曲面参数可以满足设计要求，但是在现场装配安装时，在提升、定位、固定的过程中仍会产生位置偏差。而现场的纠偏调整无疑会对双曲面材料造成损伤，导致观感质量大幅下降，甚至难以满足现场验收要求，为施工单位带来大量经济损失。同时，就目前的行业技术来看，对胎体的制作、胎体与设计曲面的贴合度、二次加工的工序等，都是根据计算机前期现场采集的数据在厂家后场加工制作的，是否能够满足现场复杂的安装环境不得而知。因此，对双曲面金属板胎体天然木皮饰面的装配技术进行研发，无疑是当前行业中亟待解决的重要技术难题，在倡导绿色节能、健康环保的今天，显而易见这个课题具有强烈的现实意义。

14.10.6 主要技术要点及制作工艺

双曲面铝板复合木饰面分层组装系统，它包括：含有吊挂作业孔 2 的双曲面基础板 1；含有插孔 5 的吊挂件 4，预制焊接于双曲面饰面板 3 的背面，安装插销 6 及快速定位件 7 组成，以及预制于双曲面基础板 1 背面的吊挂系统 8。

该新构造的双曲面基础板 1，根据现场扫描数据及设计要求在后场制作，现场安装。安装后需进行二次三维扫描，与设计造型进行比较、碰撞。如有偏差，现场调整纠偏，直至达到计划要求。考虑到两层铝板的安装存在偏差的可能性，因此双曲面基础板 1 上开具的吊挂作业孔 2 的规格，要大于预制焊接于双曲面饰面板 3 背面的吊挂件 4 的投影规格，便于沿水平方向进行调整；安装插销 6 需要具有一定的强度，确保在两次铝板紧固到位后不会发生变形；此外，快速定位件 7 与铝板接触的底部应具有一定长度和宽度，有利于在紧固过程中分散施加于铝板的压力；另外，快速定位件 7 与安装插销 6 接触的斜面，应具有一定的摩擦力，有利于固定的牢固性。

加工及施工方法为：

1）根据现场扫描数据的曲面参数及设计要求，在后场制作双曲面基础板。

2）现场安装双曲面基础板。初步安装定位后需进行三维扫描，并在计算机中考核其与设计造型的偏差。如有现场调整纠偏，直至达到设计要求。

3）针对已经调整到位的双曲面基础板，再次进行三维扫描，所获取的数据经认可后，成为制作双曲面饰面板的主要技术参数。

4）双曲面饰面板的胎体制作完成后，根据胎体规格、受力情况决定焊接吊挂件的数量、规格、安装部位；安装吊挂紧固件并对安装部位的坐标进行记录；消除调整焊接热应力对曲面的影响；调整完毕后敷贴实木木皮，胶粘剂终凝后打包，运至安装现场待用。

5）在双曲面基础板上开具吊挂作业孔，注意孔洞的规格。

6）吊挂作业，安装双曲面饰面板。使用安装插销及快速定位件实现快速安装。

7）再次现场扫描，检查成品与设计目标的差异。如需调整，可通过安装插销及快速定位件进行微调。

14.10.7　系统的优点

1）目前，仍存在现场敷贴木皮的传统作业模式，质量精度差，交叉污染严重。本双曲面铝板复合木饰面分层组装系统，可以实现产品化生产与安装，经多次三维扫描，精度高。安装过程不会对成品造成损伤，符合现在装饰对绿色、健康施工的要求。

2）本双曲面铝板复合木饰面分层组装系统，可有效降低铝板木饰面在安装过程中所承受的平面变形力的损害，可有效提升安装质量，大幅降低维修率和维修工作量。

3）本双曲面铝板复合木饰面分层组装系统采用分层设计、分层制作、分层安装的方式进行，可以减少制作安装过程中的质量偏差的叠加，便于消除质量隐患，提高工程质量的控制水平。

4）本双曲面铝板复合木饰面分层组装系统的分步骤制作、安装，可大幅降低施工现场的交叉污染，同时为后场加工赢得时间，可以有效提升工期管理水平。

5）本技术无需焊接作业，与上下部材料连接时，采用快速插接、卡固技术，不需射钉或钉固定，不会对装饰双曲面造成破坏，操作简单，安全、可靠，连接严密。

6）安装完毕后，仍可通过安装插销及快速定位件对装饰面层进行全方位的微调。

14.10.8　是否有替代方案（加分项）

当双曲面的曲面幅度变化较小或造型较简单时，或者简单的曲面造型以及异形线条，可考虑使用石膏板、多层板等低值材料进行基础板的制作，而面板的制作方法不变。

14.11 瓷砖石材薄贴施工应用

14.11.1 案例背景

在传统的装饰装修工程中，地面瓷砖、石材的铺装都是使用水泥加沙，施工现场加水调配，厚抹灰粘贴方法，需要用水配比水泥、沙子调制水泥砂浆，因此水泥配比是否合理、材料用量是否到位、搅拌是否均匀都会影响水泥砂浆的质量问题。水泥砂浆的厚度一般会在20～30mm。需要手艺熟练的技术工人进行铺贴。如果铺贴工艺不到位，粘贴性差、承受荷载时间长、很容易引发瓷砖空鼓、开裂等问题，并且技术不到位的铺贴工很难将瓷砖铺贴平整。

为了有效地解决工程中因传统地砖铺贴工艺而存在的不平、空鼓、地砖翘曲等质量通病，减少工程后期的维修量，进一步提升客户对于工程质量的满意度，并随着节能、节材政策在建筑领域的推广实施和新型建筑材料的大力推行应用，深圳技术大学项目采用了地砖薄贴施工工艺。该施工技术实现了地砖铺贴一步到位，减少劳动力成本，提高了工程质量及施工效率，展示了不一样的技术创新之路。

在建项目（特别是运用了高精度地面）中精装地面用此技术，无论是在节能节材或减少后期维修量、节省经济成本和客户满意度等方面，都取得了很好的效果。

14.11.2 施工工艺

本工艺首先是基层用细石混凝土加自流平的基础上，铺贴时先将基层地面扫浆然后再用专用的胶铺贴，厚度控制最薄3mm，最厚处控制在15mm。在地面涂浆后，用齿形刮刀横向拉槽，在瓷砖（石材）背面涂浆后用齿形刮刀拉槽。铺贴时控制地面与瓷砖（石材）背面拉槽垂下，用吸盘、橡胶锤粗调瓷砖（石材），找平固定（专用胶不是装饰性材料而是功能性材料，必须要经过正确的施工才能发挥出它的强大功能）。使用齿形刮板将瓷砖专用胶胶浆梳理于基层上，有利于空气的排除，对满浆率（指瓷砖胶与瓷砖的接触面积）有很好的保障。同时，选择不同大小的齿形刮板，能够有效控制胶浆的用量，从而控制粘贴层厚度，提高施工速度。质量标准容易把握，粘结强度也比较高，施工效率也大大提高，节省材料。

14.11.3　经验总结

通过对薄贴法施工和厚贴法施工的比较，前者有如下的优点：

1）抗化学腐蚀性能强，耐酸、碱、腐蚀性盐类及几乎所有溶剂的影响；

2）抗物理冲击性能高，具有良好的韧性和变形性，能够在高速冲击时保持瓷砖或石材的完整性，不会脱落、空鼓；

3）粘贴性强，聚合物乳胶粘结强度高，经久耐用；

4）抗温差变异性好，尤其是在北方和温差变化大的地方使用；

5）抗冰融性致密，抗冻能力远远高于厚法施工；

6）厚度在 3～10mm，自重轻，方便、灵活；

7）施工时间短，且迅速安装后很短时间内便可承受荷载；

8）和易性能好，具有良好的保水性，铺贴后有足够的时间调整位置；

9）抗微生物及霉菌性能强，不受霉菌影响；

10）抗污染能力强，几乎不受污染，不会泛碱和白化现象极少；

11）抗开裂能力强；

12）应用范围广，室内室外、高温低温、腐蚀、潮湿、霉菌、冲击、污染、微生物恶劣环境等均可使用；

13）施工综合造价：前期投入高，后期维护成本低，人力成本低，总体造价经济属全寿命综合造价。

14.12　楼梯平台成品挡水坎工艺

14.12.1　背景分析

楼梯平台处的挡水坎常规做法，使用细石混凝土基础找平，支模板浇筑养护，然后面层贴瓷砖。优点是稳固、耐久性好，但需要提前做好基础、支模浇筑、振捣、养护等，施工工序复杂，面层瓷砖切割加工，粘结费工、费料、时间长，一次成型不便于后期修改或变更。本项目工期紧张，需要工期短且现场安装方便、效果符合要求的工艺处理。

14.12.2　具体做法

1）现场测量尺寸下单厂家，加工成品镀锌方通，面层喷涂烤漆饰面，加工相应固定件。

2）优先预埋好紧固件，这样加工镀锌方通过程中不影响铁艺栏杆的安装。

3）安装镀锌方通与紧固件连接，地下及方通周边再加以结构胶密封。

14.12.3 总结提升

材料轻型，可塑性、整体性较好，损耗小，可用作赶工项目。由厂家提前加工成品材料造型，不占用场地和时间，便于弥补施工中缺漏和后期增减、变更。施工安装简单、快捷，规格、长度可控性好，安装时间快。但对于室外不适用，且四周的密封胶质量要把控好，防止更换频繁。

14.13 楼梯与栏板夹缝优化处理

14.13.1 背景分析

在原设计中，栏板夹缝处直接抹灰找平，批腻子打磨，涂料饰面处理。优点是不增加人工，材料节省，但后期会存在饰面材料露底、夹缝未封堵、存在安全隐患、物体坠楼等情况，后期维护难以清理。

14.13.2 具体做法

1）原结构夹缝上下均采用C50轻钢覆面龙骨、间距400mm做基层。

2）面层以12mm阻燃板＋6mm水泥纤维板封面。

3）水泥纤维板上面板批腻子、涂刷涂料面层。

14.13.3 总结提升

夹缝封堵弥补了设计和施工中的缺陷，避免安全隐患及物体坠落的情况，后期的维护清理更加方便，感观上整体统一、协调美观。但现场存在个别高空作业情况，增加施工难度。

14.14 地坪漆基层问题处理

14.14.1 背景分析

1. 混凝土表面裂缝的原因

1）塑性收缩裂缝

塑性裂缝产生的主要原因为：混凝土在终凝前几乎没有强度或强度很小，或者混凝土刚刚终凝而强度很小时，受高温或较大风荷载的影响，混凝土表面失水过快，造成毛细管中产生较大的负压而使混凝土体积急剧收缩；而此时混凝土的强度又无法抵抗其本身收缩，因此产生龟裂。

影响混凝土塑性收缩开裂的主要因素有水灰比、混凝土的凝结时间、环境温度、风速、相对湿度等。

2）沉降收缩裂缝

沉陷裂缝的产生是由于结构地基土质不匀、松软或回填土不实或浸水而造成不均匀沉降所致，或者因为模板刚度不足，模板支撑间距过大或支撑底部松动等导致。特别是在冬季，模板支撑在冻土上，冻土化冻后产生不均匀沉降，致使混凝土结构产生裂缝。

3）温度裂缝

温度裂缝多发生在大体积混凝土表面或温差变化较大地区的混凝土结构中。混凝土浇筑后，在硬化过程中，水泥水化产生大量的水化热（当水泥用量在 350～550kg/m^3，每立方米混凝土将释放出 17500～27500kJ 的热量，从而使混凝土内部温度升达 70℃左右甚至更高）。

由于混凝土的体积较大，大量的水化热聚积在混凝土内部而不易散发，导致内部温度急剧上升。而混凝土表面散热较快，这样就形成内外的较大温差。较大的温差造成内部与外部热胀冷缩的程度不同，使混凝土表面产生一定的拉应力。

当拉应力超过混凝土的抗拉强度极限时，混凝土表面就会产生裂缝。这种裂缝多发生在混凝土施工中后期。

2. 裂缝处理原则

根据裂缝类型和所处位置不同，对其进行处理的方法不同，对混凝裂缝处理应遵循以下原则：

1）表面有防渗、抗冲、耐磨要求部位的裂缝应进行表面处理。

2）减弱结构的整体性、强度、防渗性能和造成钢筋锈蚀的裂缝，要进行灌浆处理。

3）危及建筑物安全运行的裂缝，除采取灌浆处理外，必要时还应采取其他的加固措施。

4）对温度反应敏感的裂缝，应在低温季节后期裂缝开度较大时处理。

5）对活动性裂缝必须采用柔性材料进行处理。

6）如普通不影响结构地面（非结构性地面），可以适当增加伸缩缝，缓解因面积大产生的裂缝。

14.14.2 具体做法

针对减弱结构的整体性、强度、防渗性能和造成钢筋锈蚀的裂缝，灌浆处理做法如下：

灌浆、嵌缝封堵法：灌浆法主要适用于对结构整体性有影响或有防渗要求的混凝土裂缝的修补。它是利用压力设备将胶结资料压入混凝土的裂缝中，胶结资料硬化后与混凝土构成一个整体，从而起到封堵加固的目的。常用的胶结资料有水泥浆、环氧树脂、甲基丙烯酸酯、聚氨酯等化学材料。

嵌缝法是裂缝封堵中最常用的一种办法，它一般是沿裂缝凿槽，在槽中嵌填塑性或刚性止水材料，以到达封闭裂缝的目的。常用的塑性材料有聚氯乙烯胶泥、塑料油膏、丁基橡胶等；常用的刚性止水材料为聚合物水泥砂浆。

在本工程项目中对于地面裂缝处理灌浆使用的材料为“无溶剂双组分环氧树脂(树脂 A：固化剂 B)”。

该材料的优点：具有优秀的物理抵抗 53N/mm^2（28d，＋23℃）、施工便捷、高性价比、耐久性、耐渗透、整体无缝、无溶剂、粘结强度高（＞1.5N/mm^2），耐磨度高(＜30mg)、耐盐雾、耐酸碱、光泽度高、固含量高、丰满度高等优点。该材料符合《地坪涂装材料》GB/T 22374—2018 标准要求。

施工方法：混合前，首先将色浆包全部加入到 A 组分，连续搅拌 1min，直到获得均匀的混合物为止。然后，加入 B 组分（固化剂），连续搅拌搅拌 2min，直到获得均匀的混合物为止。

当 A 组分、色浆和 B 组分完成混合后，加入 0.1～0.3mm 粒径的石英砂，再保持搅拌 2min，直至获得均匀的混合物。将材料倾倒于另一搅拌容器内，确保充分地均匀搅拌。避免过度搅拌而带入过多的空气。再把均匀混合物沿裂缝凿槽填充，以达到封闭裂缝的目的。

14.14.3 总结提升

此通病处理可增强结构的整体性、强度、防渗性能和防止造成钢筋锈蚀处理，防止二次开裂。

14.15 顶棚成品灯盒制作

14.15.1 背景分析

传统的灯槽做法：木基层造型一灯带一安装亚克力，全部由工人手工完成，质量难以保证。在本项目中，借助工业化生产模式将灯盒施工工序换成了：成品灯盒＋基层固定，较大地缩减了人工及现场制作成本。

14.15.2 具体做法

前期深化下单：根据基层放线，确定现场尺寸，设计按照现场实际尺寸排版优化，尺寸尽量统一成一个规格或几个同类的规格。排版完成后，设计、施工、厂家现场审核确认，完成下单。

1）灯盒制作

材质为 1.5mm 钢板加工切割、折边磨边成型，内置 LED 灯片白色透光 PVC 灯片，即面层颜色一致。

2）安装

安装方式为嵌入式，成品配套构件与后置预留固定链接至建筑结构处。

14.15.3 总结提升

此工艺体现了工业化、批量集成化优势，即加工厂统一加工及配套组装好，一次成型成品完好；减少占用现场场地和施工交叉，减少现场人工组装，速度快；色泽和尺寸规格精准度高、感观整体良好；后期更换方便、减少维护成本，如有问题，可直接手工更换、清洁等。劣势在于现场灯盒的尺寸需尽量统一，实际情况中如无法做到模数统一，成本将随着模数增加而增加。

14.16 有效降低墙砖空鼓率

14.16.1 背景分析

随着现代社会的长期性发展，人们的生活水平越来越高。在这个过程中，人们对于日常生活中的方方面面都提出了更加严格的要求。在日益增长的矛盾之间，建筑行业发展的速度越来越快，数量也越来越多。与此同时，建筑体系的整体发展效果越来越良好。

建筑精装修工程是建筑中十分重要的一个方面，精装修的效果会影响到人们的居住质量和居住心态，进而对人们的生活效果产生相对应的影响，因此需要重视精装修工程的实际施工质量。作为建筑精装修工程中十分重要的一个方面，墙面瓷砖会直接影响到建筑精装修的效果，墙砖的空鼓率是墙面瓷砖铺贴问题中存在的比较严重的质量问题，可能会对后续的使用效果产生相对应的影响，因此需要针对住宅精装修工程中墙面瓷砖的空鼓率进行相对应的分析。了解到这种问题的整体情况和可能会造成的相关影响，从而能够使用正确的方式来对墙面瓷砖的质量进行控制，降低空鼓问题产生的概率。

14.16.2 具体做法

1. 基层处理

对基层表面的油脂、浮尘、疏松物等各种不利于粘结的物质，需清理后才可进行粘贴；检查基层有空鼓、开裂、疏松的必须铲除，修补后方可进行下一步施工。

墙固是墙面固化胶，是一种绿色、环保、高性能的界面处理材料。墙固具有优异的渗透性，能充分浸润基材表面，使基层密实，提高光滑界面的附着力。

防水层界面需使用柔性基层界面处理剂对聚氨酯防水层进行界面拉毛处理，拉毛处理增加表面粗糙度，可大幅增加饰面层的粘结力。

2. 弹线

抹完底层灰后按照设计的建筑标高，在墙面上弹出 1m 控制线控制标高，并按照此控制线和墙面砖排版图弹出排砖线，特别注意门窗洞口的排砖控制线。

3. 墙面贴砖

墙面贴砖前应将面砖放入清水中浸泡，然后取出晾干至手按砖背无水迹时方可使用。在操作平台上，在砖的背面打上适量的胶泥，用镘刀平稳刮出顺直的锯齿状。四角刮成斜面，厚度控制在 5mm 左右并注意边角满浆。同样，在墙面打够足量胶泥，并用镘刀平稳刮出顺直的锯齿状。施工过程中，墙面要保证湿润，以避免吸走胶泥中的水分。

饰面砖上墙后“揉压”动作不可缺，垂直按压后，横方向的揉压可以使条状胶泥覆盖填实缝隙，面砖就位后用灰匙木柄轻击砖面，使其与邻面相平。室内砖的粘贴接缝宽度按照设计要求，且横竖缝宽一致，粘贴 3～4 块，用靠尺板检查表面的平整度，并用灰匙将缝拨直。阳角拼缝可以用阳角条，也要以用切割机将面砖边沿成 45°斜角。注意不要将砖面损坏或崩边，保证接缝平直、密实。

4. 勾缝

贴完墙面砖待达到一定强度后，用竹签或细钢丝将砖缝间的砂浆清理并用棉丝擦干净后，在 48h 后用专用勾缝剂勾缝，可以用干净钢丝碾压实色成凹缝。勾缝剂硬化后，用棉丝清理干净。注意色缝一定要仔细，不能出现毛槎和黑边，影响美观。

14.16.3　总结提升

墙砖空鼓是一个难以消除的质量通病，因此最好的方法就是使用品牌的瓷砖专用胶泥，在施工过程中控制。施工中对基层处理、粘结层的质量过程控制，能有效降低墙砖铺贴的空鼓率。在施工前，材料质量控制、工人整体技术水平提升，也对空鼓率控制有着显著效果。总之，尽一切可能在施工过程中对墙砖施工工艺进行控制，减少墙砖的空鼓率。

14.17　走道顶棚检修口优化处理

14.17.1　背景分析

传统的检修口需要在顶棚开孔，再安装成品检修口。人工成本大，检修口的缝隙影响观感，而且破坏顶棚的整体性。采用铝单板装饰，分割顶棚，充当检修口，可以减少伸缩缝，还可以增加顶棚的层次感。

14.17.2　具体做法

隐藏式检修扣吊顶处，施工木基层在制作过程中要保证尺寸准确，四周要单独增加吊杆，增加其稳定性。

材质为 2.0mm 的铝板切割加工、折边倒角成型，成品配套构件。安装时放置于预留的木基层上，调整安装空隙。

现场安装时，避免与顶棚乳胶漆施工冲突，增加成品保护的难度。

14.17.3　总结提升

减少占用现场场地和施工交叉，减少人工劳动和材料损耗，速度快，易清洁，不会因检修开启时污染而产生观感差；色泽和尺寸规格精准度高、接缝严密、感观平整：后期使用减少了磕碰受损，硬度和面层烤漆增强了耐磨性和污渍易清洁性等。在深圳等台风地区，封闭的环境下效果较好。但在敞开式的外廊处，要增加可开启的固定件、增加安装性，避免掉落伤人。

第15章

室外与总体工程

15.1 BIM土方平衡技术应用

土方平衡是大部分项目的重点内容，土方量的准确性直接关系到工程的费用预算及方案选优。近年来，随着BIM技术的不断发展及普及，以BIM技术为基础的土方计算也得到了快速的应用。相比于传统的计算方法，其在效率及准确性上有其独到的优势。

15.1.1 案例背景

深圳技术大学建设项目（一期）施工总承包Ⅲ标段项目建筑面积约23万m^2，占地面积约18万m^2，项目场地较大，前期所有单体均分散在两个基坑内。两个基坑面积较大同时基坑之间存在原有水沟（竣工后扩大为景观湖），北侧还存在一座高大山体（竣工后改成小型的景观坡），场地现状与竣工后地貌情况变化较大，土方总量的计算为本项目的重点和难点。

传统土方计算法一般为方格网法，受场地影响较大且费时、费力。测量工作通常开展得十分缓慢，结果也存在较大误差。为了解决上述问题，研究采用BIM技术在这方面打开新的思路，通过Civil 3D软件和无人机倾斜摄影两种计算方法结合，实现项目土方总量、过程变化量的精准及快速计算，在土方平衡领域实现创新与突破。

15.1.2 实施要点

Civil 3D软件可对项目原始地形及竣工后设计图纸的完成地形进行地形曲面三维建模，通过模型间的叠加对比分析及计算，便可精确地算出项目的挖填方量差，实现场内土方平衡。而无人机倾斜摄影技术创建的三维实景模型，经过数据处理后导入至

Civil 3D 中生成现状曲面，再通过与原始曲面和完成曲面进行叠加分析计算，便得到动态土方变化量。

主要实施要点和步骤如下：

1. 基于 Civil 3D 计算项目总土方需求量

1）技术简介

该方法是以地质勘察单位提供的地形方格网数据为初始数据源，以设计地形数据为最终数据源。将两个数据源形成的曲面进行叠加分析，得到的体积差值就是场地的挖填方量。具体思路为：①将原始地形数据信息导入 Civil 3D 中，创建原始地形曲面模型；②将设计地形数据信息导入 Civil 3D 中，创建设计地形曲面模型；③将从实景模型导出的点坐标信息文件导入 Civil 3D 中，创建该时间点的地形曲面模型；④根据需求可将实景模型导出生成的地形曲面与原始地形曲面或设计地形曲面进行叠加分析和比对计算，得到的体积差值即为土方挖填方量。

2）技术开展流程

（1）从 CAD 图纸中提取点数据

根据地质勘探单位出具的原始方格网图和设计单位出具的景观完成面地形图，提取点数据并将其导出为 .txt 格式。

（2）将点数据导入 Civil 3D 中生成曲面

将上步骤导出的 .txt 格式点坐标数据导入 Civil 3D 中分别生成原始曲面和完成曲面。同时由于完成面标高为造型面标高，在计算时还需扣除一个铺装厚度，剩下的才是土方回填的部分，根据图纸的要求，扣除标准按以下数值：绿化层按完成面扣 350mm、沥青道路层按完成面扣 650mm、山体及景观湖按完成面扣 300mm、地下室顶板上方按 600mm 考虑。

（3）土方区域的划分

按照项目场地的实际情况，将场地划分为 2 号坑、4 号坑、山体、景观湖、6 号楼基坑开挖五个部分。其中 2 号、4 号基坑的回填较为复杂，单独一个基坑的土方需细分为 3 个部分：①基坑范围内基坑周边回填（基坑轮廓扣去地下室轮廓，回填高度为坑底回填到景观面）。②基坑范围内地下室顶板上方室外回填（地下室轮廓扣去建筑单体外轮廓，回填高度按要求取 600mm）。③基坑范围外室外回填（场地红线轮廓扣去基坑轮廓，回填高度为原始面回填到景观面）。

（4）软件叠加分析计算

Civil 3D 软件会自动将两个曲面进行叠加分析并计算，自动生成土方报告，用于后续编写土方计算书，整个过程实现了更为便捷且快速精准的土方计算。

2. 倾斜摄影技术分析土方动态变化量

1）技术简介

该方法是通过无人机获取实际地形的高质量地形图像及 POS 数据，经过数据处理软件将图像进行空中三维匹配，用既有的控制点人工干预辅助调整模型，形成现状地形表面模型。根据现状地形模型，结合设计地形标高，可分区域测量场地的挖填方数据。

2）技术开展流程

（1）外业数据采集

外业无人机航测采集采用搭载 2000 万像素相机的四旋翼无人机，能保证飞行时画面的稳定性。外业内容包括：

① 现场勘测，确定现场地形的测区范围和地形情况，根据现场和周边环境，确定无人机飞行区域及高度，开展航测数据采集工作；

② 确定现场地形控制点，测量控制点地理坐标信息，也可以采用既有的场区或建筑物细部控制点。

（2）内业航测数据处理

外业数据采集完成后，需要进行内业数据处理。主要内容包括：

① 获取无人倾斜摄影原始数据，包括照片、POS 数据以及控制点数据；

② 导入航测照片与 POS 数据，并在相应的照片中加入对应的控制点数据，保证一个控制点覆盖到不同的视角照片；

③ 根据项目情况编辑模型边界，设置数据处理的选项参数；

④ 自动完成空三加密处理，自动生成地表地形，自动完成纹理覆盖，形成现状的地形表面三维模型；

3）利用实景模型计算土方量

内业数据处理完毕生成实景模型后，在模型内中可直接设置一个基准平面，然后直接圈画出某块区域，便可直接查看该区域的土方回填及开挖量。基于此原理，项目对整个现场采用定期的航行拍摄扫描，生成不同时间点对应的实景模型，通过实景模型间的直接比对，实现了对山体、景观湖等位置土方量动态变化的把控。

4）实景模型与 Civil 3D 结合计算现状地形土方量

实景模型上包含了实测的坐标及高程信息，可通过 Geomagic Studio 软件可实现数据的提取，并导入 Civil 3D 软件中，生成现状曲面。不仅可以实现现状曲面方格网的自动生成，供现场参考。同时，结合原始曲面及完成曲面，还可计算出已开挖土方量及剩余需开挖土方的情况。

3. 技术综合应用成果

项目在开展 BIM 土方平衡技术的过程中通过多种手段的综合应用，实现了标段内土方总量的精准及快速计算，同时也实现了对区域土方动态变化量的把控。过程中形成了包括 BIM 计算模型、BIM 土方平衡计算书、项目整体土方量情况表等成果文件，使应用的过程有迹可循；同时，也便于将不同时期的阶段性成果，快速提交总咨询方、业主方进行沟通及汇报，为各标段进行土方平衡计算提供数据支撑。

15.1.3　经验总结

1. BIM 土方平衡技术运用优势

本项目在 BIM 土方平衡技术方面采用了 Civil 3D 与无人机倾斜摄影的综合运用，实现了施工全过程的土方平衡计算及动态土方量把控，相较于传统的方法，该项技术展示出了多方面的优越性：

1）计算方法更为科学，准确性更高

项目针对总体土方量采用 Civil 3D 曲面分析技术，该方法在进行土方计算时的逻辑是根据两个曲面叠加的体积差而得，逻辑清晰统一，相比于传统的手工方格网法计算，电脑软件能处理更为庞大的数据，快且准确，可以很好地避免人为出错。

2）现状地形数据获取方式更快

项目针对重点区域的动态土方量把控采用的是无人机倾斜摄影技术，与传统的现场逐点测量的方法相比，通过无人机飞行收集地形纹理和 POS 数据，机动灵活性更强，劳动强度更低，生产效率更高，数据的时效性更强。该种方法适合地形初探阶段、快速估算、进场前后场地现状变化大的情况的土方计算。

3）现状地形数据密度更细

传统的地形测绘是测绘点间距为 10～20m，精度较低，而利用无人机倾斜摄影技术获得的坐标点是按一定规律密布的点。通常点的密度越大，所包含的信息量越大，合成后的模型或者曲面就越接近真实地形。而该方法获得的坐标点密度大，对应计算模型的曲面接近真实。

2. BIM 土方平衡技术运用存在问题

该项技术在本项目的应用研究与探索是项目 BIM 团队的第一次尝试，虽然最终通过该项技术实现对土方量的精准计量，但是在运用的过程中也走了不少弯路，通过不断的试错与改进，总结出了以下一些问题：

1）Civil 3D方法需获取原始方格网及完成面方格网的数据，其中完成方格网以景观图为依据，而景观图上的点标高数据较少，基本都是只标注了坡度信息，故完成面数据的精准提取很是关键。经过综合考虑采用了手动打点的控制方法，该方法需要通过坡度信息，手动打点并添加点信息，由于场地较大，手动打点需要耗费较多的时间，点的数量及密度、点数据的准确性是影响完成面精度的重要因素。如何更快速更精准完成这个部分，是项目后续要不断思考并改进的问题。

2）景观完成面涉及铺装面层、绿化面层、道路面层的厚度扣减问题，且各项扣减数值均不相同。面对项目场地较大的情况下，该项数值的影响对完成土方量计算的准确性影响巨大。该问题在项目执行过程中也曾出现过考虑不完善的情况，后续也是尽快进行了弥补。故过程中如何采用快速的方法，对各项面层进行综合考虑并保证扣减正确，也是项目后续需谨慎并不断思考并改进的问题。

3）对于倾斜摄影技术，当航测各项数据规划不当时，极易出现航拍死角，使后续实景模型产生面层空洞，极大地影响模型质量；同时当面对植被覆盖较多较密的地区时，无人机很难捕捉到植被以下地形的情况，从而影响对该区域的土方量测算的准确性。故对无人机航测的正确规划及模型修复处理等内容，仍是该项技术在后续应用中需要不断钻研的内容，这样才能使该项技术应用到更大的场景中来。

3. BIM土方平衡技术推广

BIM土方平衡技术的运用能与项目的建设过程紧密结合，极大改进传统方法在计算效率、计算精度的不足，在项目进度、质量、造价等方面创造一定的价值，针对大型的建设项目显得更为突出。但是该项技术的应用仍有较大提升空间，后续也将致力于探索上述存在问题，不断改进技术方法，争取进一步的突破，为项目创造更大的价值。

15.2 LOGO成套字体安装工艺

15.2.1 背景分析

本项目8～10栋中间，中轴广场处深圳技术大学大LOGO字体，每个独立字体高3.5m、长2.19m、宽1.425m。

对于不锈钢字，相信大家都不会陌生。不锈钢字的用途非常广泛，在各种招牌、楼宇的标识标牌的室内外应用中都非常广泛。

不锈钢字的特点：不会生锈，使用寿命长；有较强的立体感；重量较轻；有高档的感觉；有拉丝的和亮面的区分；有金属质感；厚度随意；庄重感强。

不锈钢字的制作安装：不锈钢字的制作加工需要经过多道严格的工序，其制作在金属字中是比较难的。首先，不锈钢字要进行切割，结合线切割、激光切割和水切割；然后，用焊枪焊接，再打磨、包边，到这一步字形就基本出来了；最后，进行抛光，得到光滑的表面和如镜面一般的光泽。可以说这是一个精雕细琢的过程，不锈钢字的好与坏与制作工艺及经验有着密切联系。但它的金属感觉、高档色泽，是很多金属字所不能比的。

15.2.2　具体做法

1. 焊接不锈钢字

焊接不锈钢字正面与背面选用 3.0mm 厚 316 号不锈钢横纹拉丝板，两侧围边选用 1.5mm 厚 316 号不锈钢横纹拉丝板，经激光切割成形，氩弧焊接，精细打磨而成。本系列字的特点：整体焊接成型，让字体的焊接处更加密封，不会有雨水渗入字体内部，更具有防锈防腐作用，单个字体没有拆分，每个独立字体高 3.5m、长 2.19m、宽 1.425m。每个字体重达 1t 多，使得字体的金属质感、立体感极强，大方、气派，具极佳的视觉效果；做工相当精细，每一道工序对技艺的要求都很高；特别适合于高档品牌形象展示，尽显豪华、尊贵，彰显品位与实力；要求材质较厚，焊接不锈钢字选用厚 1.5mm 以上的 304 不锈钢拉丝板，经激光切割成形，氩弧焊接，精细打磨而成。本系列字特点：立体感极强，大方、气派，具极佳的视觉效果；做工相当精细，每一道工序对技艺的要求都很高；特别适合于高档品牌形象展示，尽显豪华、尊贵，彰显品位与实力。

2. 字体内部龙骨安装

因字体整体成型，字体内部加装纵横龙骨，纵向龙骨为国标 80mm×80mm×4mm 的热镀锌龙骨，横向为国标 80mm×40mm×3mm 的热镀锌龙骨，辅助龙骨为国标∟40×3 的热镀锌角钢，字体底座为 T12 钢板，面涂防锈漆加 8mm 钢板加筋。

3. 字体安装

字体整体制作完成，检查字体字面没有凹面与刮痕，再次抛光封保护膜出货。由于考虑字体过大、过重，字体直接使用吊车机械安装，以避免字体出现碰撞、摩擦，出现凹面，刮痕需要二次返修。安装完成，检查字体字面没有凹面与刮痕，以便做相应措施。

4. 不锈钢日常养护

不锈钢的使用随着经济的发展变得更加广泛，人们在日常生活中与不锈钢息息相关，但是很多人对不锈钢的性能认识不多，对不锈钢的维护保养就知道得更少了。很多人以为不锈钢是永不生锈的，其实不锈钢耐腐蚀性良好。原因是表面形成一层钝化膜。在自然界中，它以更稳定的氧化物的形态存在。也就是说，不锈钢虽然按使用条件不同，氧化程度不一样，但最终都被氧化，这种现象通常叫做蚀。裸露在腐蚀环境中的金属表面全部发生电化反应或化学反应，均匀受到腐蚀。不锈钢表面钝化膜之中耐腐蚀能力弱的部位，由于自激反应而形成点蚀反应，生成小孔，再加上有氯离子接近，形成很强的腐蚀性溶液，加速腐蚀反应的速度。还有不锈钢内部的晶间腐蚀开裂，所有这些对不锈钢表面的钝化膜都发生破坏作用。因此，对不锈钢表面必须进行定期的清洁保养，以保持其华丽的表面及延长使用寿命。清洗不锈钢表面时，必须注意不发生表面划伤现象，避免使用带有漂白成分及研磨剂的洗涤液，钢丝球、研磨工具等。为除掉洗涤液，洗涤结束时再用洁净水冲洗表面。

15.2.3 总结提升

不锈钢表面污物引起的锈，可用10%硝酸或研磨洗涤剂洗涤，日常维护过程中应保持表面清洁，定期清理浮尘及雨水溅起的泥土，防止污物长时间粘结形成疤痕。另外，不锈钢还不耐碱性介质的腐蚀。字体与龙骨有小缝隙必不可免，应尽量焊接密封或打胶密封，预防雨水渗入字体内，防锈、防腐。

15.3 石材六面防护处理

15.3.1 背景分析

本项目包含Ⅱ标，Ⅲ标，Ⅳ标段三个标段所有的室外硬景工程。其中，石材铺装面积约15万m^2：包括室外广场、台阶、建筑物屋顶、建筑中庭、二层连廊等区域的面层铺贴。

湿贴天然石材随着时间的推移，会出现似“水印”一样的斑块，特别是反复遭遇雨水、潮湿天气或者水景中使用的石材，水从板缝、墙根等部位侵入，水斑逐渐变大连成片，并析出白色的结晶体。泛碱现象的发生一般由于水分渗入混凝土、砂浆导致碱分渗出，面层发白，严重影响外观的美观性。

本工程石材铺装体量大，要预防泛碱的产生，应从施工前的准备工作入手，石材应在加工厂进行石材六面防护，将石材六面形成致密防水层，使水分不能通过石材毛细孔渗出，没有水做传递，从而有效地预防了泛碱现象的产生，结构饰面泛碱的可能性就会大大减小，确保施工材料的质量及物理性能的合格。

15.3.2　具体做法

1）防护处理前，石材必须完全清洁、干燥后方可防水喷涂。

2）采用喷雾器施作，每平方米面积均需涂刷 100cc 以上的足够剂量。

3）有缝隙的区域，将药剂以注射针头注入缝隙中，以确实达到饱和的防护效果。

4）表面喷涂时应喷涂两层，均匀涂抹，第一层涂抹后静置约 10min，使其渗透完全，再进行第二层，其用量可视现况略为增减，喷涂后 30min，再将表面擦拭干净至光洁程度（烧面石材若使用被覆盖型防护剂则不需要）。

5）背面施作时，应厚涂一层，施作时均匀喷涂无遗漏之处，涂抹后静待约 10min，使其初步挥发干燥，并检测表面是否有微粘性，再以压条或塑料片隔离，喷涂后 30min，方可进行石材打包。

地面和墙面石材都要做六面防护，做了防护的石材容易保持干净，不易脏污，也不易出现病变。

采取预防措施施工后，后期的防护也是很关键的，应注意以下几点：

1）不可以乱用草酸等非中性清洁剂。为了追求清洁效果，一般清洁剂都含有酸性或者是碱性。如果长时间使用这些防护剂，会使石材表面光泽尽失，而且非中性清洁剂的成分残留也是石材发生病变的原因之一。

2）不可以在石材上长期覆盖地毯、杂物。为了保持石材呼吸顺畅，应该避免在石材上覆盖地毯等物件；否则，地下湿气无法透过石材毛孔会发出来会导致石材湿气过重发生病变。如果一定要覆盖地毯等物件，要记得经常挪动，保持石材的透气。

3）保持石材清洁。不论是坚硬的花岗岩还是质地较软的大理石都不耐受土壤微粒的长期蹂躏，所有石材都具有天然的毛细孔，污染物很容易就会顺着这些毛细孔渗入石材内部，形成污渍，因此要定期做好除尘和清洁工作，一旦有污染源落在石材上时，一定要立即清理。

4）经常保持通风干燥。湿度太大对石材会产生水化、水解和碳酸作用，会使石材产生水斑、白化、风化、剥蚀、锈黄等病变。

5）定期防护处理。石材的寿命不是无限的，但是对石材做好防护，隔绝水和污染物的污染是可以提高石材的寿命的，所以我们要定期地对石材做防护处理。

15.3.3 总结提升

鉴于泛碱是石材铺装中一种十分常见的病害现象，不仅影响结构外观，而且降低结构的稳定性；而完全清除泛碱产生的痕迹，又是一件几乎不可能完成的任务。因此解决泛碱问题，最好的方法就是预防。在施工过程中必须对设计、施工、材料各环节严格把关，如改善施工用水的水质，减少水中可溶性盐、碱及杂质等的存在。又如，利用淡水河沙，减少砂浆配料中的可溶性盐、碱的存在等。总之，尽一切可能减少施工中可溶性盐、碱的参与。利用不同手段防止水的渗入，并利用涂剂隔绝水、可溶性盐等物质的渗入通道，避免泛碱现象的发生。

15.4 室外防腐木、竹木工艺分析

15.4.1 背景分析

室外木平台结实耐用，简洁质朴，能够最大限度地保留户外景观原有的风貌，休憩其上，让人感到舒畅惬意。与生硬厚重的石材相比，木平台的材质更加自然，更具亲和力。特别适合近水的亭台、水榭等临水景观，公园、河道也非常常见，木材经过人工处理后具有了防腐蚀、防潮、防真菌、防虫蚁、防霉变以及防水等特性，成为环保、安全的户外理想材料。漫步在微微悬空的木栈道上，有一种贴近自然的舒畅感觉。

本工程景观木平台栈道面积约 8400m^2，使用的材料分为北欧赤松防腐木、户外竹木两种。其中，建筑物中庭、屋顶木平台及造型坐凳为北欧赤松防腐木。湖景餐厅、沿湖栈道及特色景观桥采用竹木地板。

15.4.2 具体做法

1. 防腐木

1）防腐木定义：

北欧赤松主要生长在芬兰。这里是世界上最有利于高品质木材生长的地方。异常寒冷及漫长的冬天使一年中只有大约 100d 的时间适合树木生长，缓慢匀称的生长造就最佳的木材。木质坚硬，纹理匀称笔直，树结小而少。低树脂，具有自然纹理的北欧

木材是几个世纪以来许多行业首选的木材，被喻为“北欧的绿色之钻”。芬兰是北欧森林覆盖率最高的国家，全球森林覆盖率位居第二，也是最早将防腐后的北欧赤松输入中国的国家，因此也有人们习惯上称北欧赤松防腐木为“芬兰木”。

北欧赤松具有很好的结构性能，纹理均匀细密，质量上乘。其原木生长于寒冷地区，属于慢生树种，木质紧密，含脂量低，木材纤维纹理、木节小、比大部分软木树种强度高，属于经人工防腐木材，是经真空脱脂后，在密闭的高压舱中灌注水溶性防腐剂 ACQ 和 KDAT（二次窑干）。使药汁浸入木材的深层细胞从而使木材具有防腐蚀、防潮、防真菌、防虫蚁、防霉变以及防水等特性，能够直接接触土壤及潮湿环境且密度高、强度高、握钉力好、纹理清晰及具装饰效果。经常使用于户外地板、栈道、室外休闲坐凳、景观亭、廊架等。

2）防腐木的优缺点：

优点：

① 有色感，导热系数低，脚感舒适度好。

② 防腐、防霉、防蛀、防白蚁侵袭；

③ 提高木材的稳定性，防腐木对户外木质结构的保护更为主要；

④ 能满足园林景观的设计各种要求。

缺点：

① 稳定性、耐磨性、耐水性、密度较差；

② 容易出现热胀冷缩现象，后期维护成本高；

③ 原材料有限，不环保。

④ 由于在户外环境下使用的特殊性，防腐木也会出现裂纹、细微变形以及褪色等质量通病。

2. 竹木地板

1）竹木地板的定义：

由于天然的户外木材越来越稀缺，价格也越来越高且耐久性较差，本工程湖景餐厅、沿湖栈道及特色景观桥等区域采用竹木地板作为主材。竹木地板，又称防腐竹材是将竹材多重工序加工制成的一种密度大、强度高的结构用材。竹子来源相对稳定，价格相对适中，经过加工可制成的材料款式多样，而且纹理相对天然，木材细腻而精致。

竹木以楠竹为主要原料，采用现代设备及工艺，经过系列除湿、干燥、防腐、防潮、胶合、高压和刨光等工序加而成的一种新型地板。具有细密均匀的纹理和坚硬的质地，其抗拉力和承重力是一般木材的 1～3 倍。其静曲强度、弹性模量、强度也是一般木材的2倍。由于坚硬的质地，竹材具有极强的抗腐蚀能力。重竹地板不蛀虫，色泽高雅，纹理清爽悦目等特点是其他任何地板所无法比拟的。

2）户外竹木的特点：

优点：硬度高、具有良好的耐久性、稳定性、抗白蚁性能、防火、防腐。

3）木平台施工工序：

户外防腐木、竹木地板构造包括地面构造、龙骨及地板三部分，两者的施工方法基本一致，具体施工方式如下：

工艺流程：测量放线→场地平整、夯实→摊铺碎石垫层→C25混凝土垫层浇筑→砂浆找平→浇筑混凝土支墩→方通龙骨安装→木地板铺装→清理、养护。

① 测量放线：测量人员利用GPS、水平仪根据设计图纸进行基础放样。

② 场地平整、夯实：采用120挖机开挖，根据测量放样结果进行基础开挖、平整，20t压路机碾压三遍，压实度>93%。

③ 摊铺碎石垫层：100mm厚碎石垫层摊铺后夯实三遍。

④ C25混凝土垫层浇筑：碎石垫层经监理验收通过后进行混凝土浇筑，垫层混凝土为C25商品混凝土；浇筑完成后洒水养护不少于14d。

⑤ 砂浆找平：采用20mm厚1∶3水泥砂浆对基础进行找坡。

⑥ 浇筑混凝土支墩：根据基础面层的平面尺寸进行找中、套方、分格、定位弹线，形成定位方格网，浇筑时必须打水平，保证龙骨安装的平整度。

⑦ 方通龙骨安装：根据混凝土支墩进行龙骨安装，间距500mm。

⑧ 木地板铺装：根据金属卡扣件或不锈钢卡扣件的高度，在工厂将木地板两侧进行统一开槽加工，根据设计图纸，在钢龙骨安装完毕后，将两块地板用卡扣件进行安装固定（间距<5mm，整齐排列）。

铺装前，先将实木地板的六面进行防护，刷一遍耐候木油，自然风干。

原则上防腐木在进入施工前应加工至最终尺寸，在施工现场不应再进行锯、切、钻等工序。如确实难以避免，应在新的切口或孔眼处涂刷渗透性的防腐剂2～3遍。在施工安装过程中，如果防腐木材被机械磨损或损伤，暴露出浸渍防腐剂的木材表面时，应及时采取补救措施，用渗透性强的防腐剂涂刷。

⑨ 清理、养护：安装完后及时对防腐木表面清理、打扫干净，注意对成型产品（工序）的保护。

4）后期维护方法

① 选择晴朗的天气，气温在5～35℃，湿度<80%；

② 使用钢丝刷对表面软化分解的漆膜进行清理；

③ 使用清水清洗干净；

④ 可以选用中德合资生产的雷马仕耐候木油或凯基耐候木油进行后期维护（此品种的油刷一次能保四五年，但价格是普通木油的 3 倍左右），涂布量控制在 $20g/m^2$ 左右；

⑤ 自然干燥（干燥过程中 24h 内禁止人踩踏）；

⑥ 完成维护。

15.4.3　对比分析

防腐木导热系数低，脚感较之竹木地板更舒适，适合用于庭院。但是防腐木耐水性较差，在户外环境下长时间的日晒雨淋北欧赤松防腐木易出现裂纹、细微变形以及褪色，也使得其后期维护成本增加。像沿湖栈道、景观桥等临近景观湖，较之其他区域湿度更高，昼夜温差大，更考验材料耐水性、稳定性，相比之下使用竹木地板显得更为合适，其硬度高、耐久性、稳定性更好，后期维护成本更低。从环保方面对比木材生长缓慢，再生周期长，成长为可用之材往往需要花费数十年，而竹子生长周期短，来源相对稳定，较之北欧赤松防腐木更环保。

15.5　景观湖水系统优化处理

15.5.1　背景分析

本项目景观湖区域位于深圳技术大学 B 校区内，水面面积约 1.7 万 m^2，与之配套包含 3 座景观桥，3 座亲水平台、景观湖驳岸、水处理池，配套水循环系统使用，周边毗邻 3～5 栋、7、9、11 栋，主要水源来源为建筑物周边雨水收集、自然降雨、中水补充。外接坪山河，是室外景观点睛之笔，保证美观的同时也能调蓄水流，起到一定的抗洪防汛作用。

在保证景观水体水质的前提下，最大限度地节约用水，合理利用水资源，减少运行成本，通过雨水口、建筑物周边排水沟和海绵城市设施收集多余雨水，再经雨水井集中汇入景观湖，与中水循环利用构成景观湖水源补充的主要来源，实现雨水、中水循环利用。同时，兼顾景观、防洪与生态，满足水资源、水景观的整体要求。

海绵城市能够像海绵一样，在适应环境变化和应对自然灾害等方面具有良好的“弹性”，下雨时吸水、蓄水、渗水、净水，需要时将蓄存的水释放并加以利用。海绵城市遵循生态优先等原则，将自然途径与人工措施相结合，在确保排水防涝安全的前提下，最大限度地实现雨水在校园区域的积存、渗透和净化，促进雨水资源的利用生态环境保护。

以景观湖为核心，以自然净化、雨水截流、中水循环利用为关键基础，以水质保障与生态景观、雨污水资源化、防洪调蓄等相结合为目的进行综合设计施工，保持整个系统的协调和可持续性。

15.5.2 具体做法

1. 湖底防渗

对于景观湖工程，保证蓄水水面是工程的重要目标，是衡量工程是否达到设计标准的一项重要指标。为保证景观湖防渗蓄水工程质量湖底采用三元乙丙衬垫膜，上下各铺设一层土工布保护层，避免尖锐土石损伤衬垫膜。三元乙丙衬垫膜施工简单快捷、耐候性和耐久性优异、弹性和延伸率高、维护成本低，且属于惰性材料，相对环保。能有效减少渗透损失水量，提高人工湖蓄满保证率。

具体做法：

1）塑形：按图纸开挖好湖的形状深度及周边坡度；

2）基础夯实：平整湖底并将基底素土夯实，修整湖的形状；

3）下保护层铺设：铺一层土工布保护层（≥200g/m²）；

4）防水层铺设：按先上游、后下游，先边坡、后池底的顺序分区分块进行人工铺设三元乙丙衬垫膜，焊接形式采用双焊缝搭焊；

5）上保护层铺设：铺一层土工布保护层（≥200g/m²），并在接缝处每隔 2～5m 放 1 个 20～40kg 重的砂袋。

三元乙丙衬垫膜施工注意事项：

1）铺设三元乙丙衬垫膜时，应适当放松，并避免人为硬折和损伤，并根据当地气温变化幅度和工厂产品说书，预留出温度变化引起的伸缩变形量。膜块间形成的结点应为 T 形，不得做成十字形。

2）三元乙丙衬垫膜焊缝搭接面不得有污垢、砂土、积水（包括露水）等影响焊接质量的杂质存在，做到无水、无尘、无垢。衬垫膜平行对齐，焊接宽度为 10cm。

3）坡面上三元乙丙衬垫膜的铺设，其接缝排列方向应平行或垂直最大坡度线，且应按由上而下的顺序铺设，坡顶采用边沟固定。

4）铺膜过程中应随时检查膜的外观有无破损、麻点、孔眼等缺陷。

5）发现膜面有缺陷或损伤，应及时用新鲜母材修补。补疤每边应超过破损部位 10～20cm。

6）根据当时当地气候条件，随时调整和控制焊机工作温度，焊机工作温度应为 180～200℃，做小样焊接试验，试焊接 1m 长的三元乙丙衬垫膜样板。

7）采用现场撕拉检验试样，焊缝不被撕拉破坏、母材被撕裂认为合格。

8）现场撕拉试验后，用已调节好的工作状态的焊膜机逐幅进行正式焊接。

9）焊缝处三元乙丙衬垫膜应熔结为一个整体，不得出现虚焊、漏焊或超量焊。

2. 湖底塘泥回填

湖底回填采用满足设计要求的塘泥，塘泥中含有丰富的微生物菌群，有利于不同种类的水生植物存活。塘泥中不得含有易刺破防渗膜的尖锐物体及杂物，回填采用长臂挖机施作，避免回填过程中损伤防渗层，机械回填不到位的地方，采用铺放模板，用人工推斗车运输的方式回填到位。

在防渗层铺设及焊接验收合格后，应及时回填塘泥。回填的速度应与铺膜速度相配合。

3. 景观水循环系统

整个景观湖配备一套水循环系统，在湖南侧设置循环泵井，内置有 3 台循环水泵（二备一用），最大流量 $100m^3/h$，连通 7 栋地下室水处理机房，根据水质情况间歇运行。当水循环系统工作时，水流由南侧泵井抽至水处理机房，经景观湖循环水应急处理装置处理过滤后，再由机房水泵抽向位于湖北侧的水处理池喷泉。当水处理池水位达到工作水位后，再经水处理池内砂砾过滤层过滤，通过水处理池与景观湖之间的隔墙底部渗透至景观湖，完成整个湖水的循环。

水处理池中放置微生物菌袋，当水流进入水处理池达到工作水位时，会带着微生物菌一同渗入景观湖内，进一步循环净化，到达改善水质的作用。

4. 湖体驳岸

堤岸采用了多种堤岸相结合的方式，包括石材铺装、草皮入水、水生植物阶梯形驳岸、石笼墙驳岸和亲水平台等方式，岸线曲折有致，沿岸因境设景，结合周边地形塑胶跑道和沿湖栈道，是师生们亲近自然、休闲游憩的好去处。

5. 海绵城市建设

海绵城市最主要的意义在于雨洪有效管理，综合采取“渗、滞、蓄、净、用、排”

等措施，最大限度地减少城市开发建设对生态环境的影响，将降雨就地消纳和利用。校区内通过设置雨水花园、下凹绿地、草沟及调蓄带等设施，让降落的雨水能快速渗透到地下，达到小雨不积水、大雨不内涝，降低地表径流污染。雨水一部分经过渗透补给地下水，多余的部分经排水管网进入景观湖。不仅降低了雨水峰值过高时出现积水的概率，也减少了第一时间对水源的直接污染。

6. 湖体生态净化

雨水与中水经处理后仍含有少量污染物，尤其是氮、磷，对景观湖是潜在的威胁。回填含有丰富的生物种群的塘泥设置和种植净化功能的水生植物对中水做进一步处理，使其达到优良水质。在湖水循环的同时，对湖内的污染物进一步吸收净化。生长繁密的植物构成一幅自然景观，与水景观的有机结合，达到一举多得的目的。

在雨水干管集中入湖处种植有耐水冲和净化能力较强的水生植物，起到沉淀、截污、生物净化等作用。在湖中和湖边设置水生植物区，提供一定的自净能力，为各种水生植物和鸟类提供必要的栖息场所，使景观湖更具生机，也达到改善湖体水质的效果。

15.5.3 总结提升

为了保障水体的水质，应建立源头污染控制和提高水体自净能力相结合的水质保障体系。当水体缺少流动甚至静止状态下会导致湖水水体厌氧化，导致厌氧菌大量繁殖，水体中的微生物会大量繁殖致使水体超负荷，从而使水体水质恶化，导致水体生态系统失去平衡，因此需要对景观湖水体进行改善优化。

15.6 景观地形塑造手法

15.6.1 园林景观中地形的概念和类型

1. 地形的概念

在园林景观理念中，地形就是指园林绿地中在地表上出现的各种地貌。在规则式园林中表现为不同标高的层次和地坪，在自然式园林中表现为盆地、山峰、丘陵和平原等地貌。通过对原有地形的再利用，可以有效地提高园林建设的质量，对地形进行塑造可以创造出更为丰富的地表特征，可以提高地表空间的组织效率，是园林建设中营造空间的主要方法。

2. 地形是园林设计中一个非常重要的因素

地形不仅对景观中外部空间的美学特征，空间感有重要作用，而且直接影响着视野、排水、小气候以及土地的功能结构。在景观设计中，几乎所有的景观要素都要与地面接触，地形是其他园林要素的依托基础和底界面，是构成整个园林景观的骨架，地形布置和设计还直接影响着景观的舒适度。为此，在园林设计中特别重视地形的塑造。

3. 本项目所塑造的地形类型

深圳技术大学项目的地形分为平坦地形、凸地形、山脊、凹地形和谷地：

1）平坦地形在视觉上空旷、宽阔，能够形成开朗的空间，突出园林小品及造型景观，如 14 栋南侧（图 15-1）、中轴广场（图 15-2）所示。

2）凸地形可以打破单一布局，组织空间，丰富园林景观；如创景路口（图 15-3）、3 栋北侧（图 15-4）所示。

图 15-1　深圳技术大学 14 栋南侧

图 15-2　深圳技术大学中轴广场

图 15-3　深圳技术大学创景路口

图 15-4　深圳技术大学 3 栋北侧

3）山脊是连续的线性凸起型地形，有明显的方向性和流线性；如 14 栋南侧（图15-5）、中轴广场（图 15-6）所示。

图 15-5 深圳技术大学 14 栋南侧

图 15-6 深圳技术大学中轴广场山脊

4）凹地形在中国古代被称为“坞”，凹地形因比周围环境地形低，视线受抑制，给人一种分隔感；如 7 栋南侧（图 15-7）、11 栋东侧（图 15-8）所示。

5）谷地具有一定的方向性，常伴有小溪、河流及湿地等地形特征。如景观湖东（图 15-9）、景观湖西（图 15-10）所示。

图 15-7 深圳技术大学 7 栋南侧

图 15-8 深圳技术大学 11 栋东侧

图 15-9 深圳技术大学景观湖东

图 15-10 深圳技术大学景观湖西

6）用点状地形加强场所感、用线状地形创造连绵的空间，将地形做成诸如圆（棱）锥、圆（棱）台、半圆环体等规则的几何形体，像抽象的雕塑一样，与自然景观产生了鲜明的视觉效果对比。如 11 栋西侧（15-11）、中轴广场（图 15-12）所示。

图 15-11 深圳技术大学 11 栋西侧

图 15-12 深圳技术大学中轴广场

15.6.2 地形影响景观设计的整体布局和视觉体验

地形的变化直接影响景观设计的整体布局，一块好的地形条件可以勾勒出一处绝佳的自然景观，完美的自然景观需要成功的地形塑造手法进行营造。本深圳技术大学景观绿化项目有一个很明显的特点，就是根据园林地形的特点，将建筑与自然环境一体化，亭榭融入山池、花木之中。从视觉上看，地形还有很多潜在特性，通过改造组合地形而形成不同的形状，产生的视觉效果也就不同。如 11 栋南侧（图 15-13）、10 栋北侧（图 15-14）所示。

图 15-13 深圳技术大学 11 栋南侧

图 15-14 深圳技术大学 10 栋北侧

15.6.3 结语

本项目园林绿化中的地形是具有连续性的。每块地形的处理既要保持排水及种植要求，又要与周围环境融为一体，力求达到自然过渡的效果。自然地形是大自然所赋予的最适形态，它们是长期与大自然相磨合的结果。虽说园林是人为的艺术加工和工程措施而成的，但美具有多元性。在地形处理中，我们也必须遵循园林美的法则，以求适应这种地形。地形为造景的根本，地形的空间景观营造方式多样。

第 16 章
其他工程

16.1 连廊光伏板防渗漏工艺

16.1.1 案例背景

深圳技术大学连廊光伏发电项目位于深圳坪山，整个光伏发电系统分为 1 个子系统安装在深圳技术大学连廊栋顶部，总装机容量为 378.675kWp，共由 935 组 405Wp 单晶组件组成，如图 16-1 所示。

图 16-1 深圳技术大学连廊光伏发电项目

在光伏发电的同时，随着时间不断推移，防水工程胶会慢慢老化，从而导致光伏组件之间的漏水。

16.1.2 实施要点

现对此提出两种思路来解决这种情况：

1. 防水胶条+防水工程胶

第一种是防水胶条+防水工程胶，本次项目正是采取此种施工工艺。

光伏组件之间的间距控制在 20mm 左右，通过中压块的固定控制好间距，中间用防水橡胶条填充，保持口部的清洁后，一次性灌注工程防水胶。工程防水胶的选用需要考虑很多方面。由于光伏发电位于室外，经常经受风吹雨打日晒，容易损耗，常年积累下来就会产生不同程度的裂缝，一旦下雨就会产生雨水渗漏，因此选用的工程防水胶要考虑拉伸好、附着力强、抗水性能突出，抗紫外线侵蚀等特性，如此一来才能确保常年不漏水。

上面施工内容完毕后，可在光伏组件与钢结构接触的口部采用防水卷材进行二次防水措施，进行了两次防水措施后，再进行 24h 蓄水试验，确保光伏组件不漏水后，方可进行下部的铝扣板封闭，严格按照正确的施工工序进行。

2. 防水支架安装

第二种是防水支架安装，如图 16-2 所示。防水的关键是“宜疏不宜堵”，把这种防水支架安装在钢结构上面，光伏组件如图所示用中压块固定在防水支架上。

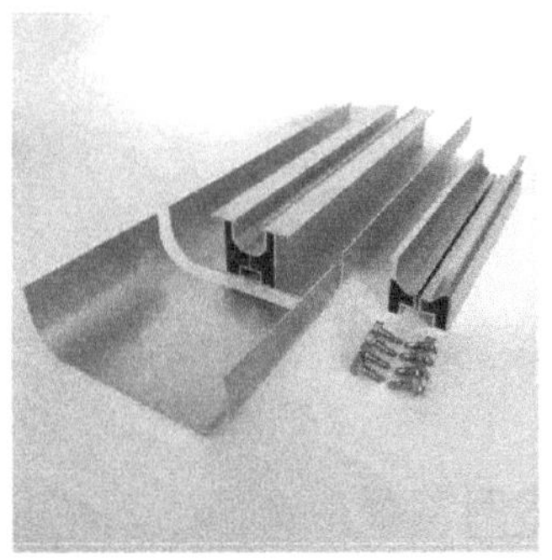

图 16-2　防水支架图

雨水可以沿着两边的弯槽排出到连廊光伏边上，保证了光伏组件下不渗水。这种安装工艺确保了很长时间都不会漏水，同时可以在光伏组件之间采用防水胶条＋防水工程胶施工工艺，进一步加强了防渗漏措施，做到了双重保险，大大提高了光伏发电的使用效率以及减少人工运维成本。

16.1.3　经验总结

对于室外工程的防渗漏措施，主要采用疏水加堵水的思路，防水工程胶及防水橡胶条的选用须符合国家标准，确保满足室外使用要求。同时，对于光伏组件也可设置一定角度的倾斜度，利于雨水的顺利排水，不至于积蓄在一起。面积较大的光伏组件尽可能确保在设计深化阶段把电缆、桥架等电气元件隐藏在光伏组件和铝扣板之间，减少上端面的开孔安装，以此减少渗水点。

16.2　倒置式屋面排气管施工应用技术

16.2.1　背景分析

屋面渗漏作为建筑工程常见的质量通病。由于在设计、材料选用及施工管理等多方面的原因，卷材防水屋面易产生积水、气泡、流淌、开裂等现象的发生，从而加快卷材腐烂，造成漏水。而通过在保温屋面中设置排气道、排气孔，可以使得保温层中水分充分蒸发，从而有效治理防水层粘结不牢、存有水分和气体造成的气泡、起鼓、开裂、漏水现象。

屋面排气系统，属于屋面防潮排气技术领域。在屋面分部施工中，屋面排气孔是为了及时排除找坡层中的水分，在屋面施工中广泛运用，以确保屋面找坡层中的水分及时排除，不会使防水层下的水分因高温蒸发不出，将屋面防水层顶起，破坏防水层。在找坡层或保温层中设置排气孔、排气道，具有施工方便、排列准确、高度统一等优点，原排气孔基本均采用钢管、不锈钢管或砖砌排气孔，本项目采用直径50mm的PVC管，具有胶接施工方便、容易固定、不宜位移等特点。

16.2.2 施工工艺

1. 屋面排汽构造设计

应符合以下规定：

1）找平层设置的分格缝可兼作排气道，排气道的宽度宜为40mm；

2）排气道应纵横贯通，并应与大气连通的排气孔相通，排气孔可设在檐口下或纵横排气道的交叉处；

3）排气道纵横间距宜为6m，屋面面积每36m^{2}宜设置一个排气孔，排气孔应作防水处理；

4）在保温层下也可铺设带支点的塑料板。

2. 技术准备

在屋面建筑施工前夕，项目技术管理人员根据相关设计要求，在建筑平面图中对排气孔位置进行精准定位，排气管道纵横交错，相互贯通于保温层中，排气孔定位应按间距6m，每36m^{2}内设置一个，呈梅花形布置。

3. 工艺流程

清理基层→铺设2mm厚非固化沥青防水涂膜＋4mm厚SBS化学阻根耐穿刺防水卷材直接复合防水层→铺设40mm厚挤塑聚苯乙烯泡沫板保温层（屋面排气孔管同时布置)→铺设聚酯无纺布（200g/m^2）隔离层→浇筑50mm厚C25细石混凝土保护层→铺设杯顶带泄水孔的25mm高双面凹凸蓄排水板→300g/m^{2}聚酯毡滤水层，四周上翻250mm→景观硬铺或种植绿化（构造做法详景观设计图纸)。

1）基层处理

基层处理：防水混凝土屋面板采用结构找坡，局部反坡（WS M15水泥砂浆)，表面直接压实抹光。基层表面应平整、坚实、无明水，防水施工前应将基层浮灰清除干净，阴阳角、平面与立面转角处抹成圆弧，圆弧半径宜为50mm。

2）保温层施工（图16-3）

图16-3　现场屋面防水层、保温层及排气管铺设施工

（1）对防水层检查验收，合格后方可施工。

（2）本工程屋面保温层材料为40mm厚聚苯保温板，保温材料进场应对密度、厚度、形状和强度进行检查，验收合格后方可使用。

（3）聚苯板不应破碎、缺棱掉角。铺设时遇有缺棱掉角破碎不齐者，应锯平拼接使用。

（4）板与板之间要错缝挤紧，不得有缝隙。若因挤塑板裁剪不方正或裁剪不直而形成缝隙，应用挤塑板条塞入并打磨平整。板对板之间的缝隙必须用封箱胶带贴平，这样可有效防止保护层水泥砂浆固化后发生沿板缝出现裂缝的问题。

（5）屋面排气孔在保温层铺设时穿插布置，每一个分隔缝纵横交叉处设排气管出口（排气孔），排气管为直径50mm的PVC管，PVC管穿孔每20cm/圈，每圈4个孔。刚性屋面层完成后，在每一个排气管出气口处增加成品排气管套住原出气管，高出建筑完成面500mm。成品排气管下部需设保护基墩。

3）无纺布隔离层

挤塑板铺设完毕后进行隔离层铺设，隔离层无机纺布各边搭接长度为100mm。搭接部位采用专用胶粘贴牢固。为防止隔离层被风刮走，可采用砖块将其临时固定，隔离层应沿屋面满铺，不得漏铺。

4）细石混凝土保护层

采用C25细石混凝土50mm厚保护层，混凝土应振捣密实，表面抹平压光，与女儿墙和山墙之间预留宽度为 30mm 的缝隙，缝内填塞聚苯乙烯泡沫塑料，并应用密封材料嵌填密实。保护层内配 Φ6@150×150 钢筋网片，预留分格缝，缝距 4～6m（与轴中线对应），分隔缝宽 10mm，深 20mm，缝内置 10mm 厚挤塑聚苯板，上缝嵌填聚氨酯密胶，深度为 10mm，如图 16-4 所示。

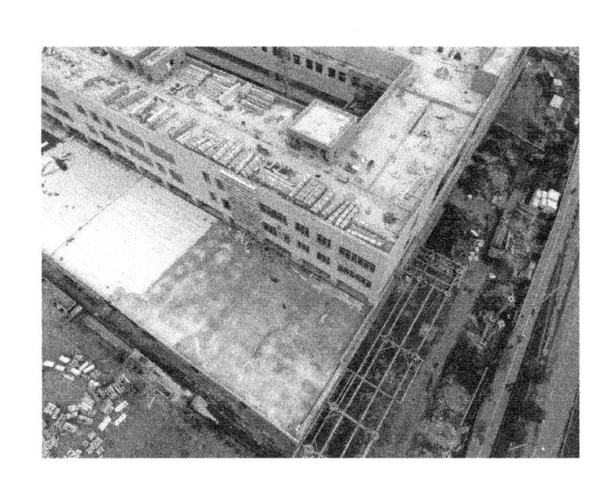

图 16-4　现场细石混凝土保护层施工

5）排水层

根据坡向规划好整体导流方向，双面凹凸蓄排水板顺槎搭接，搭接宽度大于 150mm。

6）过滤层及屋面硬铺层

聚酯毡过滤层空铺于排水层之上，铺设应平整、无褶皱，搭接宽度不应小于 100mm。四周上翻 250mm。铺设 10mm 厚 300mm×300mm 地砖，采用专用瓷砖胶，涂抹厚度 3mm，将地砖铺平拍实，预留 5mm 砖缝用专用填缝剂填缝。如图 16-5、图 16-6 所示。

图 16-5　现场成品效果图（硬装屋面）

图 16-6　现场成品效果图（铺装屋面）

16.2.3　实施效果

1. 经济效益

本技术通过在屋面保温层内设置纵横贯通的排气通道，排气通道上连通设置伸出屋面的排气管，使得保温层内的气体能够及时排出，有效防止了屋面因水的冻胀、气体的压力导致屋面的开裂破坏，大大地延长了屋面的使用寿命。节省了建设后期因屋面开裂带来的各种修补费用及装饰层损坏维修费用，且施工方便，所用材料的生产成本较低。

2. 社会效益

深圳技术大学建设项目（一期）施工总承包Ⅳ段项目作为深圳市建筑工务署的重点工程，亦是深圳市“十三五规划”的重点工程，深受各界人士的高度关注。为进一步确保施工质量及建筑物的各项使用功能完好，提高新技术在建筑体中的切实使用，本工程针对屋面常见质量通病进行细致分析及改进，利用对屋面排气系统的完善，使用埋设排气管、布置排气孔的新技术使用，确保本工程保质、保量完成，带来了较高的社会效益。同时，为类似项目工程提供实战经验。

3. 应用前景

本项目屋面排气技术的成功使用可进一步丰富在上述各项施工技术的经验和应用实践，尤其在气候潮湿、雨量充沛的地区，多雨季节、气温较低的季节，工期紧但基层未完全干燥的屋面工程、发生大量渗漏且急于返修的屋面工程中，能够得到广泛使用。